# 인벤터를 활용한
# 창의공학 프로젝트 실무
## 기어박스 제작 A to Z

권현중 · 황승국 · 최수진 지음

GS인터비전

# 머리말

4차 산업혁명이라 말하는 산업 기술의 급격한 변화에 따라 숙련 수준이 낮은 일자리는 소멸하고 복합적 문제해결 능력과 창의력을 지닌 인재에 대한 요구가 높아지고 있습니다. 이에 따라 교육 현장에서는 프로젝트 기반의 학습, 메이커 교육, 자기 주도적 학습과 같은 유연하고 통합적인 형태의 교육이 절실하게 필요한 상황입니다.

이 책은 간단하지만 유용한 구동 장치를 설계하고 제작하면서 자기 주도적인 프로젝트 기반의 학습을 유도하려는 목적으로 집필되었습니다. 일반적으로 아이디어가 시제품으로 구현되는데 반드시 알아야 하는 내용을 중심으로 ❶ 설계 ‣ ❷ 3D 모델링 ‣ ❸ 3D 프린팅 ‣ ❹ 조립 ‣ ❺ 구동 과정을 한 권의 책으로 모두 습득할 수 있도록 제작되었습니다.

「창의 공학 프로젝트 실무」는 공학도의 길에 들어선 학생들과 예비 창업가를 위한 기본 참고서용으로 쉽고 직관적으로 이해할 수 있도록 구성하였습니다. 제품이 구현되는 전반의 과정들을 경험하면서 학생들은 창업, 메이커 톤과 같은 각종 대외 활동 준비, 예비 창업가들은 아이디어 시제품 제작에 도움이 될 수 있으리라 생각합니다.

필자는 초보 공학도들이 이 책을 통해 각각의 과정들을 자신만의 것으로 소화해 내고, 본인의 상상력과 결합하여 더욱더 멋진 작품을 만들어낼 수 있기를 희망합니다.

끝으로 원고가 출판되어 나오기까지 수고하신 관계자들과 항상 물심양면으로 도움 주시는 교수님들 그리고 사랑하는 가족들에게 깊은 감사를 드립니다.

2020년 봄

저자 일동

# 차례

PART 1.

# 기어박스 설계이론

## 들어가기에 앞서

실제 기어박스 제작은 이 책에 소개된 이론적이고 형식적인 부분들보다 훨씬 복잡한 과정들과 축적된 노하우가 필요하다. 또한, 쓰임에 맞는 기어박스를 제작하기 위해서는 정밀한 가공뿐 아니라 사양에 맞도록 경제적으로 따져야 할 요소들도 많이 있다.

이 책은 PBL(Project Based Learning) 기반의 실습 교육을 목표로 만들어진 교재인 만큼 학생들이 쉽게 이해하고 따라 할 수 있도록 내용을 요약하고, 어렵고 난해한 부분들은 과감히 생략하였다.

앞으로 소개할 이론들은 기어박스 제작을 위한 가장 기초적이며 필수적인 내용을 위주로 소개하겠다.

# Chapter 1. 기어 기초이론

## 1.1 기어란?

기어는 톱니가 달린 바퀴로 정의할 수 있다. 톱니의 맞물리는 힘으로 동력을 전달하는 간단한 기계장치이다. 기어에 달린 톱니는 미끄러짐을 방지하며, 하나의 기어가 다른 기어와 붙어 돌아가는 것을 맞물린다고 말한다.

기어는 용도에 따라 다양하게 사용되지만, 대체로 다음의 4가지 효과를 얻는 데 사용되는 장치이다.

① 회전 방향 변경
② 회전 운동의 방향 변경
③ 회전 속도 증감
④ 토크 증가

## 1.2 기어의 종류

기어는 용도에 따라 다양한 종류가 있는데, (1) 축과의 상대적 위치 관계, (2) 잇줄의 형상에 따라 구분하는 것이 일반적이다.

| 구분 | 종류 | |
|---|---|---|
| 축의 상대적 위치 관계 | 평행축 기어 | 스퍼 기어 |
| | | 래크와 피니언 |
| | | 내접 기어 |
| | | 헬리컬 기어 |
| | | 헬리컬 래크 |
| | | 더블 헬리컬 기어 |
| | 교차축 기어 | 직선 베벨 기어 |
| | | 스파이럴 베벨 기어 |
| | | 제롤 베벨 기어 |
| | | 크라운 베벨 기어 |
| | 엇갈림축 기어 | 나사 기어 |
| | | 하이포이드 기어 |
| 잇줄의 형상 | 평 기어 | 스파이럴 베벨기어 |
| | 랙 기어 | 제롤 베벨기어 |
| | 인터널 기어 | 원통 웜기어 |
| | 헬리컬 기어 | 나사 기어 |
| | 헬리컬 랙 | 페이스 기어 |
| | 이중 헬리컬 기어 | 장고형 웜기어 |
| | 직선 베벨기어 | 하이포이드 기어 |

### 1.2.1 축의 상대적 위치에 따른 기어의 분류 (KS B 0102 참고)

#### (1) 평행축 기어

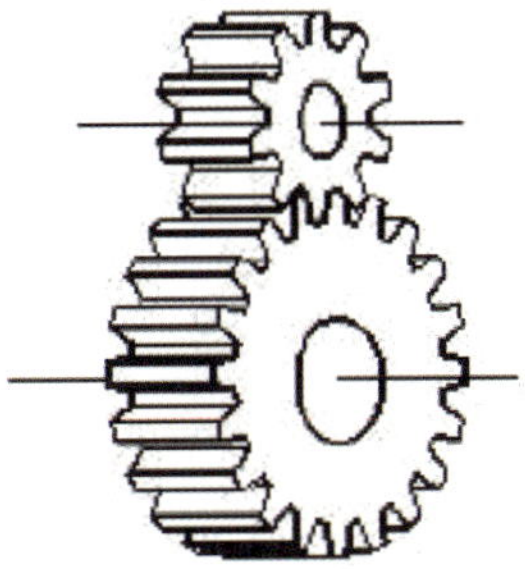

스퍼 기어

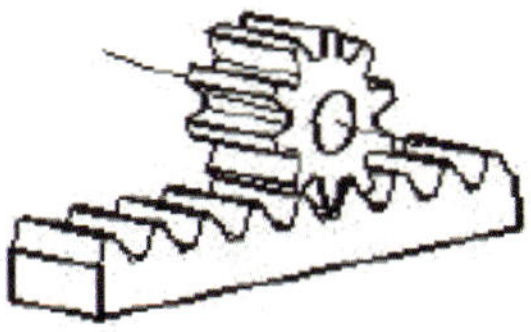

래크와 피니언

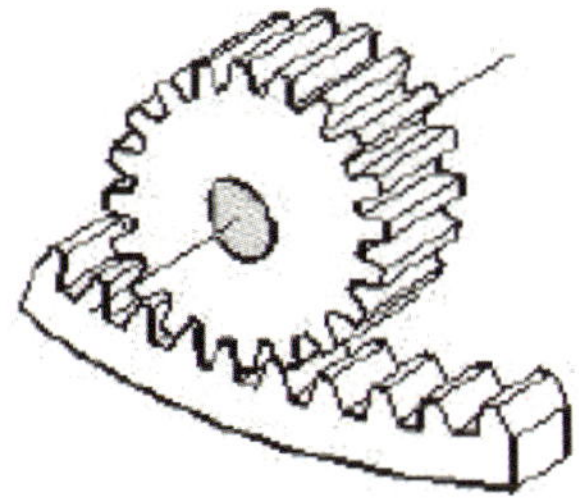

내접 기어

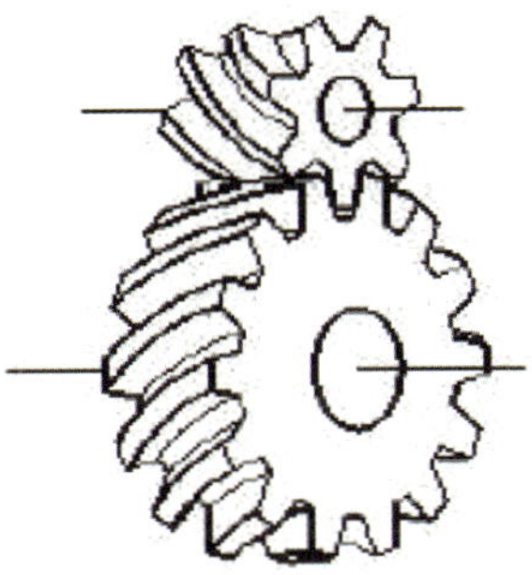

헬리컬 기어

헬리컬 래크

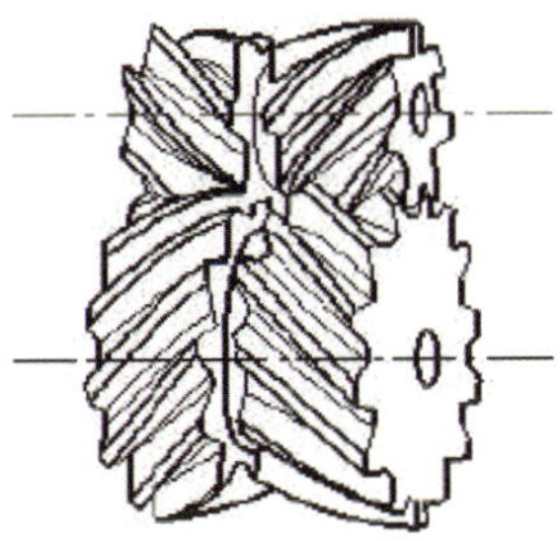

더블 헬리컬 기어

#### (2) 교차축 기어

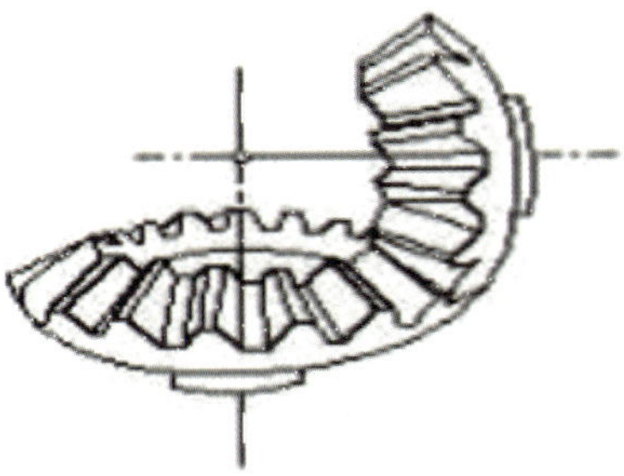

직선 베벨 기어

스파이럴 베벨 기어

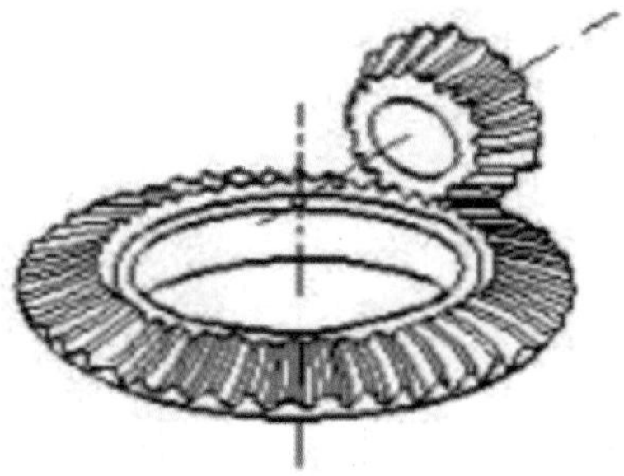

제롤 베벨 기어

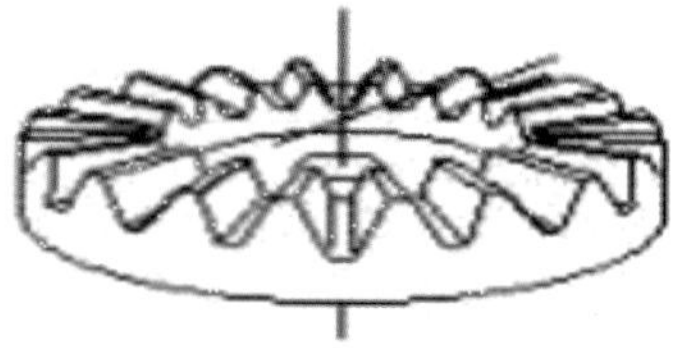

크라운 베벨 기어

(3) 엇갈림축 기어

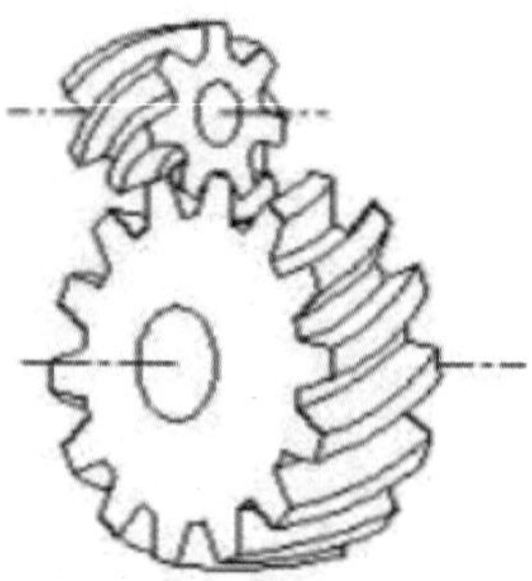

나사 기어

하이포이드 기어

## 1.2.2 잇줄의 형상 따른 기어의 분류

### (1) 평기어, 스퍼기어

잇줄이 축에 평행한 직선의 원통 기어이며, 제작이 쉬우므로 일반적인 동력 전달용으로 가장 많이 사용되는 형태이다.

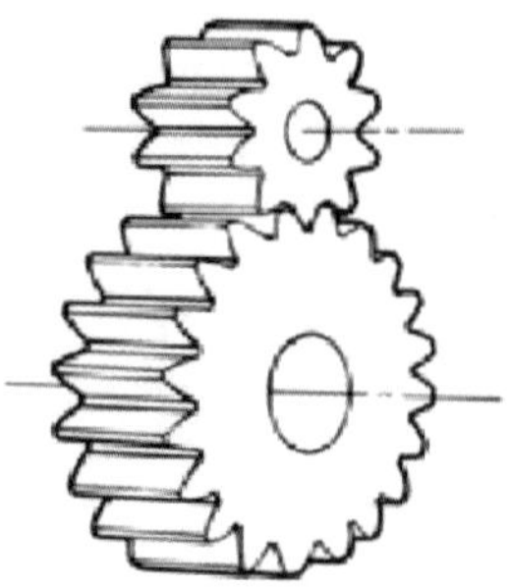

- 제작이 용이
- 축 방향의 부하가 적음
- 정밀한 기어제작 가능

### (2) 내접기어, 인터널기어

평기어와 맞물리는 원통의 내측에 이가 만들어져 있는 기어 한 쌍을 내접기어라고 합니다. 유성기어 장치나 기어형 축 조인트 등에 사용된다.

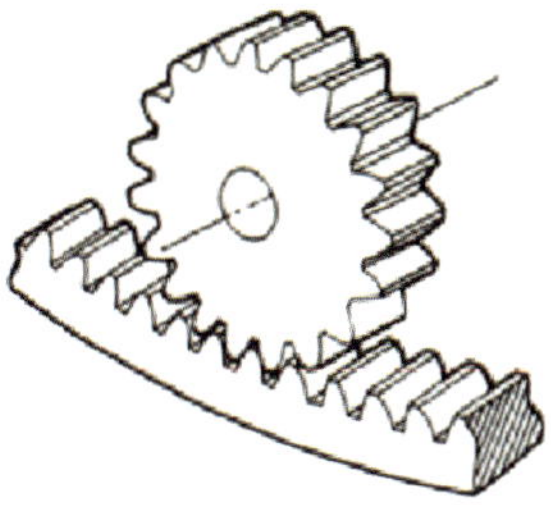

- 내측, 외측 기어의 방향이 같음
- 구조가 간단하여 제작이 용이
- 내측, 외측 기어 잇수에 제한

### (3) 헬리컬 기어

스퍼기어와 유사하나, 잇줄이 나선인 원통기어이며, 스퍼기어보다 강하고 조용한 기어로서 폭넓게 사용되고 있다. 축 방향력(스러스트)이 발생하므로 베어링 사용이 필수적이다.

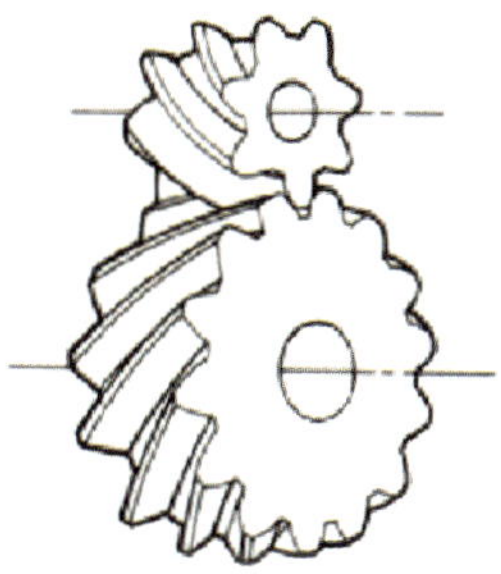

- 스퍼기어 보다 강함
- 진동과 소음이 적음
- 고속 전동에 유리

### (4) 직선 베벨 기어

잇줄이 피치 원추의 정점에 일치하는 기어다. 베벨기어는제작이 용이하기 때문에 동력전달용으로 가장 많이 사용한다.

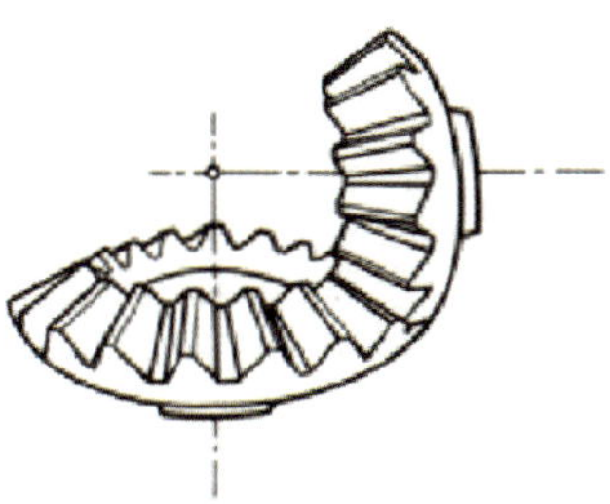

- 제작이 용이
- 동력전달용으로 사용

### (5) 스파이럴 베벨 기어

잇줄이 곡선이며 비틀림각을 가진 베벨기어다. 직선 베벨기어보다 제작이 어렵지만 강하고 조용한 기어로 사용되고 있다.

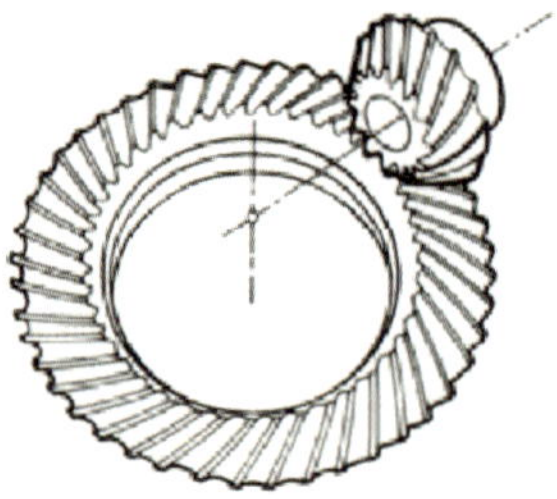

- 진동과 소음이 적음
- 하중 전달능력 우수
- 고속회전 가능

### (6) 제롤 베벨 기어

비틀림각이 거의 0인 스파이럴 베벨기어이며, 직선 베벨기어와 스파이럴 베벨기어의 특징을 함께 가진 독특한 베벨기어로 치면에 가해지는 힘은 직선 베벨기어와 거의 비슷하다. 차동기어장치에 사용되는 기어다.

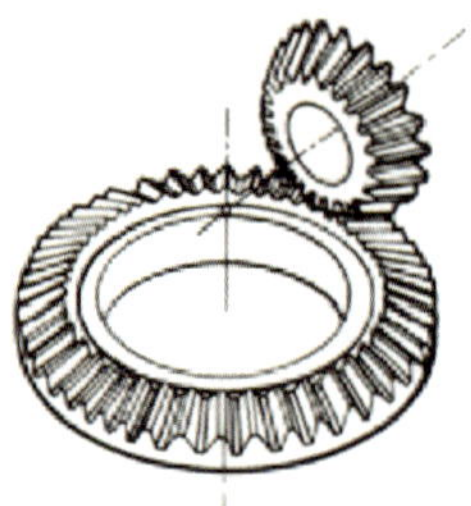

- 감속기, 차동기어장치에 사용
- 원활한 회전이 필요한 장치에 사용

### (7) 웜 기어

원통 웜과 맞물리는 웜 휠을 말하며, 1단으로 크게 감속할 수 있고 조용하지만 효율이 낮다는 단점이 있다. 웜휠의 이는 약간 구부러진 곡선 형태로 이 끝이 중간보다 두껍다는 특징을 가진다.

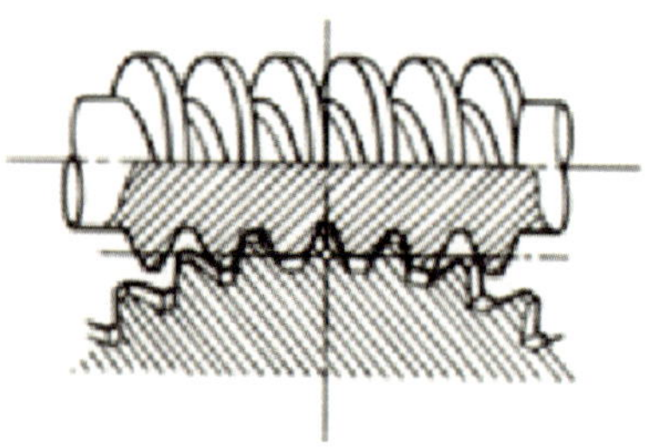

- 소형으로 큰 감속비를 가짐
- 조용하지만 효율이 낮음
- 역회전 하지 않음

### (8) 나사 기어

원통기어 한 쌍을 어긋난 축 사이의 운동전달에 이용할 때 사용하는 기어이며, 헬리컬 기어 간 또는 헬리컬 기어와 평기어의 조합으로 사용된다. 조용하지만 부하가 많은 장치에는 사용할 수 없으므로 주로 경부하 장치에 사용한다. 제작비가 저렴하다는 장점이 있다.

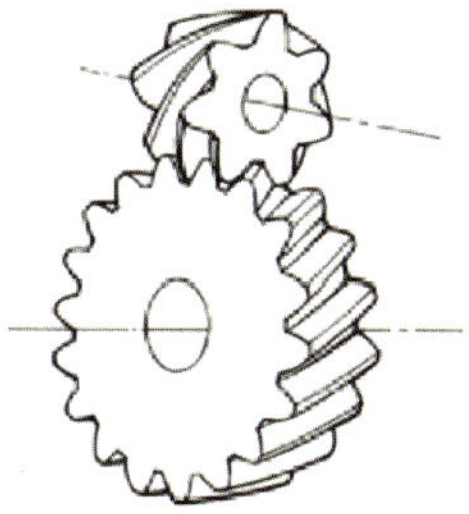

- 감속, 증속 모두 가능
- 마모가 빠름
- 조용하나 큰 동력전달에는 부적합
- 제작비 저렴

### (9) 하이포이드 기어

어긋난 축 간에 운동을 전달하는 원추 형상의 기어로, 대소 기어의 축이 오프셋 되어 있고, 스파이럴 베벨기어와 유사한 기어이다. 물림이 매우 복잡한 특징이 있으며, 기어 간의 접촉률이 크고 원활하게 회전하여 감속비를 크게 할 수 있다는 장점이 있다.

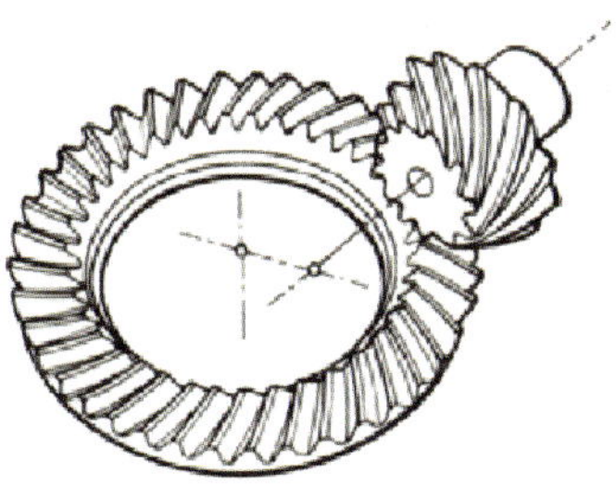

- 조용한 동력전달에 사용
- 차동기어장치에 사용
- 큰 감속비 가능

## 1.3 치형 곡선의 기구학적 조건

기어는 구조적인 문제로 아래의 단점을 가지고 있다.

① 톱니 사이에 미끄럼이 발생하여 동력전달에 효율성 떨어진다.

② 큰 동력을 전달할 때, 축 연결부에 부하가 가해지므로 큰 동력을 전달하기에 적합한 방식이 아니다.

이러한 구조적 문제들로 인해 기어 제작 시 톱니의 간격을 일정하게 제작하여 정확한 회전비에 의한 동력을 전달할 수 있도록 사이클로이드 치형과 인벌류트 치형의 기어를 제작한다.

### 1.3.1 사이클로이드 치형

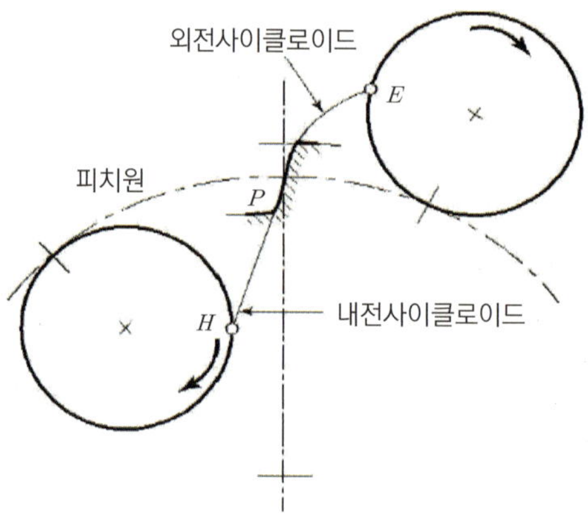


피치원에서 구르는 원 위의 한점이 그리는 궤적을 따라 형성되는 치형이다. 정밀함이 필요한 치형으로 오차가 허용되지 않아 제작이 매우 어렵기 때문에 시계와 같은 정밀기계 제작에 주로 이용된다.

### 1.3.2 인벌류트 치형

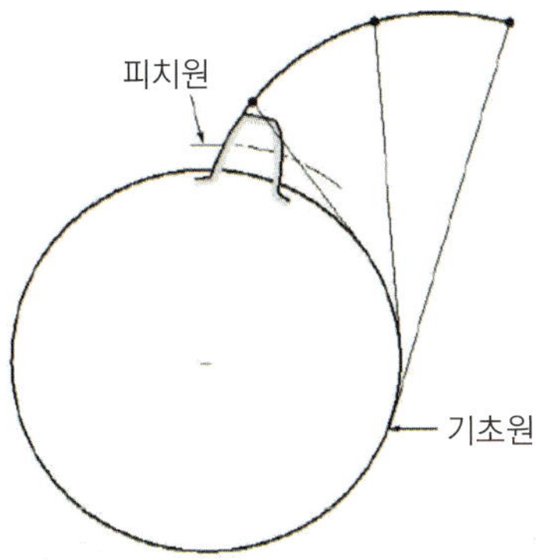


동력전달용 기어에 주로 사용되는 치형은 인벌류트 치형이다. 기초원 위에 감긴 줄 끝은 당기면서 풀 때, 그 끝이 그리는 궤적을 인벌류트 치형이라 한다. 제작이 간단하고 중심거리가 조금 틀려도 원활하게 맞물린다는 장점이 있다.

### 1.3.3 사이클로이드 치형 / 인벌류트 치형 비교

| 항 목 | 인벌류트 치형 | 사이클로이드 치형 |
|---|---|---|
| 압력각 | 일정 | 변화 |
| 마모 | 불균일 | 균일 |
| 미끄럼률 | 변화 | 일정 |
| 절삭공구 | 제작이 용이 | 다양한 커터 필요 |
| 공작 방법 | 빈공간은 치수 오차 허용됨 | 빈공간이라도 정확한 치수 필요 |
| 중심거리 | 약간의 오차 허용 | 정확한 치수 필요 |
| 조립 | 쉬움 | 어렵움 |
| 언더컷 | 발생 | 발생안함 |
| 호환성 | 압력각과 모듈이 동일 | 원주피치와 구름원이 일치 |
| 용도 | 동력전달용 | 정밀기계 |

## 1.3.4 기어의 치형

기어박스 제작에 사용되는 인벌류트 치형의 기어를 세부적으로 정리해보자.

### (1) 인벌류트 기어의 각부 명칭

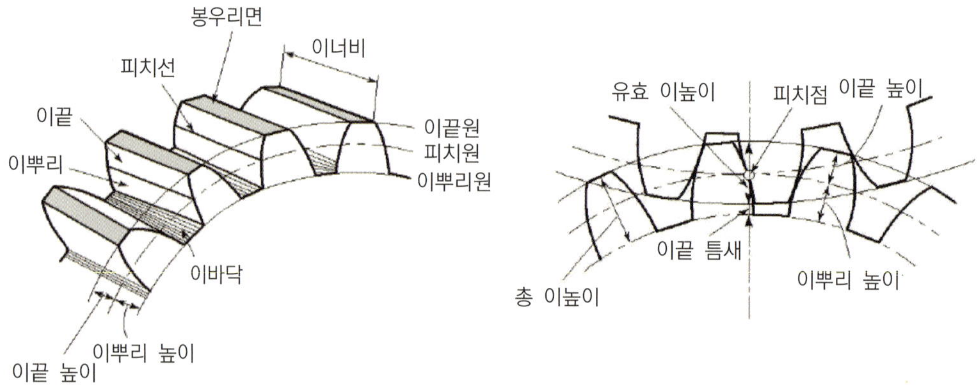


### (2) 인벌류트 기어의 각부 관계식

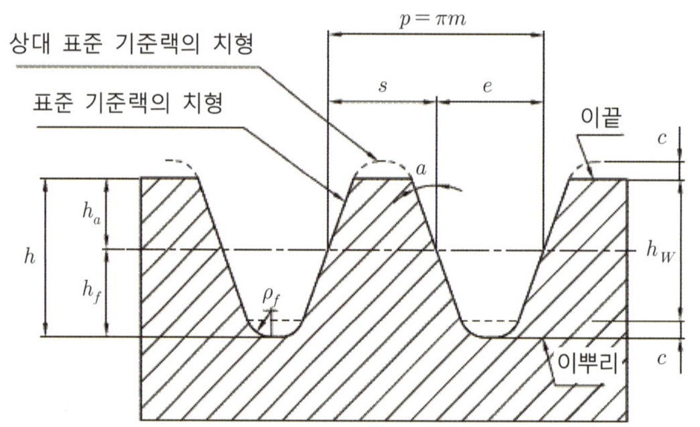

| 명 칭 | 관 계 식 | 비 고 |
|---|---|---|
| 모듈<br>$(m)$ | $m=\frac{D}{Z}=\frac{p}{\pi}=\frac{p_a}{\pi \cos\alpha}$ | $p=\pi m$ |
| 원주피치<br>$(p)$ | $Z=\frac{D}{m}=\frac{D_b}{m\cos\alpha}$ | $p_a=p\cos\alpha$ |
| 잇수<br>$(Z)$ | $Z=\frac{D}{m}=\frac{D_b}{m\cos\alpha}$ | |
| 피치원 지름<br>$(D)$ | $p_a=mZ=\frac{pZ}{\pi}$ | $\pi D=pZ$ |
| 법선 피치<br>$(p_a)$ | $p_a=\frac{\pi D_b}{Z}=p\cos\alpha$ | $p_a=p_b$ |
| 기초원 지름<br>$(D_b)$ | $D_b=\frac{p_a Z}{\pi}=D\cos\alpha=mZ\cos\alpha$ | $Z=\frac{\pi D_b}{p_a}$ |
| 바깥지름<br>$(D_o)$ | $D_o=D+2h_a=mZ+2h_a$ | |
| 이뿌리원 지름<br>$(D_r)$ | $D_r=D-2h_d=mZ-2h_d$ | |
| 이끝높이<br>$(h_a)$ | $h_a=m$ (보통이)<br>$h_a=0.8\ m$ (낮은이)<br>$h_a=1.2\ m$ (높은이) | addendum |
| 이끝틈새<br>$(c)$ | $c=0.25\ m$ (절삭지)<br>$c=0.35\ m$(연삭) | $c\geq 0.25\ m$ |
| 이뿌리높이<br>$(h_d)$ | $h=h_a+c$<br>상대이의 이끝높이<br>+ 상대이의 이끝 틈새 | dedendum |
| 총 이높이<br>$(h)$ | $h=h_a+h_d$<br>이끝높이 + 이뿌리높이 | whole depth |
| 피이 원주상<br>이두께 $(t)$ | $t=\frac{p}{2}=\frac{\pi m}{2}$ | 원주피치의 절반 |
| 이너비<br>$(b)$ | $b=(2\sim 5)p$ 또는 $b=(6\sim 16)m$ | 치폭 |
| 중심거리<br>$(A)$ | $A=\frac{D_1+D_2}{2}=\frac{m(Z_1+Z_2)}{2}$ | |

### 1.3.5 치형곡선의 기구학적 조건

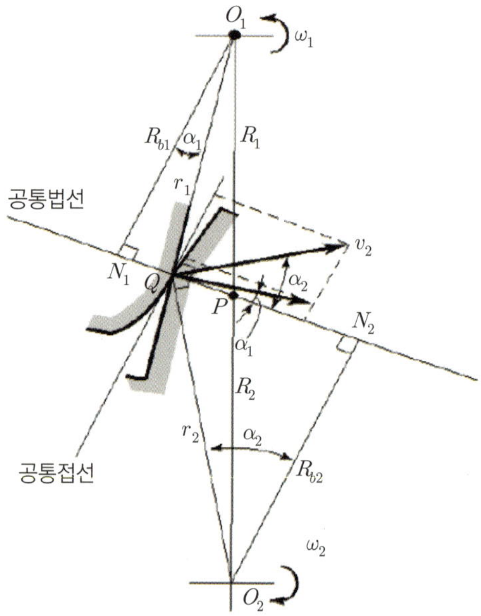


※ 모든 물림 위치에서 일정한 각속도 비를 가진다.

| 명 칭 | 관계식 | 비 고 |
|---|---|---|
| 법선 방향의 속도 | $v_1\cos\alpha_1 = v_2\cos\alpha_2$ | |
| 두 기어간의 각속도비 | $\varepsilon = \dfrac{w_2}{w_1} = \dfrac{r_1\cos\alpha_1}{r_2\cos\alpha_2}$ | |
| 두 기어간의 각속도비 | $\triangle O_1N_1P \sim \triangle O_2N_2P$ | $\varepsilon = \dfrac{w_2}{w_1} = \dfrac{r_1\cos\alpha_1}{r_2\cos\alpha_2} = \dfrac{R_{b1}}{R_{b2}} = \dfrac{R_1}{R_2}$ |

# 1.4 속도전달비 및 회전 방향

## 1.4.1 속도전달비 및 회전방향

기어는 최소 2개 이상의 기어를 맞물려야 동력전달이 가능하다.

### (1) 1단 기어

1쌍의 기어를 맞물린 기어 쌍을 1단 기어 기구라고 한다. 구동 기어의 잇수를 $z_1$, 회전수를 $n_1$, 피동 기어의 잇수를 $z_2$, 회전수를 $n_2$ 라고 정의하면 속도 전달비는 다음과 같다.

$$\text{속도전달비 } i = \frac{z_2}{z_1} = \frac{n_1}{n_2}$$

속도 전달비 $i$의 크기에 따라 증속, 등속, 감속을 할 수 있다.

$$\text{속도전달비 } i < 1, \text{ 증속기어박스 } n_1 < n_2$$

$$\text{속도전달비 } i = 1, \text{ 등속기어박스 } n_1 = n_2$$

$$\text{속도전달비 } i > 1, \text{ 감속기어박스 } n_1 > n_2$$

기어의 위치와 종류에 따라 회전 방향이 바뀔 수 있음을 유의해야 한다.

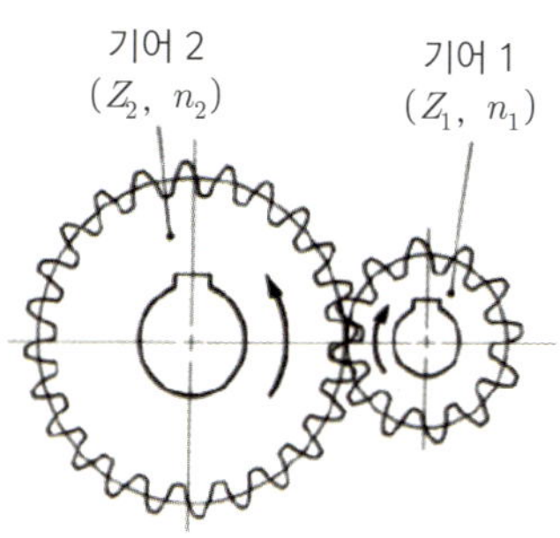


i ) 스퍼 기어

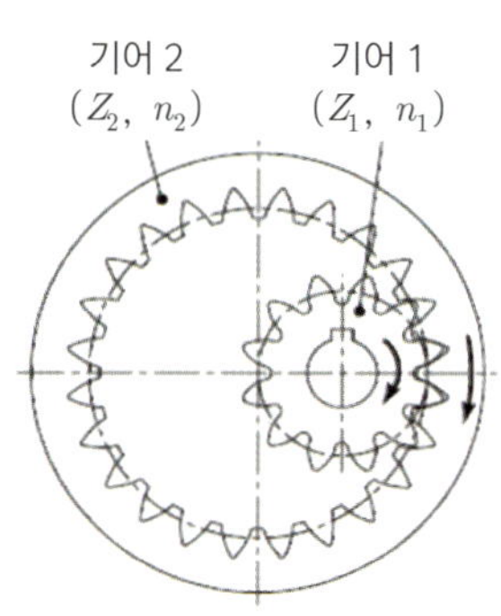


ii ) 내접 기어

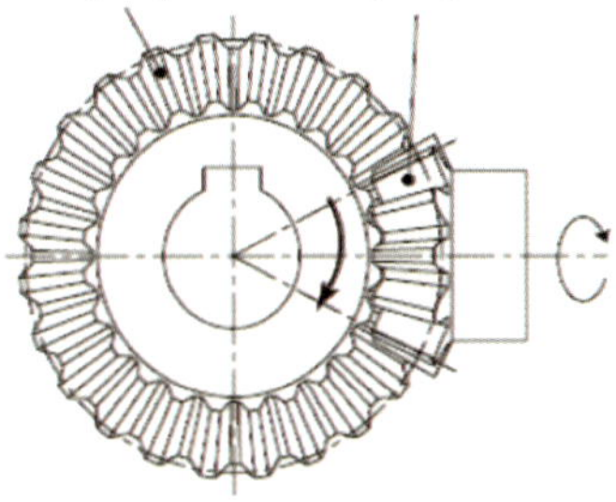


iii) 베벨 기어

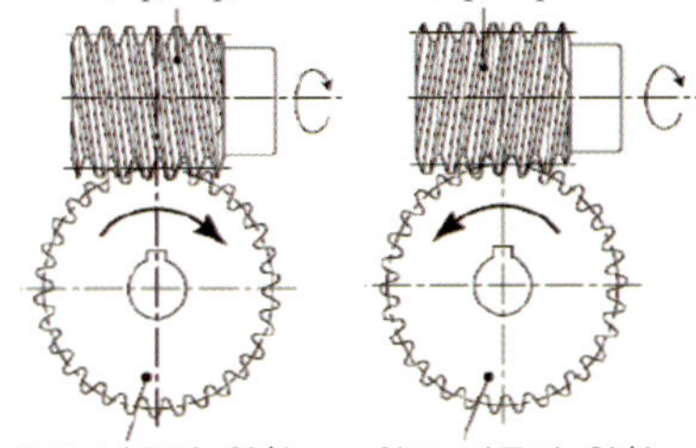


iv) 웜 기어

### (2) 2단 기어

1단 기어 2쌍으로 2단 기어를 구성할 수 있다.

$$\text{속도전달비 } i = \frac{z_2}{z_1} \times \frac{z_4}{z_3} = \frac{n_1}{n_2} \times \frac{n_3}{n_4} \quad (\text{단, } n_2 = n_3)$$

기어 1과 기어 4의 회전 방향이 같다.

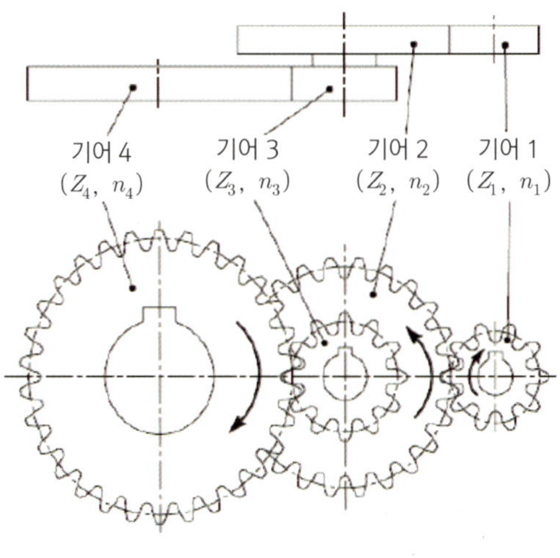


$$\text{속도전달비 } i = \frac{z_2}{z_1} \times \frac{z_3}{z_2} = \frac{z_3}{z_1}$$

기어 1과 기어 3의 회전 방향이 반대다.

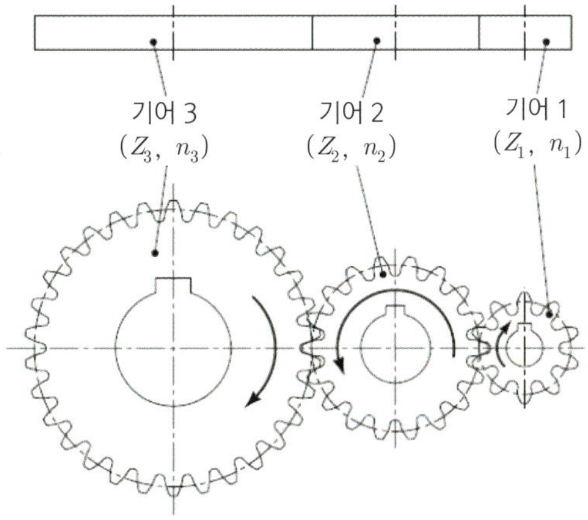


## 1.4.2 정면 물림률

한쌍의 기어가 맞물리는 조건은 기초원 피치가 같아야 한다.

$$p_b = \pi m \times \cos\alpha$$

위의 식을 보면 한 쌍의 기어는 모듈($m$)과 압력각($\alpha$)이 같아야 맞물린다는 것을 확인할 수 있다.

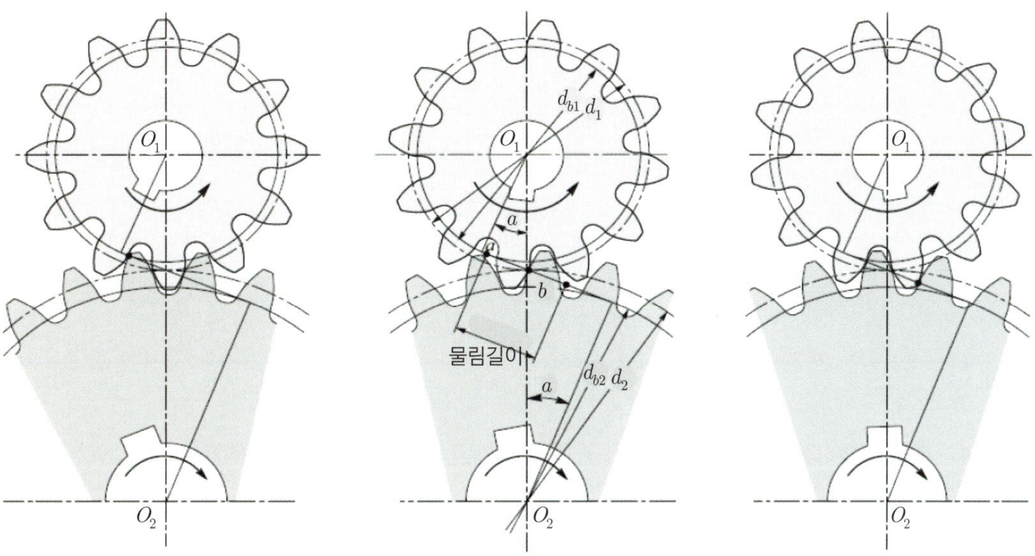

$$정면물림률 = \frac{물림길이}{기초원피치}$$

작용 선상의 길이를 물림길이(ab)라고 한다. 물림길이를 기초원 피치로 나눈 값을 물림률이라고 하며 기어가 올바르게 회전하려면 물림률이 1보다 큰 값을 가져야 한다.

## 1.5 기어의 효율

기어 축의 상대적 위치에 따라 기어의 효율이 달라진다. 평행축, 교차축 기어와 비교하여 어긋난 축은 미끄럼에 의한 회전 및 동력전달이 되므로 마찰의 영향이 크므로 효율이 낮은 특징을 보인다.

| 기어의 분류 | 기어의 종류 | 효율(%) |
|---|---|---|
| 평행축 | 평기어 | 98.0 - 99.5 |
| | 랙기어 | |
| | 인터널 기어 | |
| | 헬리컬 기어 | |
| | 헬리컬 핵 | |
| 교차축 | 직선 베벨기어 | 98.0 - 99.0 |
| | 스파이럴 베벨기어 | |
| | 제롤 베벨기어 | |
| 어긋난축 | 나사기어 | 70.0 - 95.0 |
| | 원통 웜기어 | 30.0 - 90.0 |

※ 효율은 베어링 손실이나 윤활유와 관련된 손실을 제외한 값이다.

※ 평행축 및 교차축의 기어쌍의 물림이 대부분이 회전이고 상대적으로 미끄럼은 적으므로 고효율이다.

※ 기어를 정확히 조립하지 않으면 효율이 떨어지는 경향을 보인다.

# 1.6 기어의 정밀도

(KS B ISO 1328-1 원통기어 – 정밀도 등급 제 1부)
(KS B ISO 1328-2 원통기어 – 정밀도 등급 제 1부) 참조

기어는 큰 동력을 가능한 작은 크기로 조용하고 정확하게 전달하는 것이 목적으로 사용한다. 이러한 목적에 부합하기 위하여 기어의 정밀도를 높이는 것은 중요한 사항이다.

## 1.6.1 단일피치오차($f_{pt}$)

실제의 피치와 이론상의 피치차이다. 이 높이의 중앙 부근에서 기어 축과 동심인 측정 원주 상에서 정의된 축 직각평면에서의 실제 피치와 대응하는 이론 피치와의 차를 말한다.

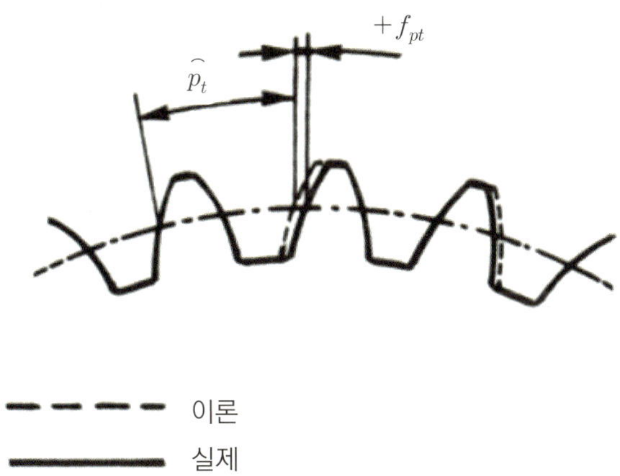


## 1.6.2 누적피치오차(Total Pitch, $F_p$)

실제의 피치합과 이론상의 차이다. 기어의전체 치면영역에서 최대 누적피치오차를 말하며, 누적피치오차 곡선의 전체 진폭으로 표현된다.

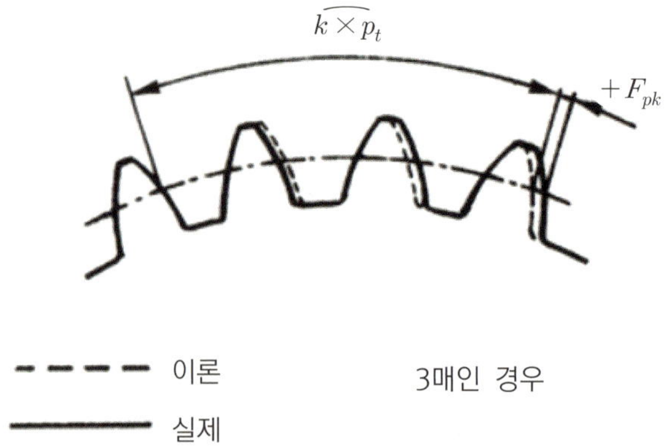


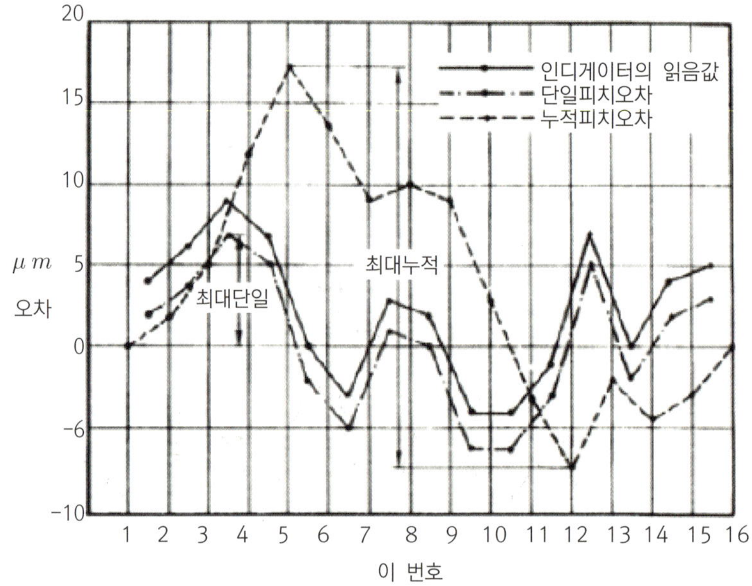


### 1.6.3 전치형오차($F_a$)

정해진 치형검사 범위의 조건에 따른 치형검사 범위에서 실제 치형을 사이에 두도록 둘러싸는 설계치형 선도간의 거리를 말한다.

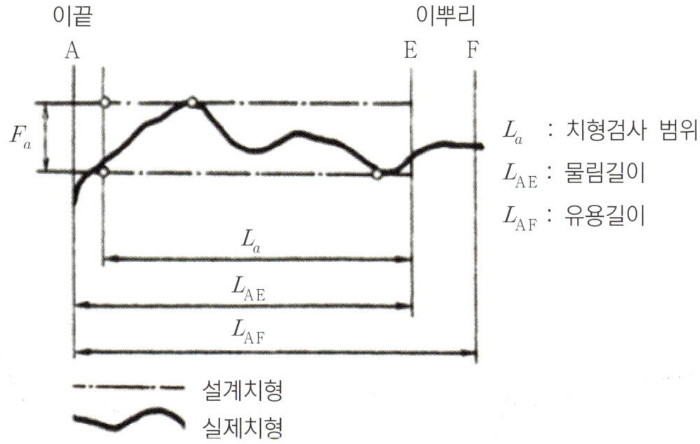


## 1.6.4 전잇줄오차 ($F_\beta$)

잇줄 검사범위의 조건에 따른 잇줄 검사범위에서 실제 잇줄을 사이에 두는 설계 잇줄간의 거리를 말한다. 전잇줄오차가 크면 치폭의 양단부에 이접촉이 집중되어 이접촉에 좋지 않은 영향을 끼친다. 이것을 해결가기 위해 치형수정을 하는 경우가 있다.

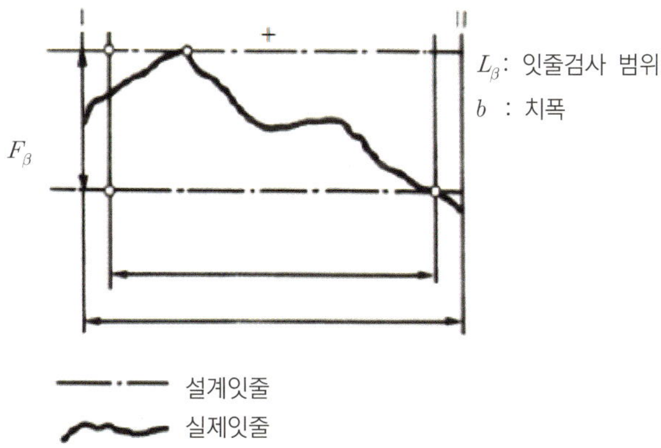

### 1.6.5 양치면 전물림오차 ($f_i''$)

마스터 기어의 정밀도와 피측정 기어의 전물림률에 의해 영향을 받는다. 피측정 기어의 양치면을 공시에 마스터 기어의 양치면에 접촉심킨 상태에서 피측정 기어를 1회전 시켰을 때, 중심거리의 최대치와 최소치의 차이다.

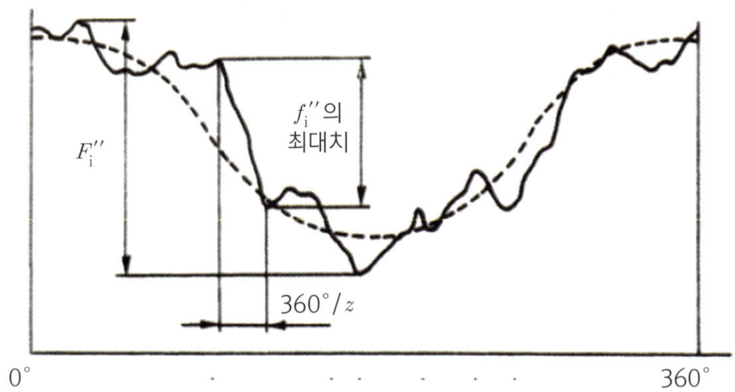


| 분 류 | 기어 제작 / 사용용도 | 규격 | | |
|---|---|---|---|---|
| | | ISO | KS | AGMA |
| 고정밀 기어 | • 그라인딩 or 쉐이빙 가공<br>• 터빈기어, 항공기용 기어 | 5~6 | 0~1 | 12~13 |
| 정밀 기어 | • 그라인딩 or 쉐이빙 가공<br>• 고급 호빙 or 세이핑 가공<br>• 산업용 증속기어 | 7~8 | 2~3 | 10~11 |
| 보통 기어 | • 그라인딩 or 쉐이빙 가공<br>• 호빙 or 세이핑 가공<br>• 차량용 일반기어 | 9~10 | 4~5 | 8~9 |
| 거친 기어 | • 호빙이나 세이핑 가공<br>• 경도 낮은 저속기어 | 11~12 | 6~7 | 6~7 |

※ KS는 번호가 작을수록 정밀기어, AGMA는 번호가 클수록 정밀기어이다.

※ 치홈의 흔들림을 기준으로 비교한 값이다.

## 1.7 치형 수정

이끝 수정과 이뿌리 수정 중 이끝 수정이 대부분이다. 이끝 수정은 이끝 부근의 치형을 의도적으로 올바르지 않은 인벌류트 치형으로 만드는 과정이다. 이것은 기어 또는 기어 축에 힘이 가해져 이가 휘어도 상대 이에 간섭되는 것을 피할 수 있어 소음 저하, 수명 연장 등의 효과가 있다. 단, 필요 이상의 과도한 치형 수정은 치형 오차의 증가로 물림율에 악영향을 준다.

| 형 상 | 종 류 | 내 용 |
|---|---|---|
| 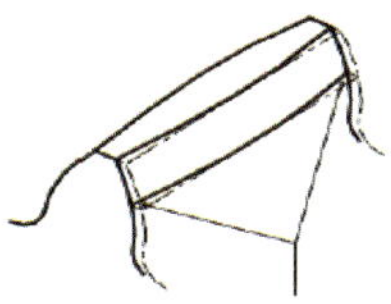  | 크라우닝 | 이접촉을 치폭 중앙부에 집중시키는 것이 목적인 치형 수정이다. |
| 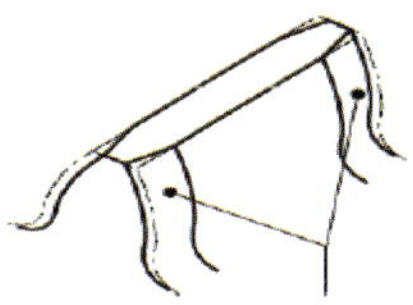  | 엔드 릴리프 | 치폭 양단부를 적당히 잘라내는 치형 수정이다. |
|  | 토핑 | 호브로 치형을 창성함과 동시에 기어의 외경가공이나 이끝을 면취 가공하는 치형 수정이다. |

# Chapter 2. 기어 제도이론

## 2.1 맞물리는 기어의 도시(KS B 0002)

선의 사용은 다음을 따른다.

① 잇봉우리 원은 굵은 실선으로 표시한다.

② 피치원은 가는 1점 쇄선으로 표시한다.

③ 이곤원은 가는 실선으로 표시한다. 다만, 축의 직각인 방향에서 본 그림을 단면으로 도시할 때는 이골의 선은 굵은 실선으로 표시한다. 또한, 이골원은 기입을 생략하여도 좋고, 특히 베벨 기어 및 웜휠의 축방향에서 본 그림에서는 원칙적으로 생략한다.

④ 잇줄방향은 통상 3개의 가는 실선으로 표시한다.

⑤ 주투영도를 단면으로 도시할 때는 외접 헬리컬 기어의 잇줄 방향은 지면에서 앞의 이의 잇줄방향을 3개의 가는 2점 쇄선으로 표시한다. 내접 헬리컬 기어의 잇줄 방향은 3개의 가는 실선으로 표시한다.

### 2.1.1 스퍼기어

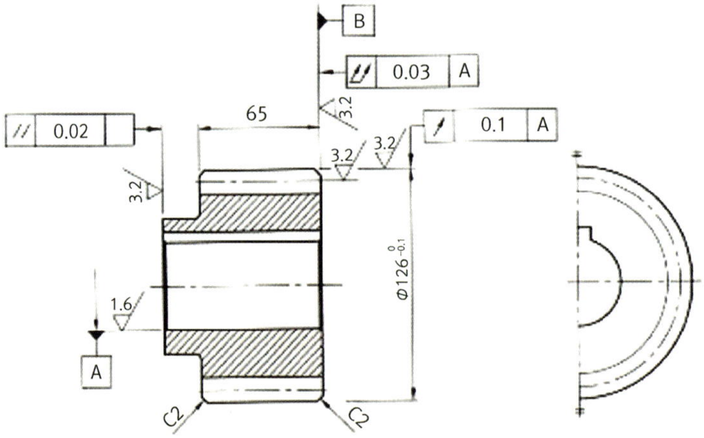

<table>
<tr><th colspan="6">스퍼기어</th></tr>
<tr><th colspan="2">기어 치형</th><th>전위</th><th colspan="2">다듬질 방법</th><th>호브 절삭</th></tr>
<tr><td rowspan="3">기준<br>래크</td><td>치형</td><td>보통이</td><td colspan="2">정밀도</td><td>KS B 1405:<br>1971, 5급</td></tr>
<tr><td>모듈</td><td>6</td><td rowspan="7">비고</td><td>상대기어<br>전위량</td><td>0</td></tr>
<tr><td>압력각</td><td>20°</td><td>상대기어<br>잇수</td><td>50</td></tr>
<tr><td colspan="2">잇수(개)</td><td>18</td><td>중심거리</td><td>207</td></tr>
<tr><td colspan="2">기준 피치원 지름</td><td>108</td><td>백래시</td><td>0.20~0.89</td></tr>
<tr><td colspan="2">전위량</td><td>+3.16</td><td>* 재료</td><td></td></tr>
<tr><td colspan="2">전체 이높이</td><td>13.34</td><td>* 열처리</td><td></td></tr>
<tr><td>이두께</td><td>벌림<br>이두께</td><td>$47.96^{-0.08}_{-0.38}$</td><td>* 경도</td><td></td></tr>
</table>

### 2.1.2 헬리컬 기어

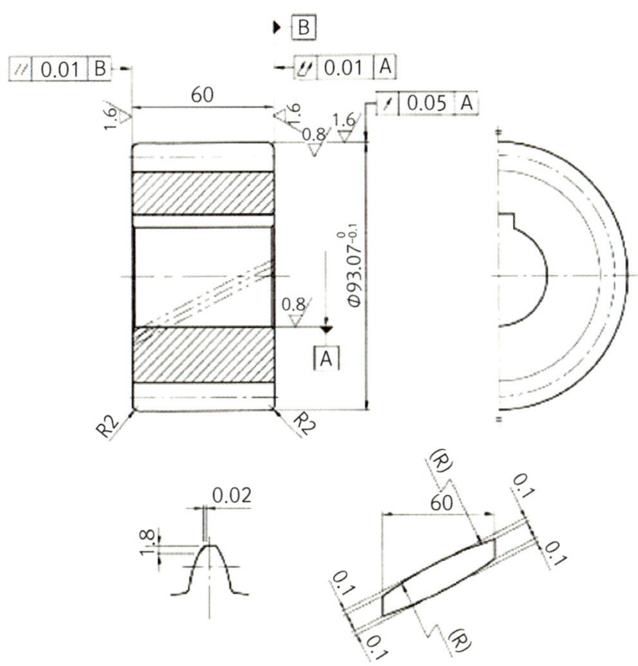

<table>
<tr><th colspan="6">헬리컬 기어</th></tr>
<tr><td colspan="2">기어 치형</td><td>포준</td><td colspan="2">전체 이높이</td><td>9.40</td></tr>
<tr><td rowspan="3">기준 래크</td><td>치형</td><td>치직각</td><td>이두께</td><td>오버핀(볼) 치수</td><td>$95.19^{-0.17}_{-0.29}$</td></tr>
<tr><td>모듈</td><td>보통이</td><td colspan="2">다듬질 방법</td><td>연삭 다듬질</td></tr>
<tr><td>압력각</td><td>4</td><td colspan="2">정밀도</td><td>KS B 1405, 1급</td></tr>
<tr><td colspan="2">잇수(개)</td><td>20°</td><td rowspan="9">비고</td><td>상대 기어 잇수</td><td>24</td></tr>
<tr><td colspan="2" rowspan="2">비틀림각</td><td>26.7°</td><td>중심 거리</td><td>96.265</td></tr>
<tr><td>26° 42′</td><td>기초원지름</td><td>78.783</td></tr>
<tr><td colspan="2">비틀림 방향</td><td>왼쪽</td><td>* 재료</td><td>SNCM415</td></tr>
<tr><td colspan="2">리드</td><td>531.385</td><td>* 열처리</td><td>침탄 퀜칭</td></tr>
<tr><td colspan="2" rowspan="4">기준 피치원 지름</td><td rowspan="4">85.071</td><td>* 경도</td><td>HRC 55~61</td></tr>
<tr><td>유효 경화층 깊이</td><td>0.8~1.2</td></tr>
<tr><td>백래시</td><td>0.15~0.31</td></tr>
<tr><td colspan="2">치형 수정 및 크라우닝을 할 것</td></tr>
</table>

## 2.1.3 내접 헬리컬 기어

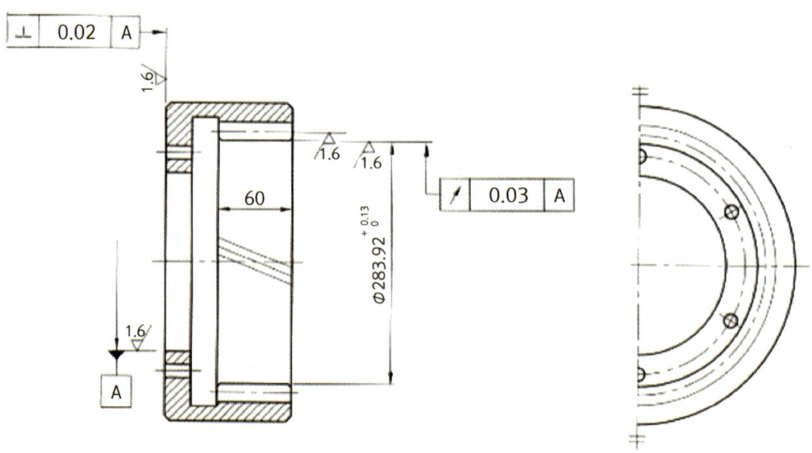

<table>
<tr><th colspan="6">내접 헬리컬 기어</th></tr>
<tr><td colspan="2">기어 치형</td><td>표준</td><td colspan="2" rowspan="2">전체 이높이</td><td rowspan="2">6.75</td></tr>
<tr><td colspan="2">치형 기준 평면</td><td>치직각</td></tr>
<tr><td rowspan="4">기준 래크</td><td rowspan="2">치형</td><td rowspan="2">보통이</td><td rowspan="2">이두께</td><td rowspan="2">오버핀(볼) 치수</td><td>$283.219^{+0.979}_{+0.221}$</td></tr>
<tr><td>(볼지름 = 5.000)</td></tr>
<tr><td>모듈</td><td>3</td><td colspan="2">다듬질 방법</td><td rowspan="2">피니언 커터 절삭<br>KS B 1405 5급</td></tr>
<tr><td>압력각</td><td>20°</td><td colspan="2">정밀도</td></tr>
<tr><td colspan="2">잇수(개)</td><td>84</td><td rowspan="5">비고</td><td>백래시</td><td>0.15 ~ 0.69</td></tr>
<tr><td colspan="2">비틀림각</td><td>29.6333°</td><td>* 재료</td><td>SCM435</td></tr>
<tr><td colspan="2">* 리드</td><td></td><td>* 열처리</td><td>퀜칭 템퍼링</td></tr>
<tr><td colspan="2">비틀림 방향</td><td>도시</td><td rowspan="2">* 경도</td><td rowspan="2">HB 241 ~ 302</td></tr>
<tr><td colspan="2">기준 피치원 지름</td><td>289.918</td></tr>
</table>

## 2.1.4 직선 베벨기어

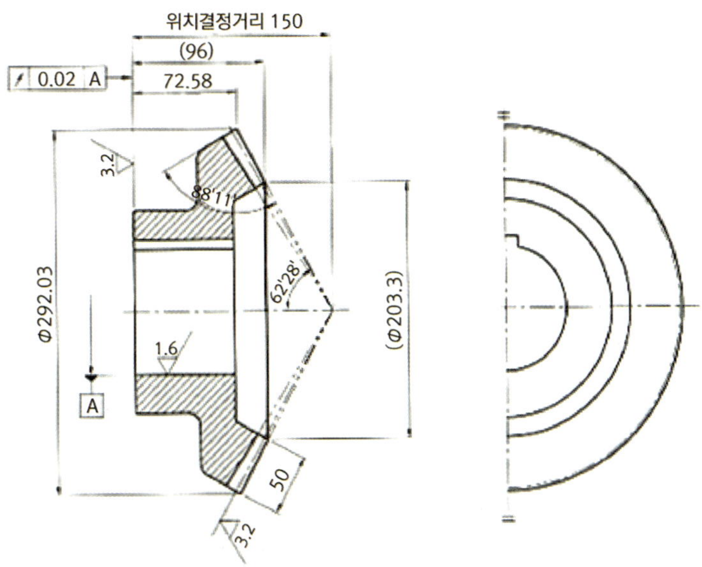

<table>
<tr><th colspan="6">직선 베벨기어</th></tr>
<tr><th>구별</th><th>기어</th><th>피니언</th><th colspan="2">구별</th><th>기어</th><th>피니언</th></tr>
<tr><td>치형</td><td colspan="2">클리손식</td><td colspan="2">기준 피치 원추각</td><td>60° 39′</td><td>29° 21′</td></tr>
<tr><td rowspan="2">모듈</td><td colspan="2" rowspan="2">6</td><td colspan="2">이골 원추각</td><td>57° 32′</td><td></td></tr>
<tr><td colspan="2">잇봉우리 원추각</td><td>62° 28′</td><td></td></tr>
<tr><td>압력각</td><td colspan="2">20°</td><td rowspan="2">이두께</td><td>측정위치</td><td>바깥끝<br>잇봉 우리<br>원부</td><td></td></tr>
<tr><td>잇수</td><td>48</td><td>27</td><td>활줄 이두께</td><td>$8.08^{-0.10}_{-0.15}$<br>캘리퍼<br>4.14</td><td></td></tr>
<tr><td>축각</td><td colspan="2">90°</td><td colspan="2">다듬질 방법</td><td colspan="2">절삭</td></tr>
<tr><td>기준 피치원 지름</td><td>288</td><td>162</td><td colspan="2">정밀도</td><td colspan="2">KS B ISO 17485,<br>4급</td></tr>
<tr><td>이높이</td><td colspan="2">13.13</td><td rowspan="6">비고</td><td>백래시</td><td colspan="2">0.2 ~ 0.5</td></tr>
<tr><td>이끝 높이</td><td>4.11</td><td></td><td>이접촉</td><td colspan="2">KS B 1417 구분 B</td></tr>
<tr><td rowspan="2">이뿌리 높이</td><td rowspan="2">9.02</td><td rowspan="2"></td><td>* 재료</td><td colspan="2">SCM 420 H</td></tr>
<tr><td>* 열처리</td><td colspan="2"></td></tr>
<tr><td rowspan="2">원추 걸;</td><td colspan="2" rowspan="2">165.22</td><td>* 유효<br>경화층 깊이</td><td colspan="2">0.9 ~ 1.4</td></tr>
<tr><td>* 경도</td><td colspan="2">HRC 60±3</td></tr>
</table>

## 2.1.5 웜

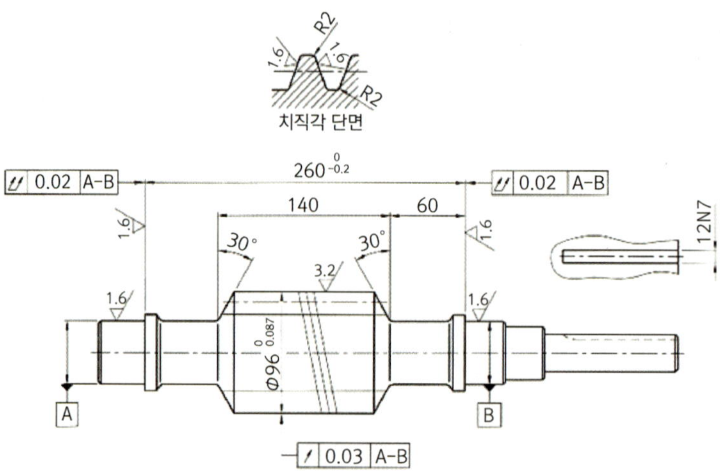

| 웜 | | | | |
|---|---|---|---|---|
| 치형 | KS B 1416, 3형 | 이두께 | 활줄 이두께 (치직각) | $12.32_{-0.15}^{\ 0}$ 캘리퍼 이높이=8 |
| 축방향 모듈 | 8 | | | |
| 줄수 | 2 | | 오버핀치수 | |
| | | | 핀지름 | |
| 비틀림 방향 | 오른쪽 | 비고 | 백래시 | |
| 기준 피치원 지름 | 80 | | 중심거리 | |
| 지름 계수 | 10.00 | | 이접촉 | |
| 리드각 | 11° 18′ 36″ | | * 재료 | SM 48C |
| 다듬질 방법 | 연삭 | | * 열처리 | 치면 고주파 퀜칭 |
| * 정밀도 | | | * 경도 | HRC 50~55 |

## 2.1.6 웜휠

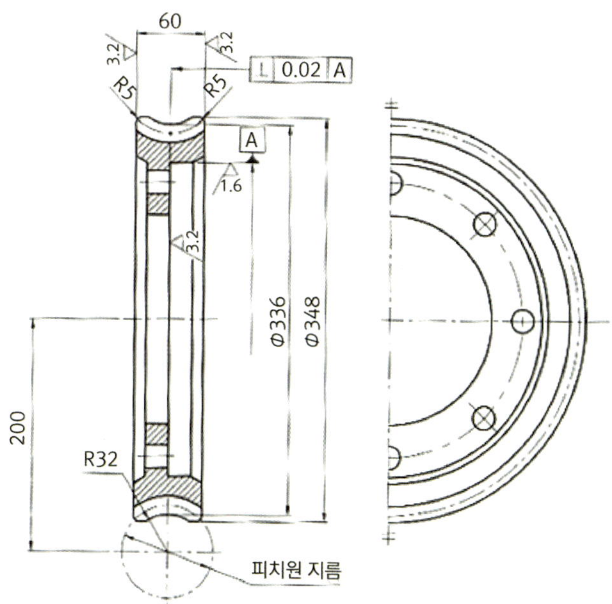

<table>
<tr><th colspan="5">웜휠</th></tr>
<tr><td colspan="2">상대웜 치형</td><td>KS B 1416, 3형</td><td>다듬질 방법</td><td>호브 절삭</td></tr>
<tr><td colspan="2">축방향 모듈</td><td>8</td><td>* 정밀도</td><td></td></tr>
<tr><td colspan="2">잇수(개)</td><td>40</td><td>백래시</td><td>0.21 ~ 0.35</td></tr>
<tr><td colspan="2">기준 피치원 지름</td><td>320</td><td rowspan="2">(피치 원둘레 방향)</td><td rowspan="2"></td></tr>
<tr><td rowspan="8">상대웜</td><td>줄수</td><td>2</td></tr>
<tr><td rowspan="4">비틀림 방향</td><td rowspan="4">오른쪽</td><td rowspan="4">참고 이두께</td><td>활중 이두께</td></tr>
<tr><td>12.32</td></tr>
<tr><td>캘리퍼 이높이</td></tr>
<tr><td>8.12</td></tr>
<tr><td>기준 피치원 지름</td><td>80</td><td>전위량</td><td>0</td></tr>
<tr><td rowspan="2">리드각</td><td rowspan="2">11° 18′ 36″</td><td>이접촉</td><td>KS B 1417 구분 B</td></tr>
<tr><td>* 재료</td><td>PBC 2B</td></tr>
</table>

## 2.2 기어의 일반적 표시(KS B ISO 2203)

### 2.2.1 상세도면

#### (1) 윤곽 및 가장자리

각 기어의 윤곽과 가장자리를 표시한다.

- 단면도가 아닌 상태에서 이의 끝 면으로 경계지어진 일체형 기어
- 축 방향 단면에서 짝수 잇수를 가진 스퍼기어는 단면 표시를 하지 않으며, 또한 스퍼기어가 아니거나 홀수 잇수를 가진 기어의 경우에도 단면 표시를 하지 않는다.

#### (2) 피치면

피치면은 가는 일점쇄선으로 그리고, 숨은 위치와 단면도에서도 그리며, 다음과 같이 표시한다.

- 축에 수직으로 투상을 할 때는 피치원에 의해 표시된다.
- 축에 평행으로 투상을 할 때는 선을 각 끝단의 기어 윤곽을 지나서 그리고 ㅇ뚜렷한 윤관(굵은 실선)으로 표시한다.

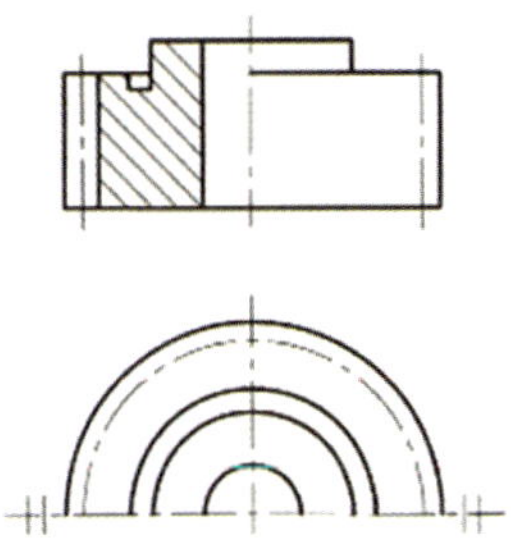
스퍼 기어

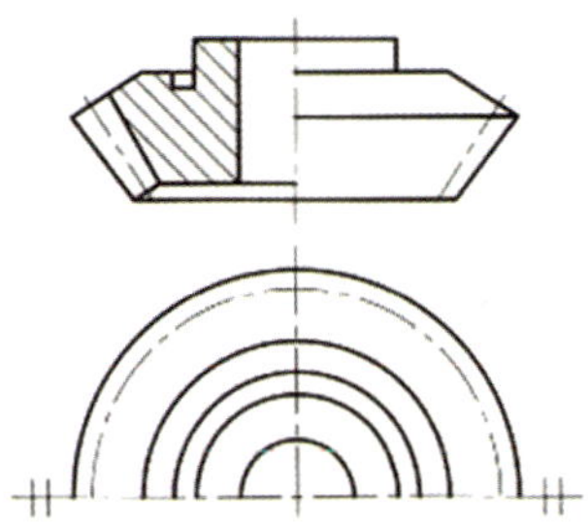
베벨 기어

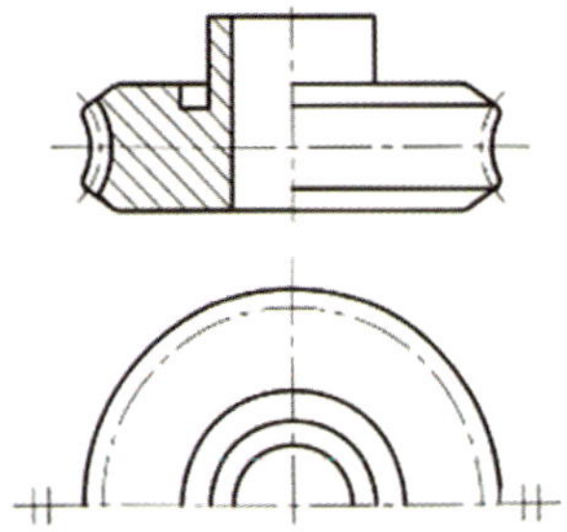
웜 휠

### (3) 이뿌리 면

일반적 규칙으로서 단면도를 제외하고 이뿌리면은 표시하지 않는다.

그러나 단면도가 아닌 곳에서 나타나는 것이 도움이 된다면 항상 그린다. 이 경우 가는 실선으로 그린다.

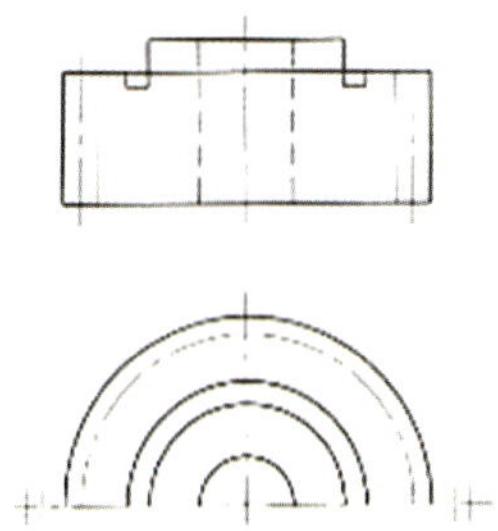
스퍼 기어의 이뿌리원 표시

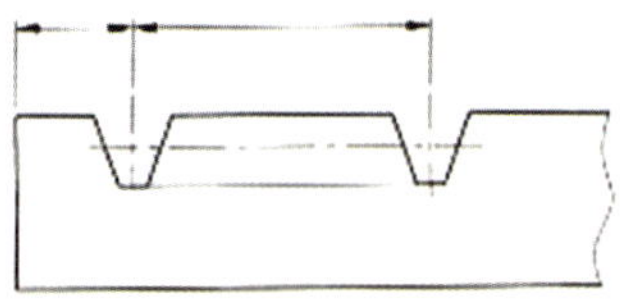
랙의 이뿌리원 표시

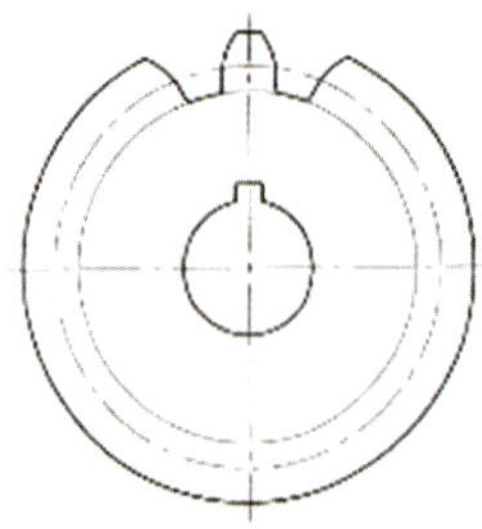
스퍼 기어의 이뿌리원 표시

### (4) 기어 이

이의 형을 표준으로 기준선이나 적절한 척도로 그림으로써 규정한다.

기어 이를 그리는데 1개나 2개의 이를 나타낼 필요가 있으면(이의 위치나 랙 끝을 정의하기 위해서 또는 주어진 축방향 면과 관련한 이의 위치를 규정하기 위해서), 굵은 실선으로 그린다.

기어 축에 평행하게 투상을 한 이의 면에서 볼 때 기어나 핵 이의 방향을 지시할 필요가 있으면 이의 모양과 방향에 따라 3개의 가는 실선으로 나타내는 것이 바람직하다.

| 이의 모양과 방향 | 기호 |
|---|---|
| 오른쪽 비틀림의 한 줄 헬리컬 | 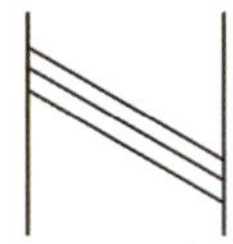 |
| 왼쪽 비틀림의 한 줄 헬리컬 |  |
| 이중 헬리컬 | 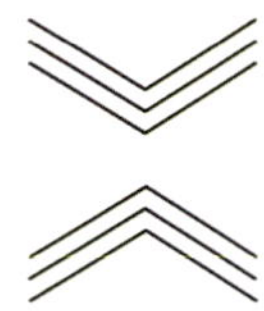 |
| 스파이럴 | 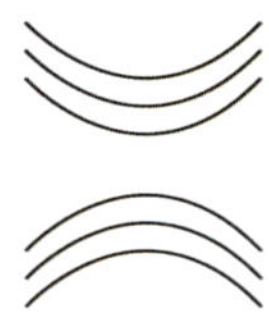 |

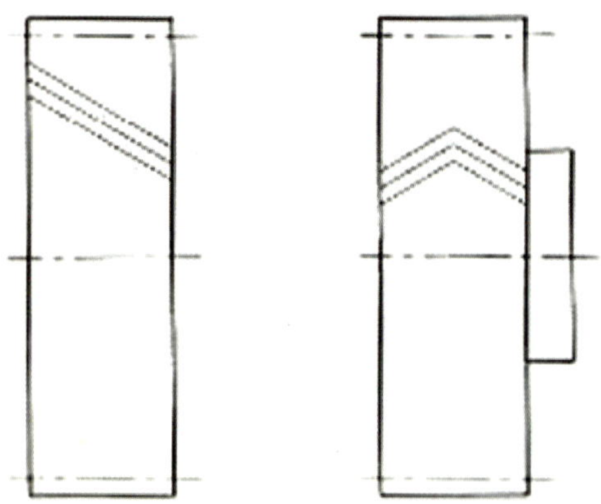

헬리컬 기어 및 더블 헬리컬 기어

### 2.2.2 기어 쌍의 조립 도면 표시

상세 도면에서의 기어 표시에 대한 특정 규칙이 조립 도면에서도 똑같이 적용된다. 그러나 기어 축에 평행하게 투상이 된 베벨 기어 쌍에 대해서는 피치면에 대해 그린 선을 두 축이 만나는 점까지 연장한다.

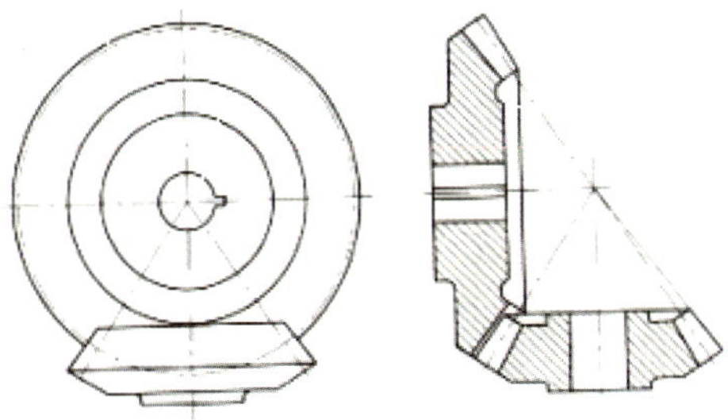

베벨 기어 쌍

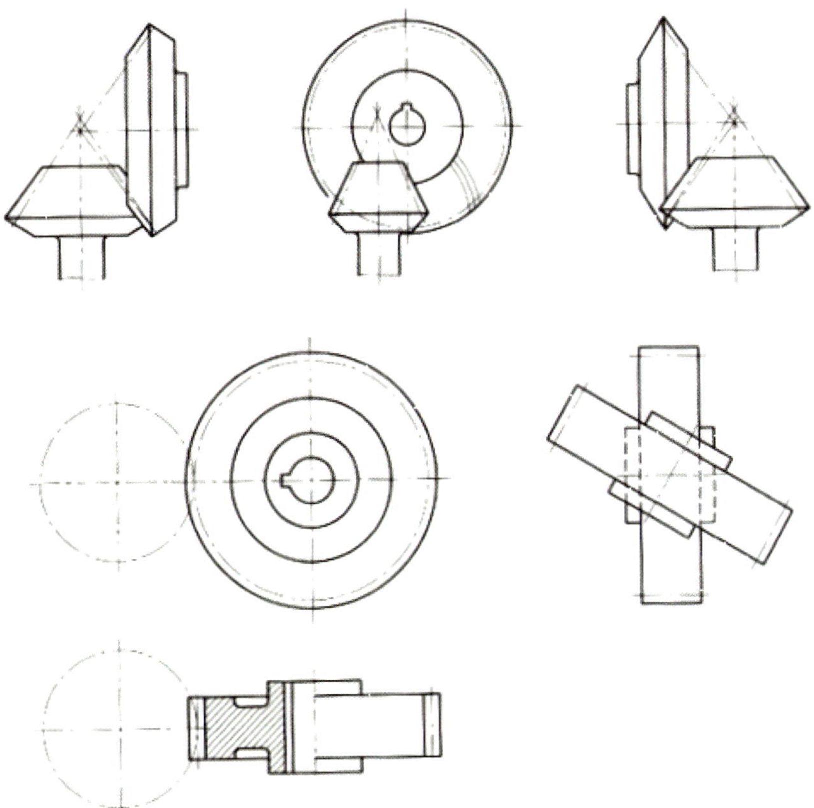

하나의 기어가 다른 기어를 가리고 있을 때 표시

① 기어 쌍 중 하나의 전체가 다른 기어의 전면에 위치하여 그 부분을 전부 가리고 있을 때

② 2개의 기어 모두 축 방향 단면으로 표시할 때 두 기어 중 하나의 경우에 임의의 하나를 선택하고 다른 기어가 부분적으로 가리고 있다고 가정할 때

이 두 가지 경우에 도면의 명료함이 필수적이 아니라면 숨겨진 윤곽의 가장자리는 표시할 필요가 없다.

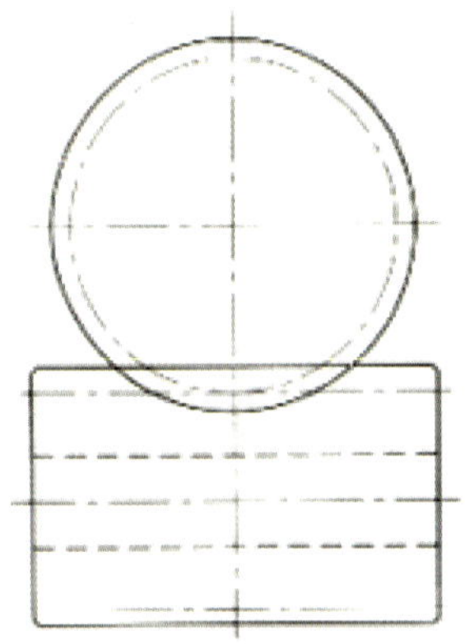

웜 기어 쌍

### (1) 원통 외접 기어의 물림

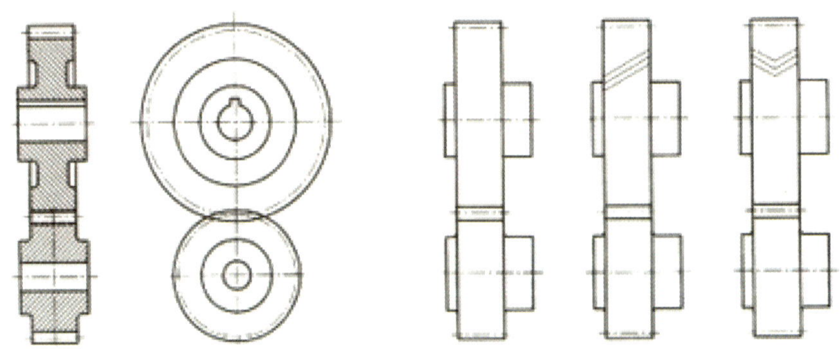

(2) 원통 내접 기어의 물림

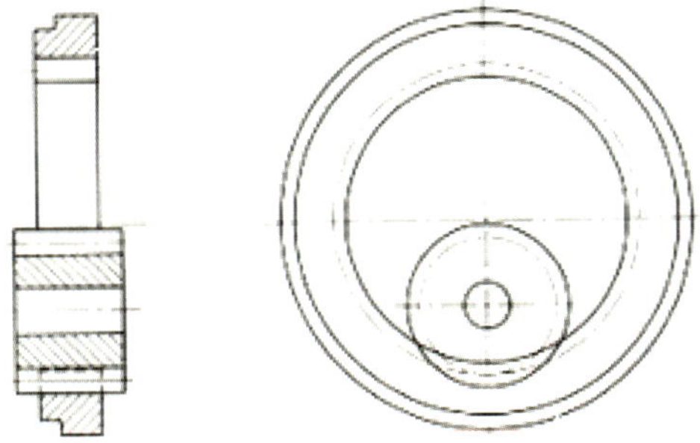

(3) 피니언과 랙의 물림

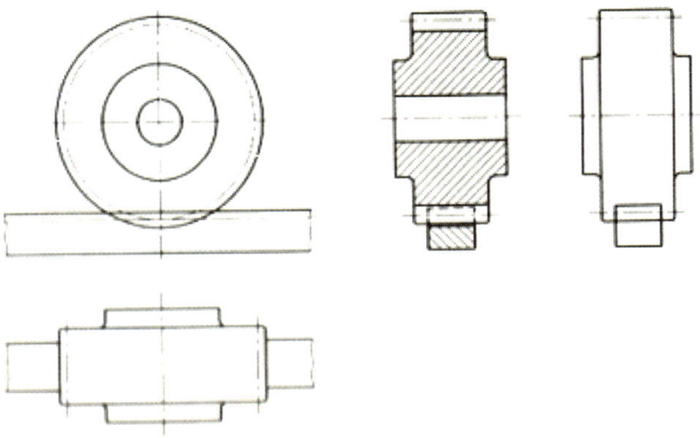

(4) 베벨 기어의 물림

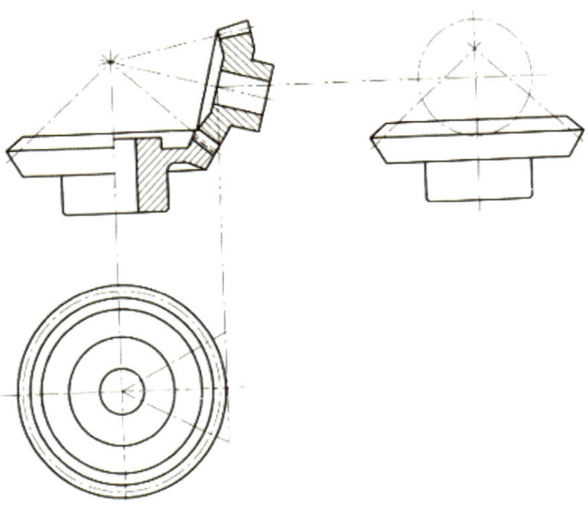

### (5) 원통형 웜 기어의 물림

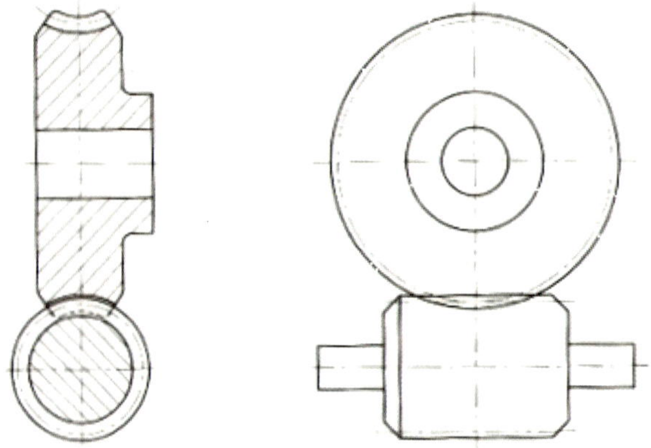

### (6) 체인 휠

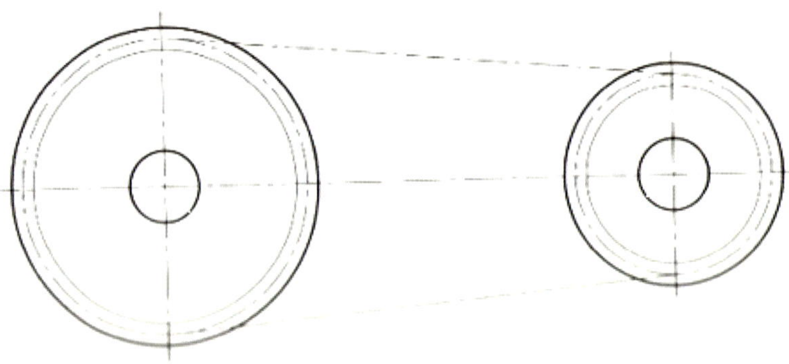

## 2.3 기어제도에 사용되는 기하공차 (JIS B 0021 에서 발췌)

| 기호 | 공차역의 정의 | 지시방법 및 설명 |
|---|---|---|
| | • 원주 흔들림공차 (반지름 방향)<br>공차역은 반지름이 t만큼 떨어지고 데이텀축 직선에 일치하는 동축의 2개의 원의 축선에 직각인 임의의 황단면 내로 규제된다.<br>통상의 흔들림은 축의 주변에 완전 회전으로 적용되지만 1회전의 일부분에 적용하기 위하여 규제할 수 있다. | 회전방향의 실제의 원주흔들림은 데이텀축 직선A의 주변을 그리고 데이첨 평균 B에 동시에 접촉시켜 회전하는 동안에 임의의 횡단면에서 0.1 이하이어야 한다. |
|  | 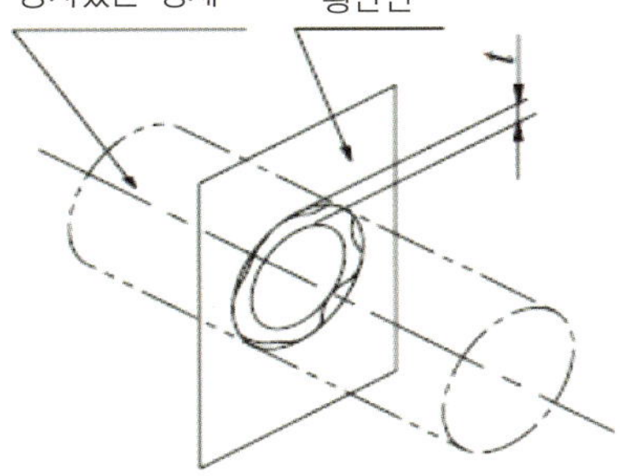 | 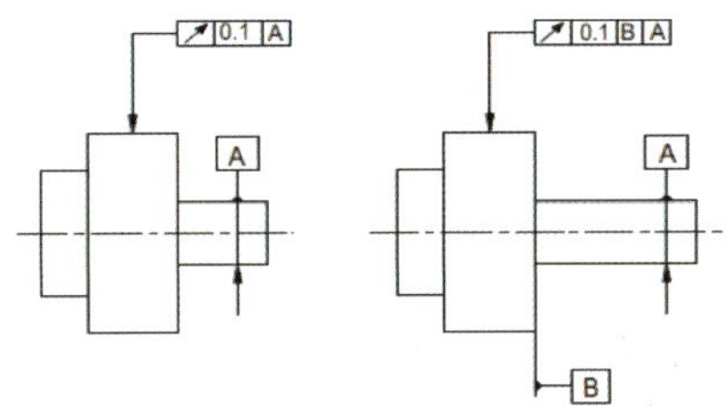 |
| | • 원주 흔들림공차 (축 방향)<br>공차역은 그 축선이 데이텀에 일치하는 원통단면 애에 있는 t만큼 떨어진 2개의 원에 의해 임의의 반지름 방향의 위치로 규제된다. | 데이텀축 직선 D에 일치하는 원통축에 있어서 축방향의 실제의 선은 0.1 떨어졌다. 2개의 원의 사이에 있어야 한다. |
| | 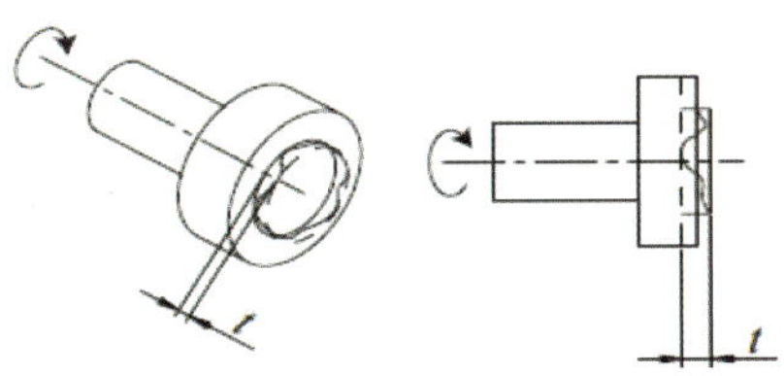 | 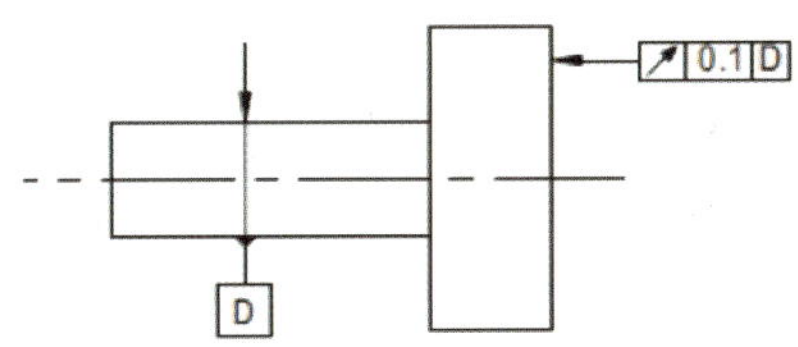 |

| 기호 | 공차역의 정의 | 지시방법 및 설명 |
|---|---|---|
| ⌰ | • 전체 흔들림공차<br>공차역은 t만큼 떨어진 데이텀에 직각인 평행한 2평면에 의해 규제된다. | 실제로 표면은 0.1 만큼 떨어진 데이텀 축 직선D에 직각인 평행한 2평면 사이에 있어야 한다. |
| | 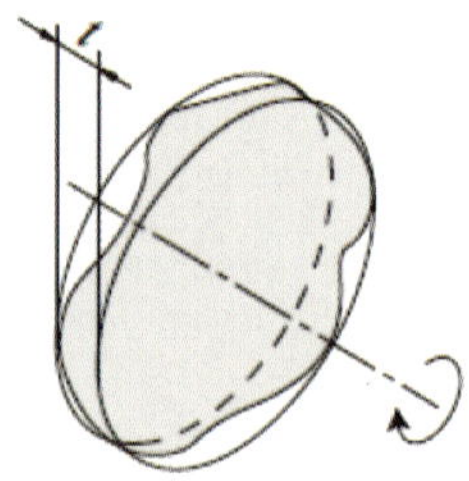 | 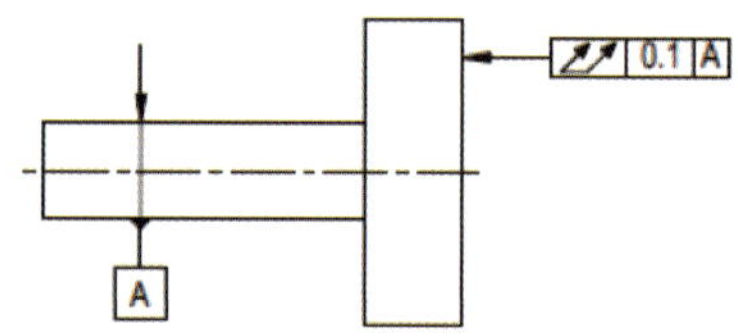  |
| // | • 평행도 공차<br>공차역은 거리 t만큼 떨어진 데이텀 평면에 평행인 평행 2평면에 의해 규제된다. | 실제의 표면은 0.01 만큼 떨어진 데이텀 평면D에 평면의 사이에 있어야 한다. |
| | 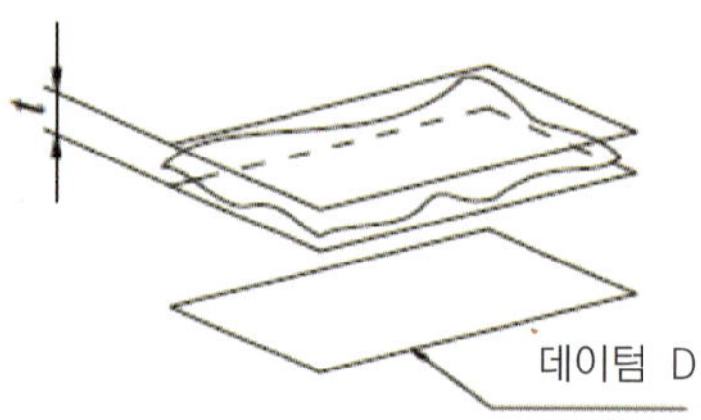  | 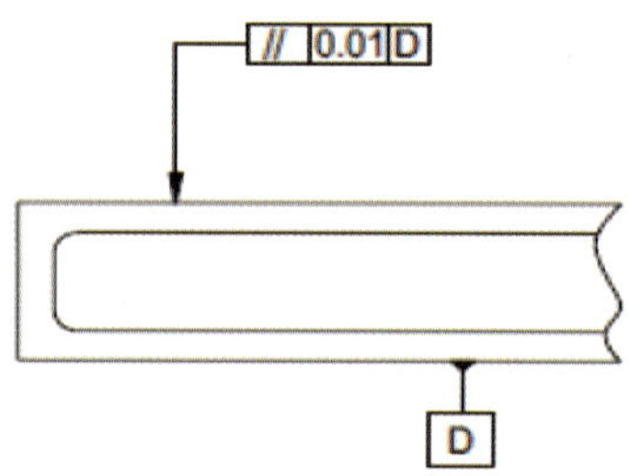  |
| ⊥ | • 직각도 공차<br>공차역은 거리 t만큼 떨어진 데이텀에 직각인 평행 2평면에 의해 규제된다. | 실제의 표면은 0.08 만큼 떨어진 데이터 평면 A 에 직각인 평행한 2 평면의 사이에 있어야 한다. |
| | 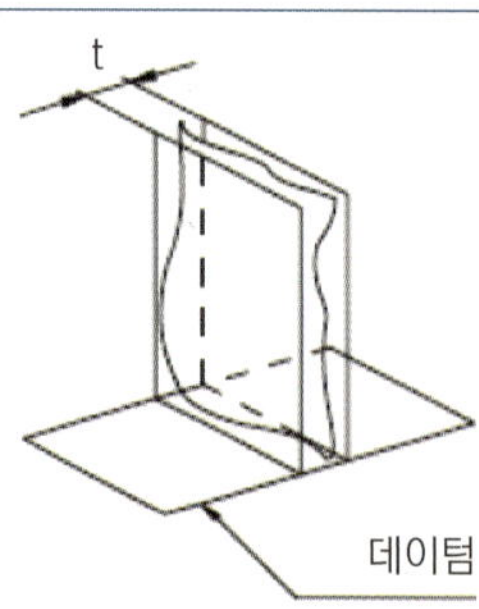  | 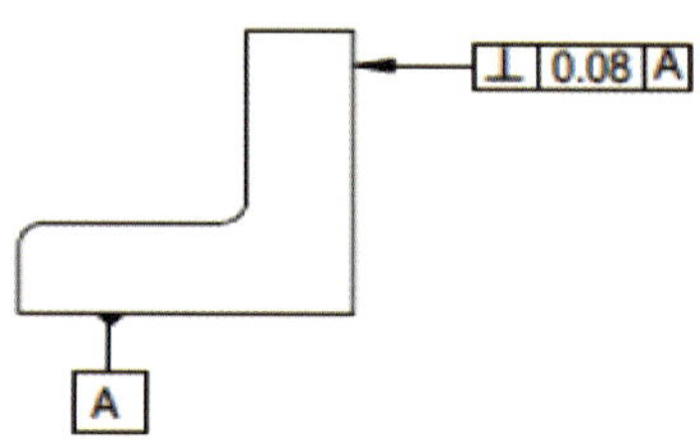  |

# Chapter 3. 기어박스 기초이론

## 3.1 기어박스란?

기어박스는 증속하거나 감속하는 기계장치로 가장 흔하게 볼 수 있는 것은 자동차 변속기다. 이 변속기의 아주 단순한 형태가 전동기에 사용되는 기어박스라고 생각하면 된다. 기어박스는 증속과 감속 모두 가능하나, 대부분 속도를 줄이는 용도로 사용하며 구동원의 회전수를 필요한 회전수로 감속하여 더 높은 토크를 얻기 위한 용도로 사용된다.

## 3.2 기어박스의 종류

기어박스는 다양한 종류가 있다. 기어박스 내부의 기어 종류에 따라 종류가 달라지거나 감속 방식에 따라 종류가 달라진다.

| 종 류 | 내 용 | |
|---|---|---|
| 스퍼기어 방식 | 장점 | • 가격이 저렴<br>• 수리 및 유지 보수가 용이<br>• 제작이 용이 |
| | 단점 | • 효율이 낮음<br>• 입력축과 출력축의 회전 방향이 반대<br>• 노출형의 경우 이물질에 의한 손상 가능 |
| 유성기어 방식 | 장점 | • 입력축과 출력축이 동일선상<br>• 효율이 높음<br>• 밀폐형으로 이물질로부터 보호<br>• 다단 구조는 큰 기어비 가능 |
| | 단점 | • 가격이 저렴<br>• 수리가 어려움 |
| 벨트구동 방식 | 장점 | • 효율이 높음<br>• 입력축과 출력축의 회전 방향이 같음 |
| | 단점 | • 구입이 어려움<br>• 큰 기어비를 얻기 어려움<br>• 노출형의 경우 이물질에 의한 손상 가능 |

## 3.3 소음 측면 고려사항

① 좋은 정밀도: 피치오차, 치형오차, 잇줄방향 오차, 이홈의 흔들림이 작은 기어일수록 소음이 적다.

② 작은 치면 거칠기: 기어연삭, 래핑 외에 적당한 길들이기 운전으로 치면 거칠기를 향상시킬 수 있다.

③ 좋은 이접촉: 치폭 중앙부에 좋은 이접촉을 갖는 기어는 저소음이며, 크라우닝 또는 엔드 릴리프를 통해 치폭 양단부에 이접촉이 집중하는 것을 막는 것이 좋다.

④ 적절한 백래시: 전동 토크에 맥동이 있을 때 두드리는 소리가 나기 쉬우므로 백래시는 작은 것이 효과적이다.

⑤ 커다란 정면 물림률: 일반적으로 동시에 물리는 이가 많을수록 소음은 줄어들며, 물림 압력각을 작게 하거나 높은 치형으로 하는 것이 효과적이다.

⑥ 작은 이: 같은 크기라면 작은 모듈, 큰 잇수의 기어가 소음이 적게 발생한다.

⑦ 고강성의 기어박스: 기어 , 축 , 기어박스의 강성을 높이면 부하를 받아 기어, 축 등이 변형되고 나쁜 이접촉으로 인해 소음이 발생한다.

⑧ 적절한 윤활: 적절한 윤활 적절하고 충분한 윤활로 유막을 확보하고 유체 윤활상 태를 유지하는 것이 중요하다.

⑨ 웨브의 두께: 경량화를 위하여 웨브를 얇게 한 기어는 비교적 고주파음과 같은 소음이 발생한다.

# Chapter 4. 감속 기어박스 설계 계산

## 4.1 개발 프로세스

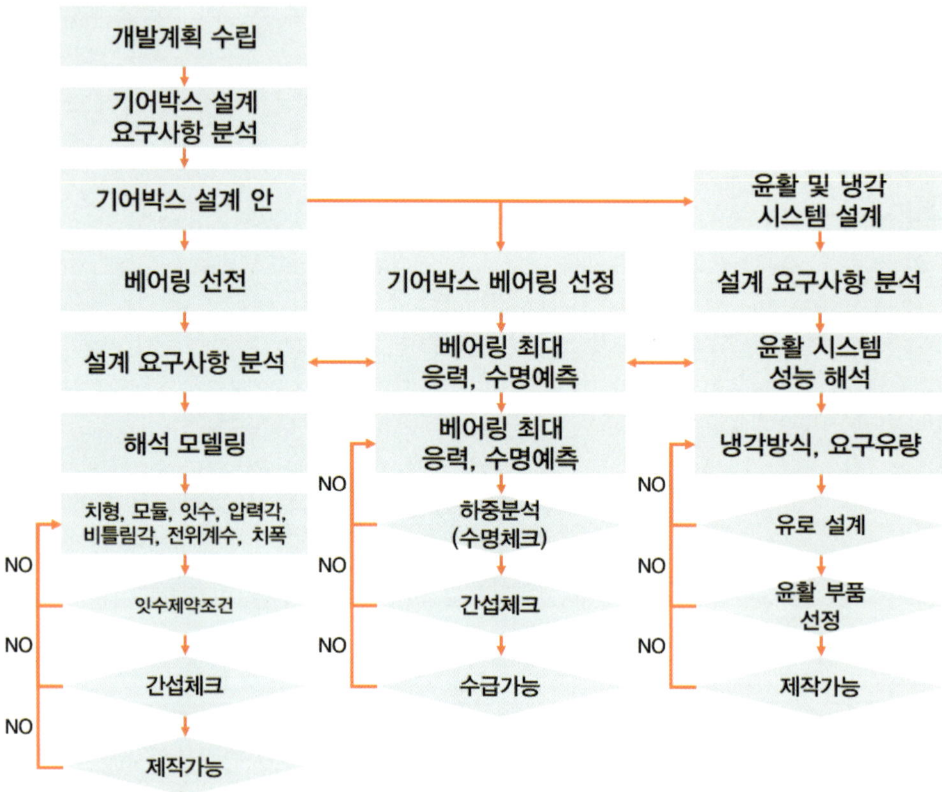


위의 그림은 기어박스 개발의 대략적인 프로세스를 도식화해 놓은 것이다. 실제 기어박스 개발은 위의 프로세스보다 훨씬 많고 복잡한 과정을 통해 제작되며 특히, 경제적인 측면에서 고려되는 사항들이 많이 있다.

우리는 위의 과정 중 첫 번째 줄에 해당하는 기본적인 사항들에 집중해서 기어박스를 개발할 계획이다. 먼저 제작할 기어박스의 사양을 가정하고 본격적인 설계계산에 들어가 보자.

## 4.2 설계 사양

❶ 출력: 0.4 kw, 회전속도 1000 rpm인 유도 전동기 입력축 전달
❷ 감속비: 1/4.25
※ 부하 변동과 충격량은 없는 것으로 가정
※ 표준 스퍼기어로 설계

설계의 편의를 위하여 입력축과 출력축을 동일 선상으로 배치하고 입력축과 중간축의 중심거리와 중간축과 출력축의 거리를 동일하게 가정하고 시작한다. 설계할 감속 기어박스는 2단 변속 감속 기어박스이다.

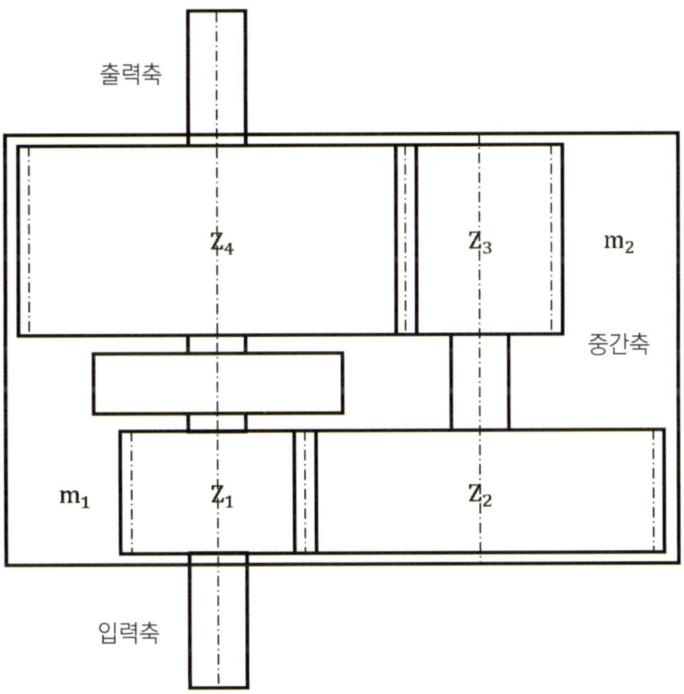

## 4.3 기어박스 설계

### 4.3.1 모듈과 잇수

감속기어의 모듈 및 잇수를 정하고 적절성을 검토가 필요하다.

① 기어축간의 중심 거리를 $l$, 입력축 기어의 모듈을 $m_1$, 출력축 기어의 모듈을 $m_2$, 잇수를 각각 $Z_1, Z_2, Z_3, Z_4$ 라고 한다면 다음의 공식에 대입할 수 있다.

$$l = \frac{m_1(Z_1 + Z_2)}{2} = \frac{m_2(Z_3 + Z_4)}{2}$$

$m_1$, $m_2$의 값을 2mm로 가정하고 $Z_1 = 24$, $Z_3 = 27$로 가정한다.

$$\frac{2(24 + Z_2)}{2} = \frac{2(27 + Z_4)}{2}$$

$$24 + Z_2 = 27 + Z_4$$

$$Z_2 - Z_4 = 3$$

$\therefore$ $Z_2$와 $Z_4$의 잇수 차이는 3개다.

② 속도 전달비 $i$

$$i = \frac{Z_2}{Z_1} \times \frac{Z_4}{Z_3} = \frac{Z_2}{24} \times \frac{Z_4}{27} = 4.25$$

$$Z_2 = Z_4 + 3$$

$$\frac{(Z_4 + 3)}{24} \times \frac{Z_4}{27} = 4.25$$

$$(Z_4)^2 + 3Z_4 = 4.25 \times 24 \times 27$$

$$(Z_4)^2 + 3Z_4 - 2754 = 0$$

$$(Z_4 - 51)(Z_4 + 54) = 0$$

잇수는 음수가 될 수 없으므로 $Z_4 = 51$ 이다.

$\therefore Z_2 = 54$

기어 잇수는

| 기 어 | $Z_1$ | $Z_2$ | $Z_3$ | $Z_4$ |
|---|---|---|---|---|
| 잇 수 | 24 | 54 | 27 | 51 |

기어축의 중심거리는

$$l = \frac{m_1(Z_1 + Z_2)}{2} = \frac{m_2(Z_3 + Z_4)}{2}$$

$$L_1 = \frac{2(24+54)}{2} = 78$$

$$L_2 = \frac{2(27+51)}{2} = 78$$

입력축과 출력축이 동일 선상에 있다는 조건이 만족 되었다.

### 4.3.2 축과 베어링 선정

설계할 감속 기어박스의 축은 길이가 짧으므로 25 MPa 허용응력으로 가정하자. 또한, 강성과 굽힘 강도에 대해서도 고려하지 않는 것으로 가정하고 시작한다.

#### (1) 입력축

제품마다 차이는 있으나, 일반적으로 0.4 kw 저압 전동기는 축지름이 14 mm이다. 따라서 대략적으로 작업할 감속 기어박스의 입력축 지름이 15 mm라고 가정하고 시작하겠다.

$$\therefore d_1 = 15\ mm$$

회전속도에 3%는 슬립이 있다고 가정했을 때 회전속도를 계산하면

$$n_1 = 1000 \times (1 - 0.03) = 970\ rpm$$

축에 발생하는 응력을 계산하면

$$\tau = 48.6 \times 10^3 \frac{P}{d_1 n_1} = 48.6 \times 10^3 \times \frac{0.4 \times 10^3}{15^3 \times 970} = 5.938\,[MPa]$$

$$25\,[MPa] \geq 5.938\,[MPa]$$

허용응력보다 작으므로 안전하다.

베어링은 6002Z 으로 선정 (베어링 내경 15 mm, 외경 32 mm)

### (2) 출력축

① **출력축의 회전 속도:** $n_2$

$$n_2 = n_1 \times \frac{Z_1}{Z_2} \times \frac{Z_3}{Z_4} = 970 \times \frac{24}{54} \times \frac{27}{51} = 228.23\ rpm$$

② **출력축의 축지름:** $d_2$

$$\begin{aligned} d_2 &= 36.5 \times \sqrt[3]{\frac{P}{t_a \times n_2}} \\ &= 36.5 \times \sqrt[3]{\frac{0.4 \times 10^3}{25 \times 228.23}} \\ &= 36.5 \times \sqrt[3]{0.07} \\ &= 36.5 \times 0.4121 \\ &= 15.04\ mm \end{aligned}$$

베어링은 6002Z 으로 선정 (베어링 내경 15 mm, 외경 32 mm)

### (3) 중간축

① **중간축의 회전 속도:** $n_3$

$$n_3 = n_1 \times \frac{Z_1}{Z_2} = 970 \times \frac{24}{54} = 431.11\ rpm$$

② **중간축의 축지름:** $d_3$

$$d_3 = 36.5 \times \sqrt[3]{\frac{P}{t_a \times n_2}}$$
$$= 36.5 \times \sqrt[3]{\frac{0.4 \times 10^3}{25 \times 431.11}}$$
$$= 36.5 \times \sqrt[3]{0.0371}$$
$$= 36.5 \times 0.3335$$
$$= 12.17\ mm$$

베어링은 6001Z 으로 선정 (베어링 내경 12 mm, 외경 28 mm)

| 구분 | 항목 | 기호 | 계산식 | 결과 | |
|---|---|---|---|---|---|
| | | | | 소기어 | 대기어 |
| 1 | 잇수 (1단) | $z_1, z_2$ | - | 24 | 54 |
| 2 | 잇수 (2단) | $z_3, z_4$ | | 27 | 51 |
| 3 | 회전수 | $n_1$ | | 970 | - |
| 4 | 속도전달비(1단) | $i_1$ | $\frac{z_2}{z_1}$ | 2.25 | |
| 5 | 속도전달비(2단) | $i_2$ | $\frac{z_4}{z_3}$ | 2.125 | |
| 6 | 속도전달비(1단x2단) | $i$ | $i_1 \times i_2$ | 4.78 | |
| 7 | 회전수(기어2, 기어3) | $n_2$ | $\frac{n_1}{i_1}$ | 430 | |
| 8 | 회전수(기어4) | $n_4$ | $\frac{n_1}{i}$ | 200 | |

PART 2.

# 인벤터 기본

# Chapter 5. 인벤터 시작

## 5.1 인벤터 기초

### (1) 인벤터 시작

❶ 인벤터를 설치한 후 바탕화면의 아이콘을 더블클릭한다.

(시작 〉〉 Autodesk INVENTOR 〉〉 Autodesk Professional INVENTOR 실행)

❷ INVENTOR 시작화면이 표시된다.

### (2) INVENTOR 종료

❶ 좌측 상단의 **어플리케이션 버튼**을 누른다.

❷ 하단의 **종료 버튼**을 누른다.

또는,

❶ INVENTOR 창의 우측 상단 모서리의 **닫기 버튼**을 누른다.

### (3) 인벤터 화면구성

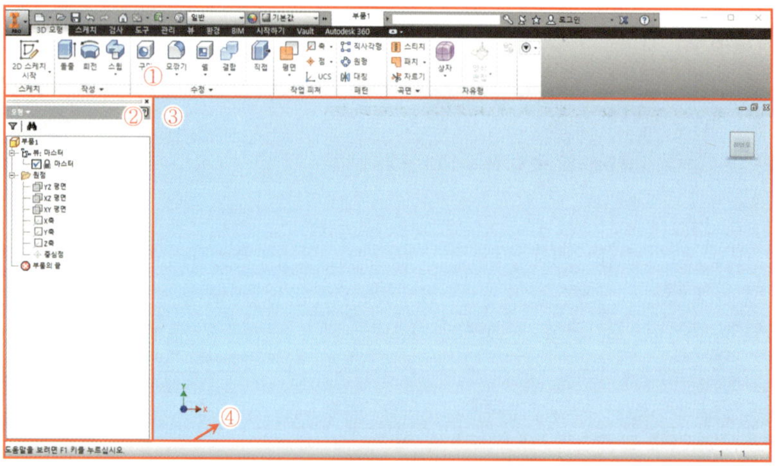

❶ **패널도구**: 작업에 필요한 명령 아이콘 세트이다.

❷ **검색기 패널**: 현재 작업 중인 부품의 히스토리를 보여준다.

❸ **작업공간**: 작업이 이루어지는 공간이다.

❹ **상태표시**: 진행중인 작업의 명령어 순서 및 환경상태를 표시한다.

### (4) 검색기 패널

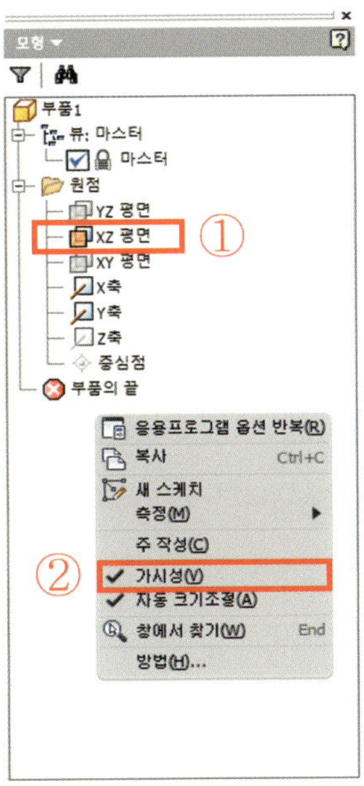


▶ 설계 프로세스 진행 중에 수행된 작업의 순서를 표시한다.

▶ INVENTOR에서 이루어지는 모든 작업은 트리형식으로 표시되며 각 과정은 가시성 탭을 통해 표현하거나 숨길 수 있다.

❶ 트리에서 가시화할 작업에 커서를 올려두고 우클릭한다.

❷ 가시성 탭을 눌러 체크한다.

### (5) 화면 제어

| 1. 마우스 조작법 | | |
|---|---|---|
| 홈 |  | **휠 스크롤**을 **더블클릭**한다. |
| 확대 | 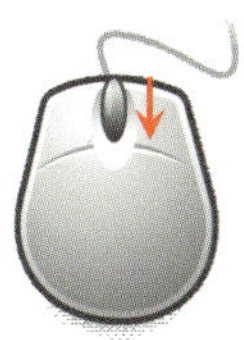 | **휠 스크롤**을 **아래**로 움직인다. |
| 축소 | 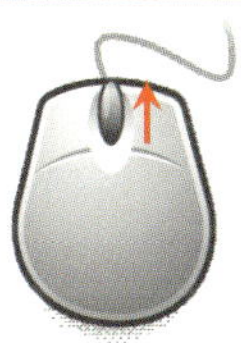 | **휠 스크롤**을 **위**로 움직인다. |

| 이동 |  | **휠 스크롤**을 누른채로 **좌우**로 움직인다. |
|---|---|---|
| 회전 |  | ㉠ F4키 와 마우스 **왼쪽 버튼**을 누른 채로 움직인다. |
| |  | ㉡ SHIFT키 와 마우스 **휠 버튼**을 누른 채로 움직인다. |

## 2. 뷰 큐브 조작법

| 꼭지점 |  | 뷰 큐브 모서리, 꼭지점, 면을 클릭하면 클릭한 해당 지점이 정면으로 온다. |
|---|---|---|
| 면 |  | 면을 클릭했을 시 다음과 같이 화살표가 생성되며 화살표 방향으로 회전한다. |
| 모서리 | 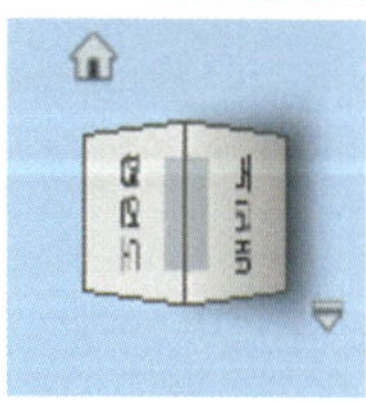 | 모서리 클릭 시 다음과 같이 뷰 큐브가 회전한다. |

| 3. 탐색 패널 | | |
|---|---|---|
|  | 전체 탐색 휠 | 일반 및 특수화된 탐색 도구에 액세스한다. |
|  | 초점이동 | 그래픽 창 부를 모든 방향의 평면형에서 화면으로 이동한다. |
|  | 전체 줌 | 부품 또는 조립품에 표시되는 모든 객체로 그래픽 창을 채운다. |
|  | 자유 회전 | 화면 축 주변 또는 중심에서 커서 입력을 기준으로 뷰를 동적으로 회전한다. |
|  | 보기 | 선택한 평면형 면을 화면에 평행하게, 선택한 모서리는 화면에 수평하게 배치하고, 선택항목은 중심에 오도록 한다. |

# Chapter 6. 인벤터 기본 - 예제

## 6.1 인벤터의 기본

### 6.1.1 예제로 배우기 (돌출)

예제를 통해 자주 사용하게 될 기능들을 연습해 보자.

[시작하기] 탭에서 [새로 만들기] 아이콘을 선택한다.

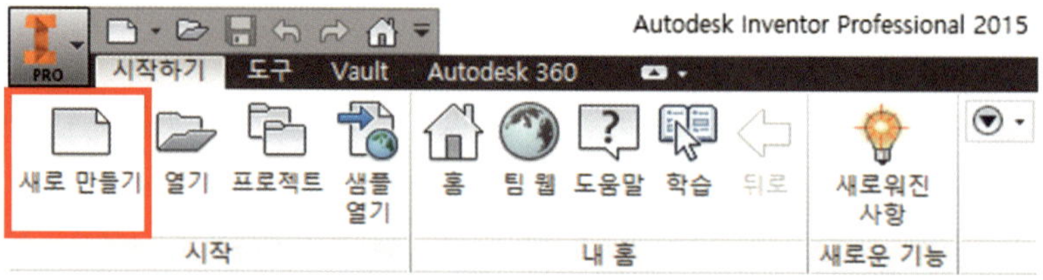

예제는 Standard(mm).ipt 환경에서 작업한다.

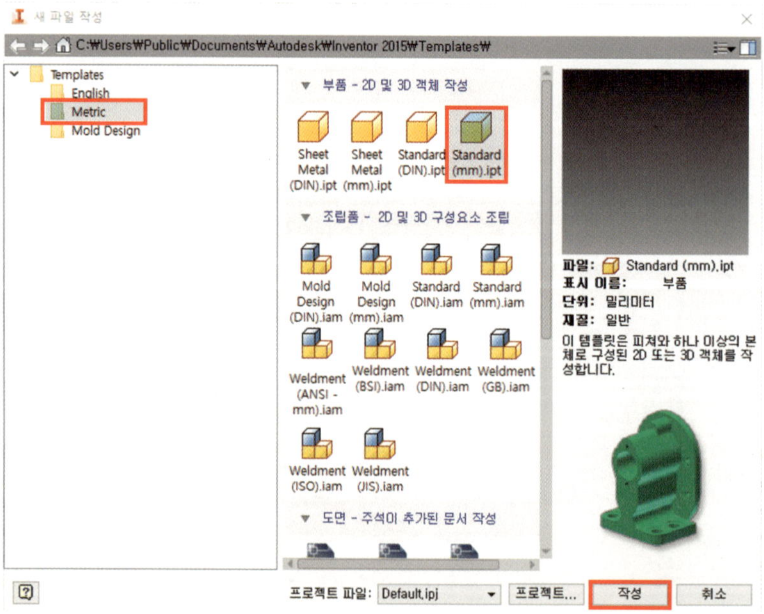

❶ 패널 도구 바: 작업에 필요한 명령 아이콘 세트다.
❷ 검색기 패널 바: 현재 작업 중인 부품의 히스토리를 보여준다.
❸ 작업공간: 작업이 이루어지는 공간이다.
❹ 상태표시 바: 진행중인 작업의 명령어 순서 및 환경상태를 표시한다.

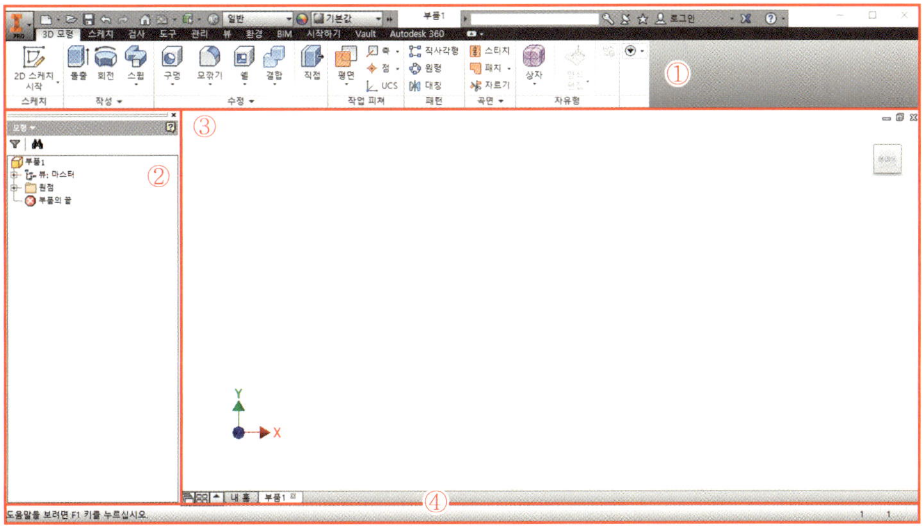


패널도구에 있는 [2D 스케치 시작] 아이콘을 선택하면 다음과 같이 스케치할 평면이 나타난다. 일반적인 스케치라면 세 개의 평면 중 어디에 작업해도 상관없지만, 형상에 따라 특정 평면에 스케치를 해야 할 경우도 있다.

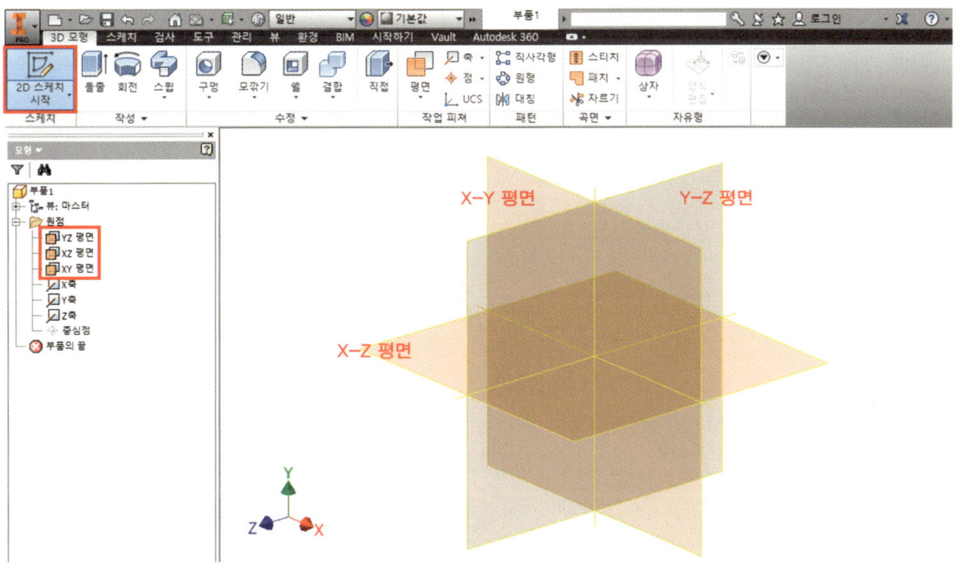

세 개의 평면 중 X-Z 평면을 선택해보자.

상단의 패널도구가 스케치 환경에 맞게 변화되었고, 중단의 작업공간에 X, Z축 그리고 원점을 확인할 수 있다.

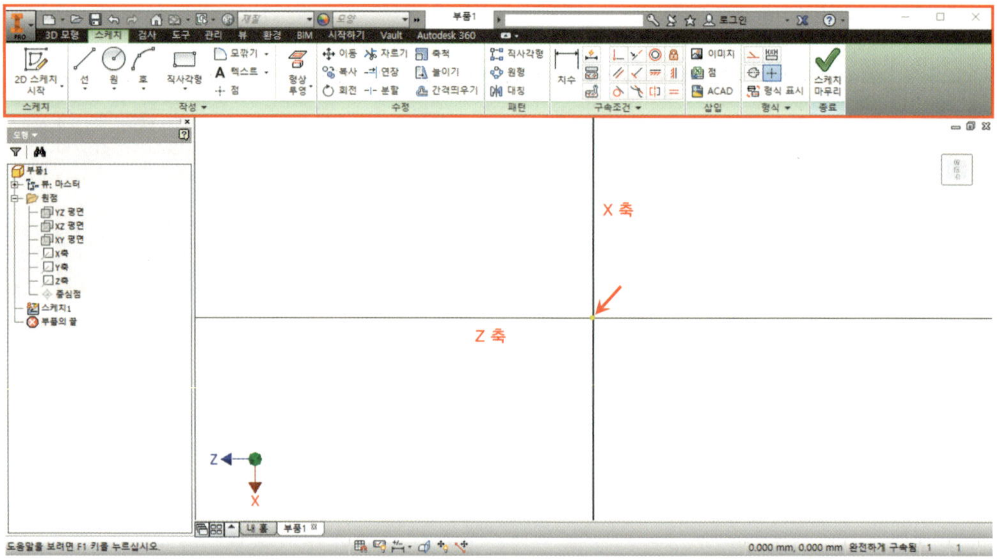


## TIP. 스케치 도중 원점이 사라졌다면?

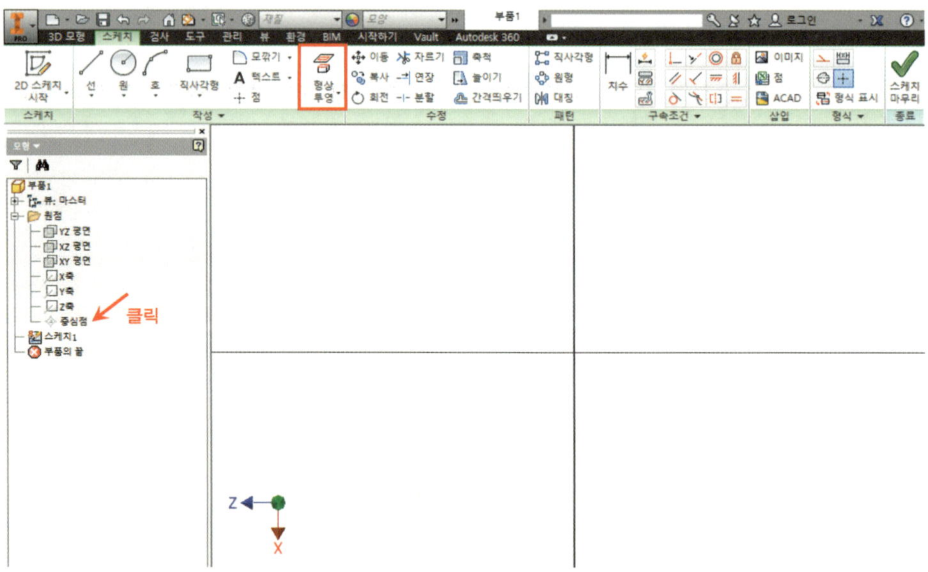


[형상투영] 아이콘을 선택하여 중심점을 형상투영 해준다.

작업 공간에 직사각형을 그린다.

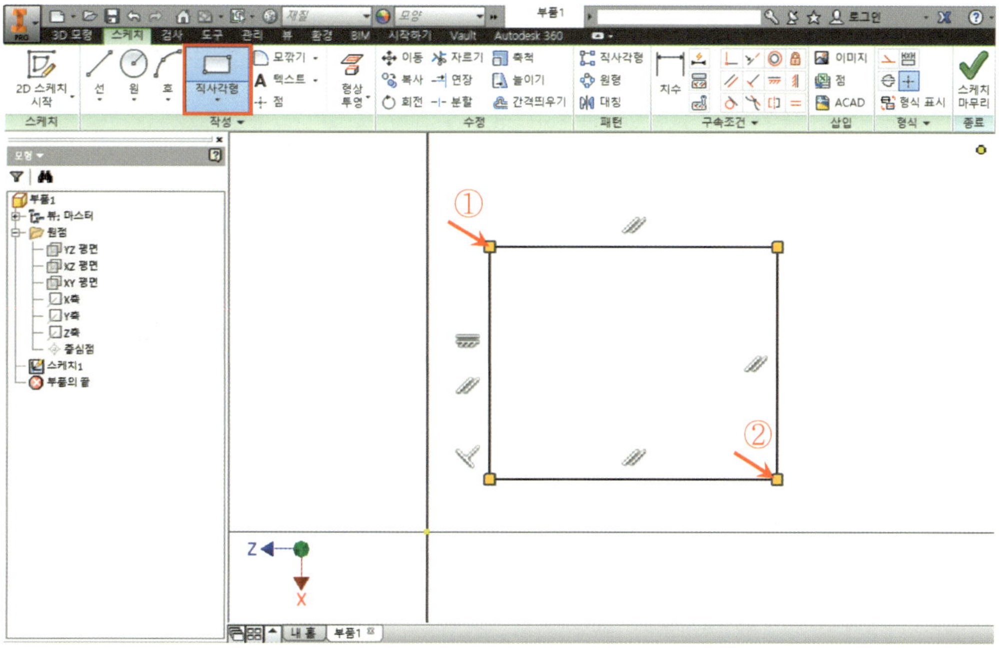


| TIP. 자주 사용하는 사각형 아이콘 | |
|---|---|
| 직사각형<br>2점 직사각형 | 대각선 구석에 두 점을 사용하여 직사각형을 작성한다. |
| 직사각형<br>두 점 중심 | 두 개의 점으로 중심, 가로 길이를 정의하여 직사각형을 작성한다. |
| 슬롯<br>중심 대 중심 | 각 슬롯 호의 중심을 배치하고 두 중심 간의 거리와 슬롯 폭으로 정의하여 생성한다. |
| 슬롯<br>중심점 호 | 중심점, 두 점 중심 호 와 슬롯 폭으로 정의하여 호 슬롯을 작성한다. |
| 폴리곤<br>폴리곤 | 폴리곤 쉐이프를 작성한다. (최대 120개) |

상단의 패널도구에서 치수 아이콘을 선택하고 사각형의 변을 클릭한다.

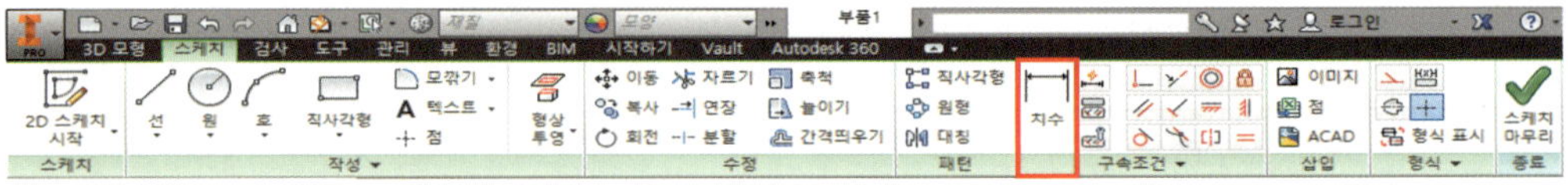


❶ 아래의 그림처럼 각 변의 치수를 확인할 수 있다.

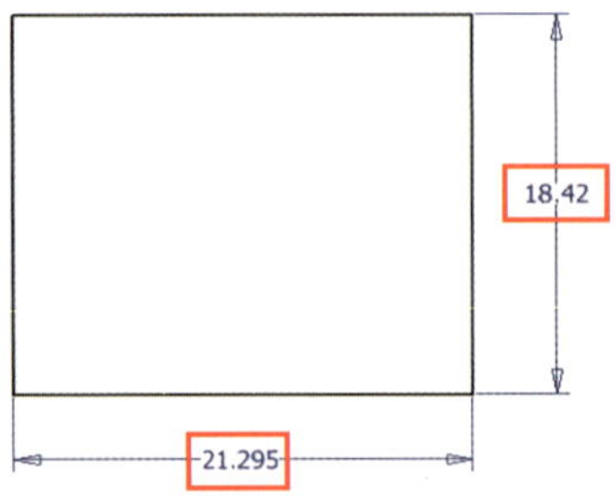


❷ 변의 치수를 더블클릭하고 치수를 아래의 그림처럼 바꾸어 준다.

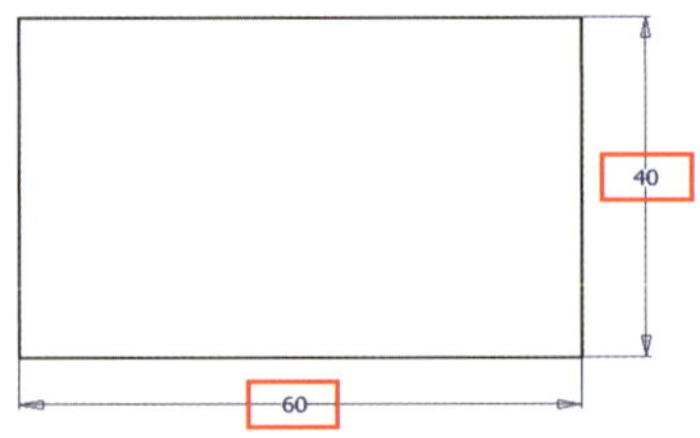


입력하는 치수에 따라 사각형의 모양이 변한다.

## TIP. 치수 입력창을 바로 띄우고 싶다면?

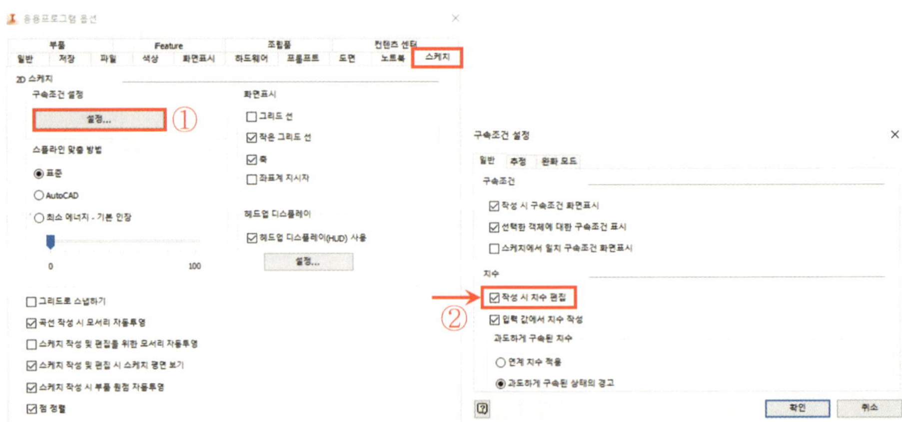


인벤터에서는 선을 정해두고 치수를 주는 것이 아니라, 객체를 작성해 놓고 치수를 주는 것이기 때문에 불편할 수 있다. 편의에 맞게 설정을 바꾸면 된다.

형상을 완벽하게 구속하기 위해 원점과 사각형의 꼭지점을 일치시킨다. 다음의 [일치구속조건 ] 아이콘을 선택하여 구속한다.

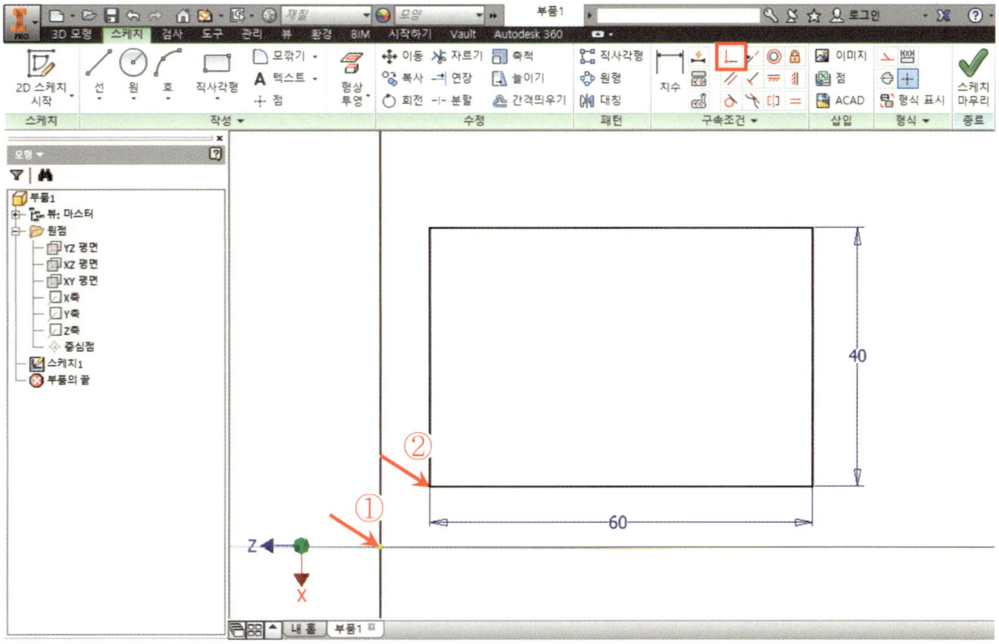

스케치의 색상이 검정에서 진한 파랑으로 변한 것을 볼 수 있다. 스케치 마무리를 한다.

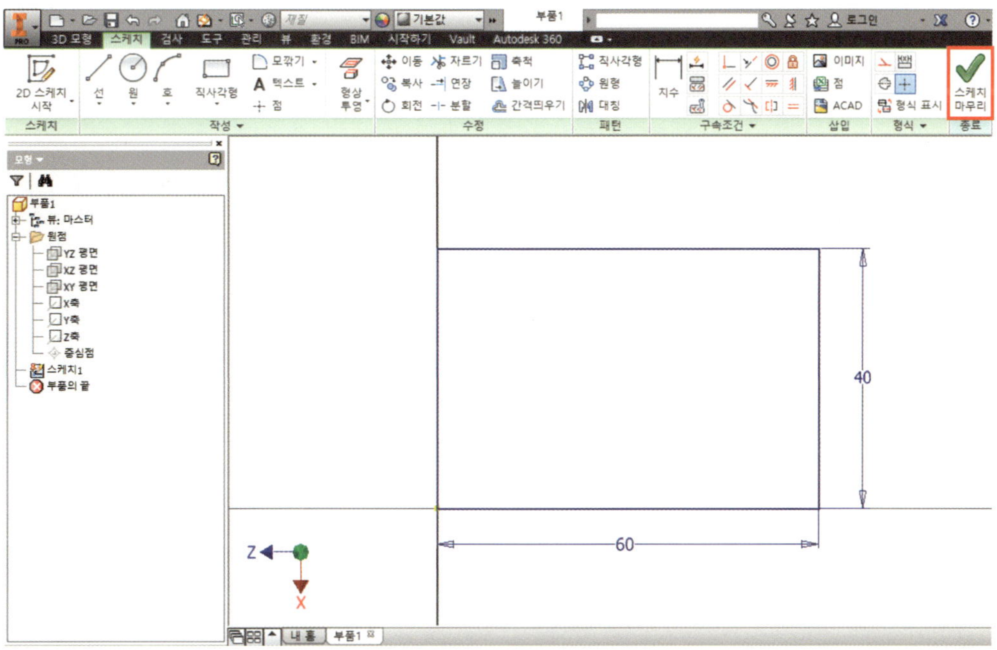

## TIP. 구속이란?

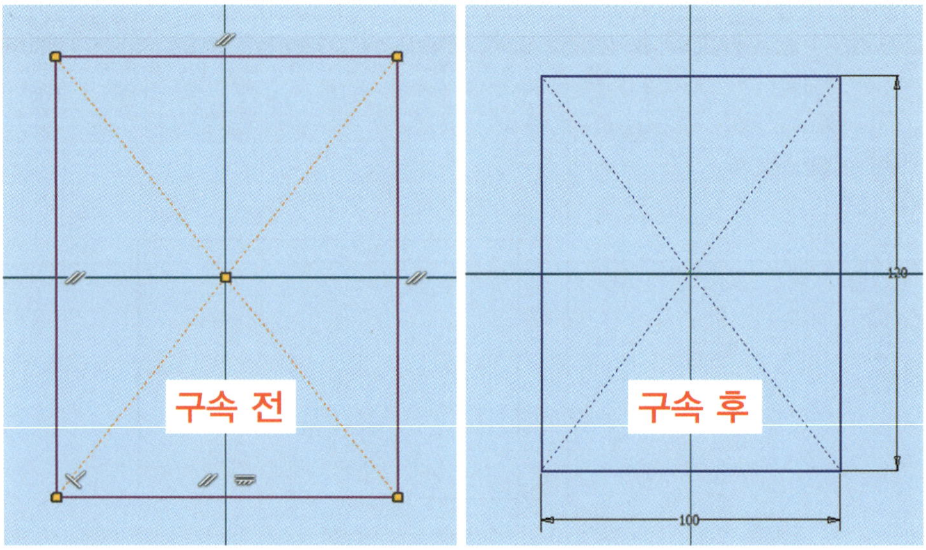


**구속 전**과 **구속 후**의 **스케치 색이 다른** 점을 확인할 수 있다.
스케치의 색은 **응용프로그램 옵션**에서 **색상 체계 변화**에 따라 바꿀 수 있다.

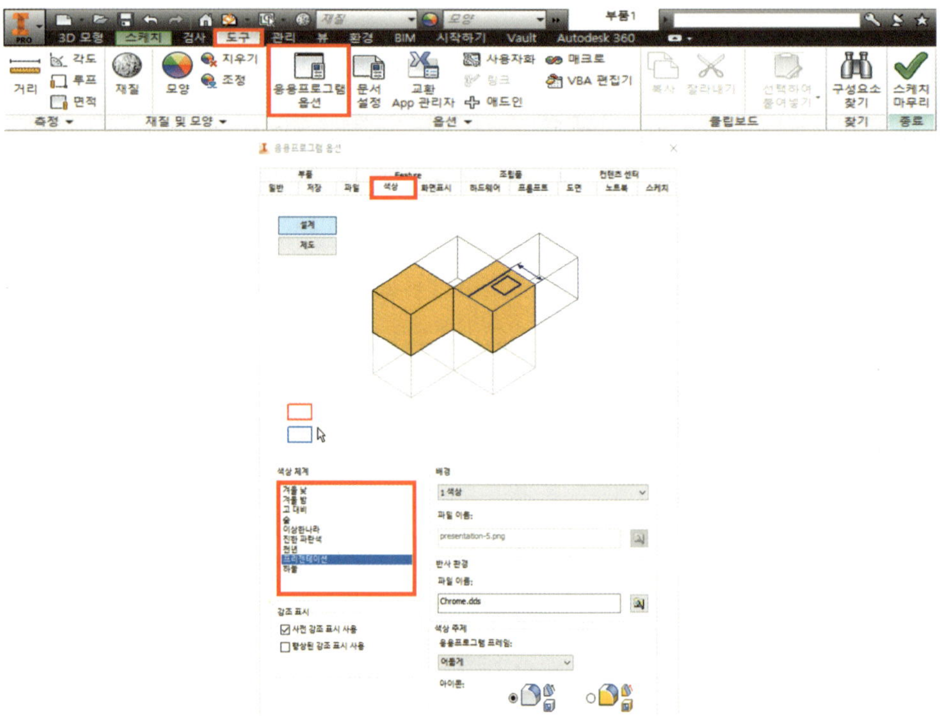

[돌출 ] 아이콘으로 40 mm 두께의 솔리드를 생성한다.

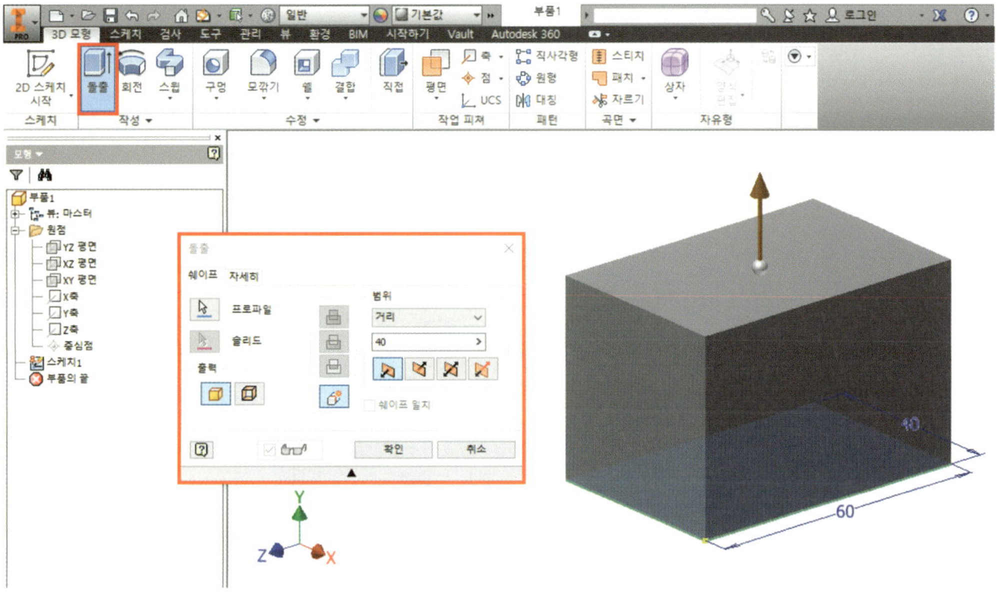


솔리드의 윗면에 스케치를 해보자. 면을 선택하면 나타나는 세 개의 아이콘 중 [스케치 ] 아이콘을 클릭한다.

스케치할 면 위에 [직사각형 ]을 그려준다.

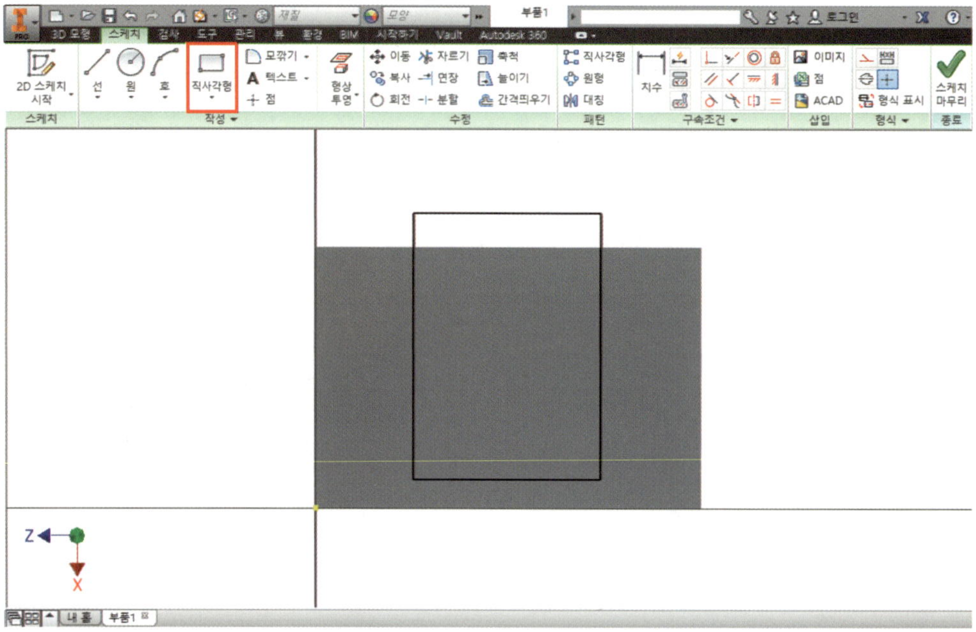

[동일선상 구속조건 ] 아이콘을 선택하고 다음의 순서로 변을 클릭한다. 아랫변도 동일하게 구속시켜준다.

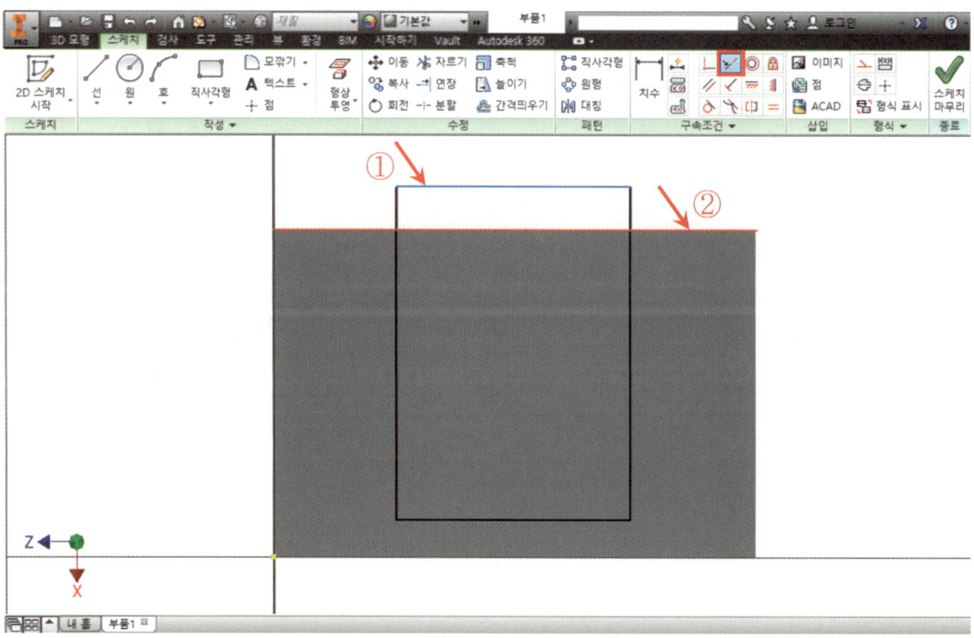

동일한 방법으로 사각형을 하나 더 그려주고 윗변과 아랫변을 구속한다.

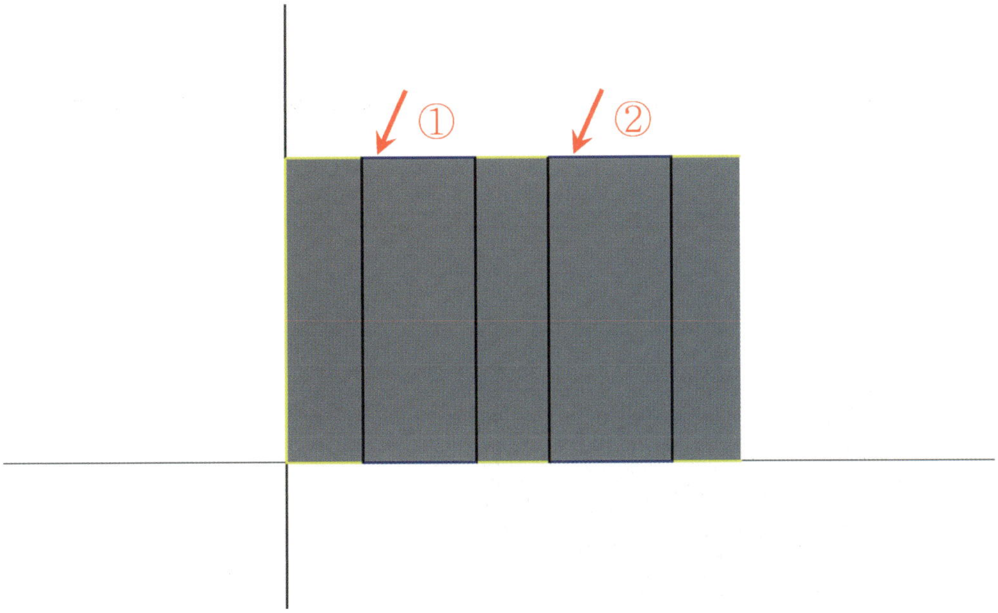


[치수 ⟼ ] 아이콘을 선택하여 다음과 같이 치수를 주고 구속한다. 스케치 마무리를 한다.

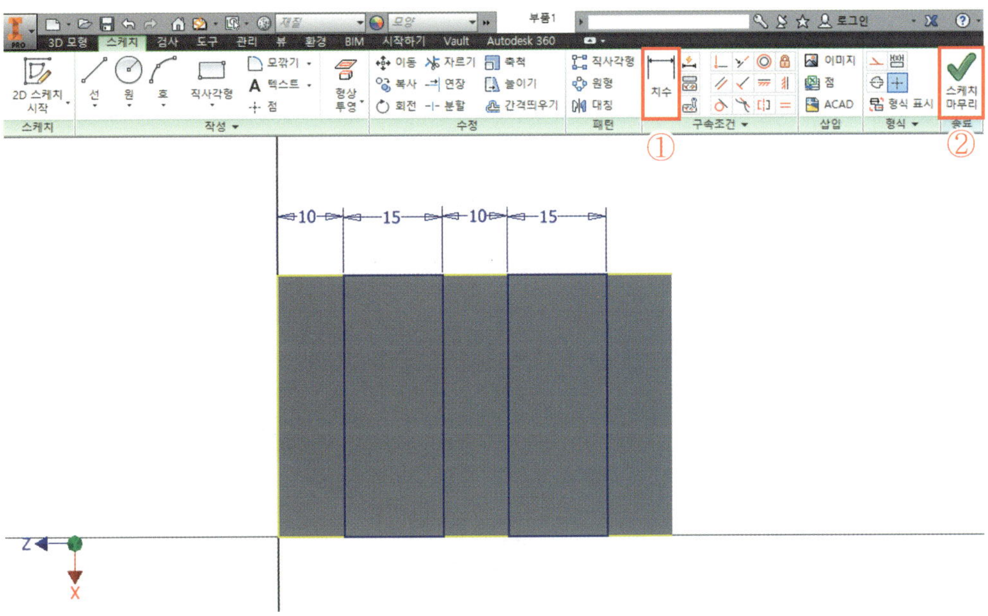

[돌출 ] 아이콘을 선택하고 프로파일 2개를 선택한 뒤 거리 30 mm만큼 [차집합 ] 한다.

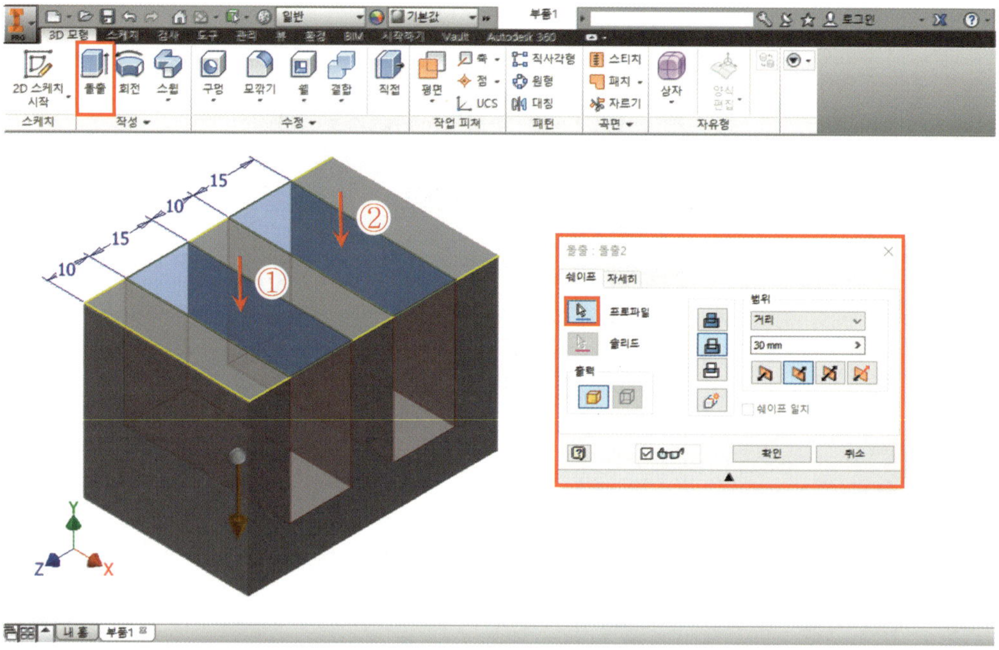


이번에는 측면에 스케치를 하겠다. 면을 선택하고 [스케치 ] 아이콘을 선택한다.

측면에 다음과 같이 원을 그린다. 원 아이콘을 선택하고 순서대로 원을 그려보자.

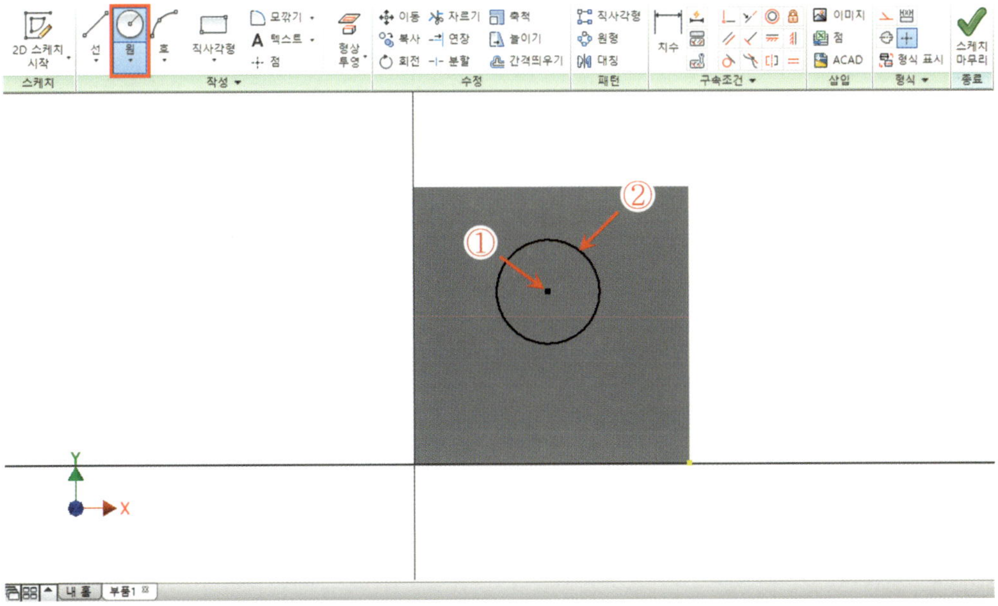

[치수 ⊢⊣ ] 아이콘을 선택하고 다음과 같이 치수를 입력한다. 원의 중심과 솔리드의 모서리 사이의 거리를 지정한다. 스케치 마무리를 한다.

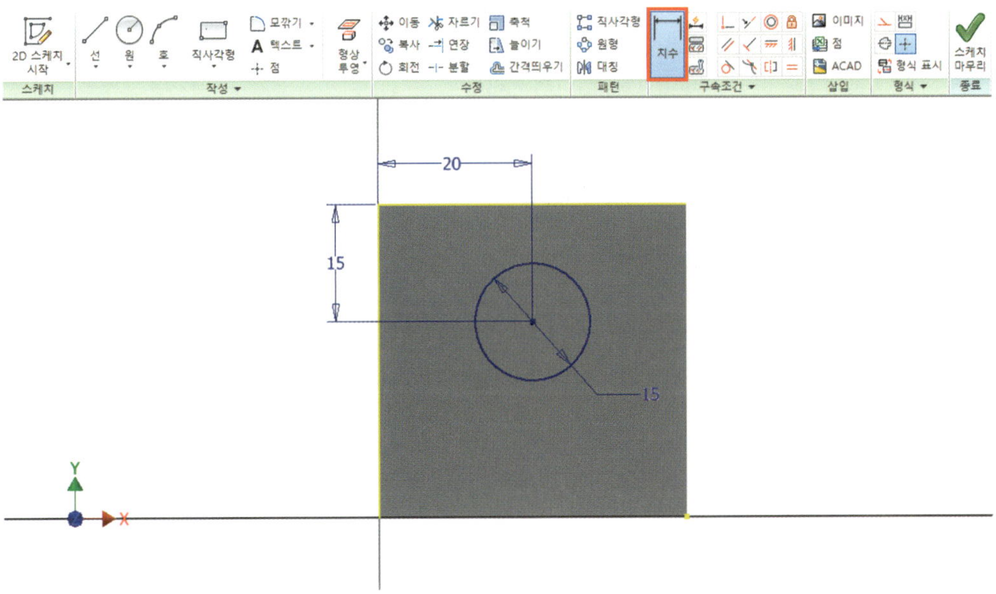

| TIP. 자주 사용하는 원 아이콘 | |
|---|---|
| 원<br>중심점 | 중심점과 반지름을 사용하여 원을 작성한다. |
| 원<br>접선 | 3개의 선에 접하는 원을 작성한다. |
| 타원<br>타원 | 중심점, 주요 축과 보조 축을 사용하여 타원을 작성한다. |

[돌출 ] 아이콘을 선택한다. 돌출 범위에 따라 형상이 어떻게 달라지는지 확인해보자.

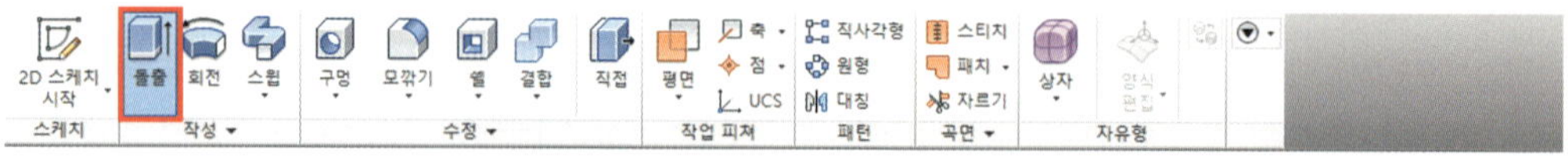


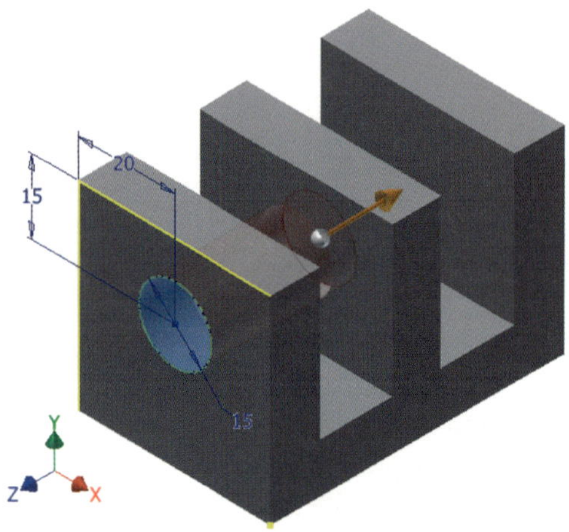


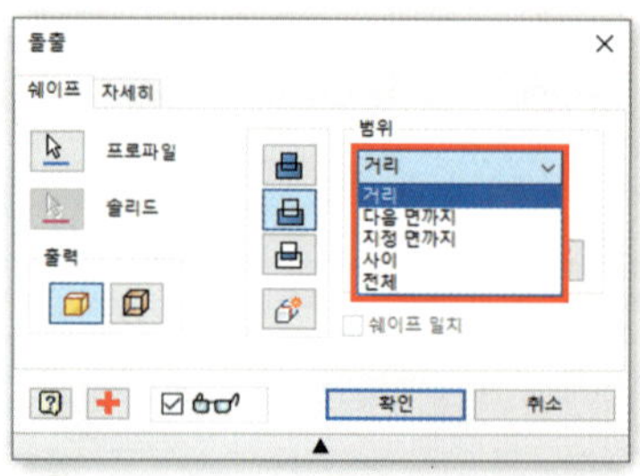

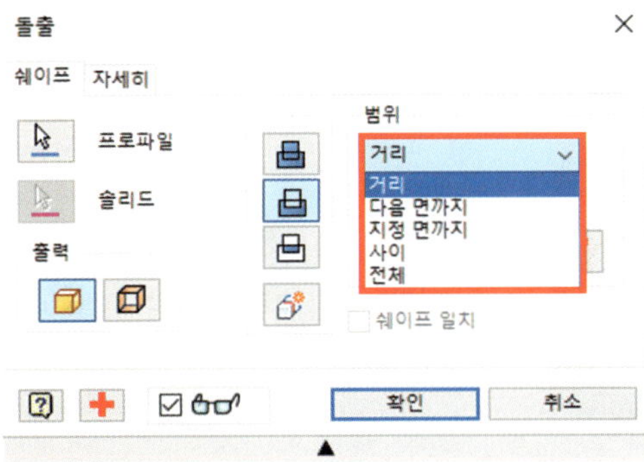


※ 범위 :

❶ 거리

❷ 다음면까지

❸ 지정면까지

❹ 사이

❺ 전체

❶

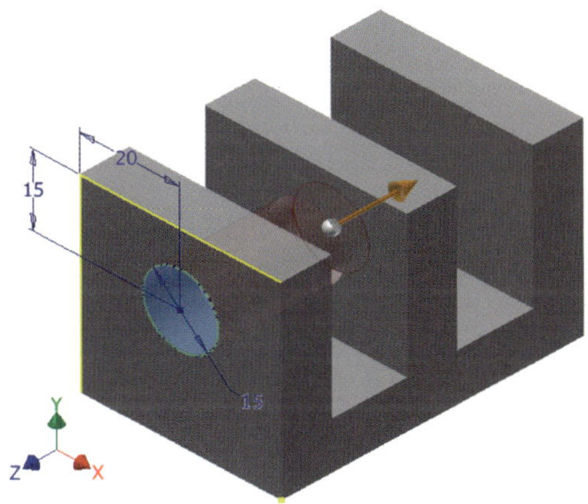


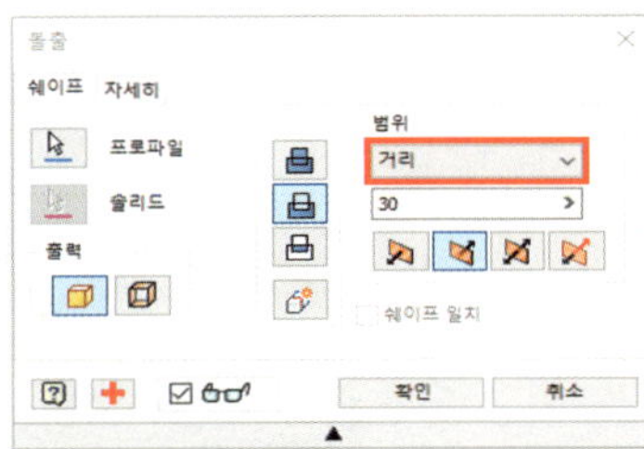


❷

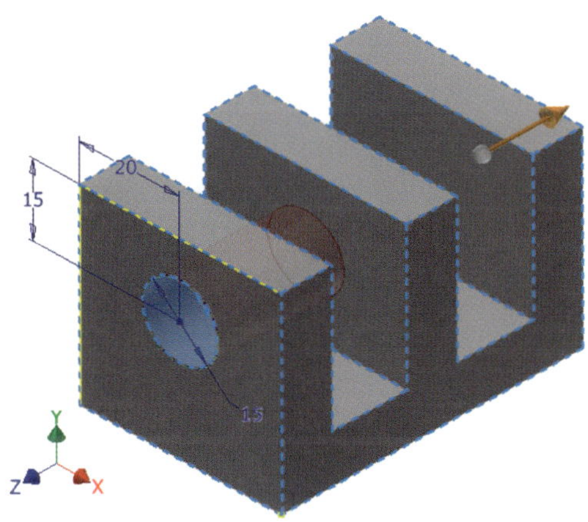


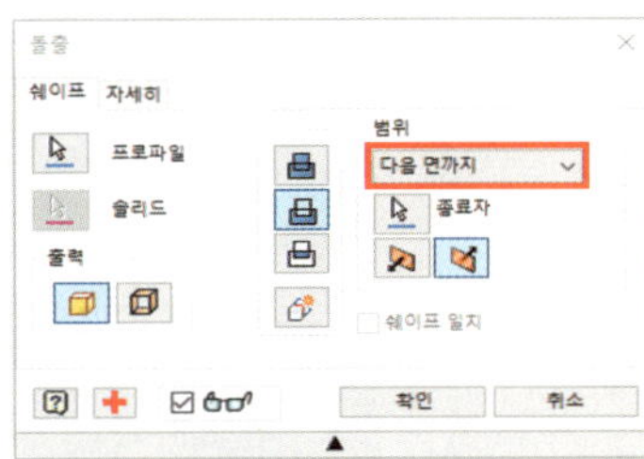

③

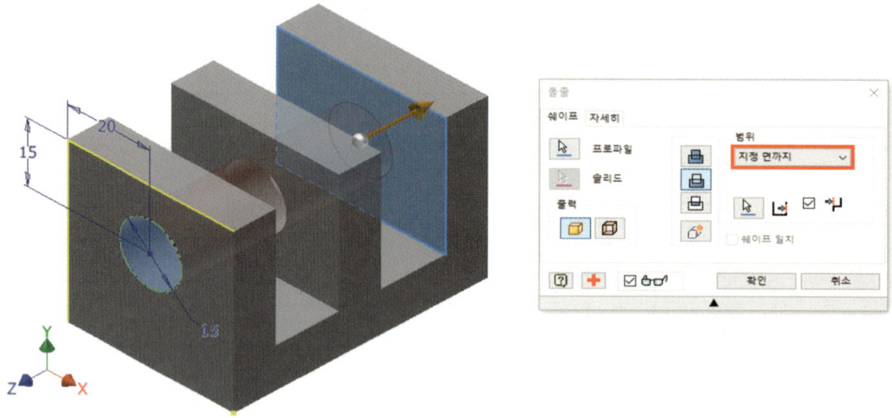
20
15
15
돌출
쉐이프
자세히
프로파일
솔리드
출력
범위
지정 면까지
쉐이프 일치
확인
취소

④

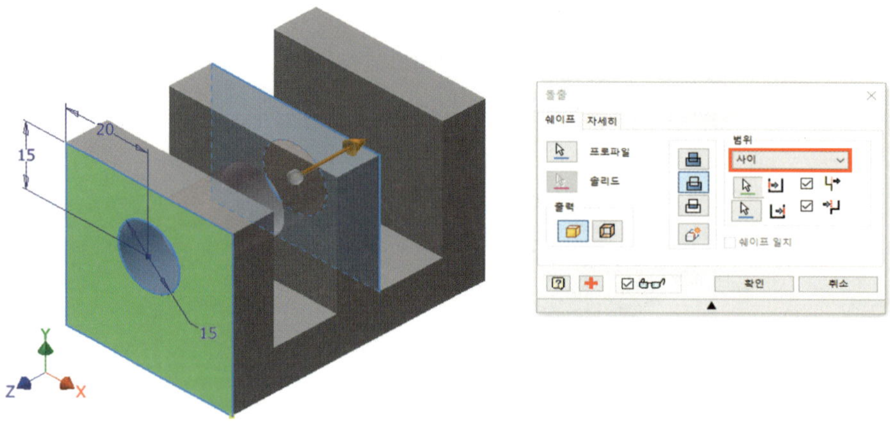
20
15
15
돌출
쉐이프
자세히
프로파일
솔리드
출력
범위
사이
쉐이프 일치
확인
취소

⑤

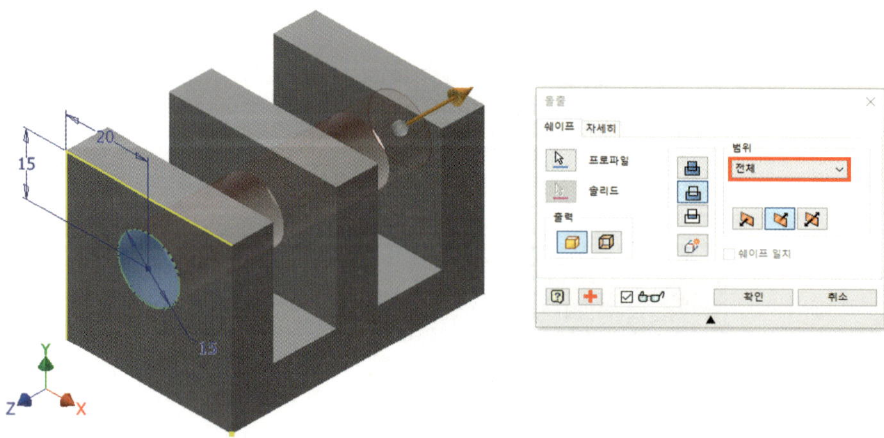
20
15
15
돌출
쉐이프
자세히
프로파일
솔리드
출력
범위
전체
쉐이프 일치
확인
취소

[모깎이 ] 아이콘을 사용해보자. 아이콘을 선택하고 모깎이 할 모서리를 선택한다. 모깎이 반지름은 10 mm 만큼 준다.

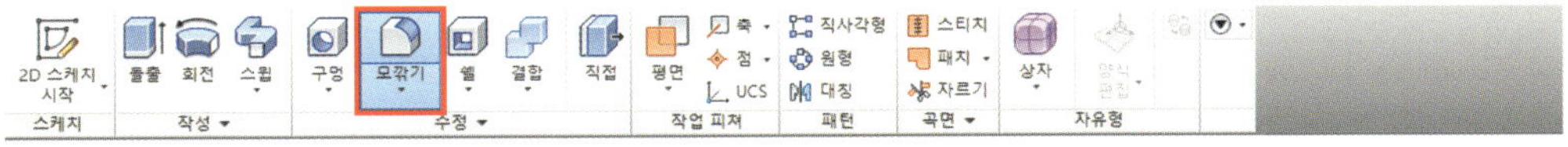


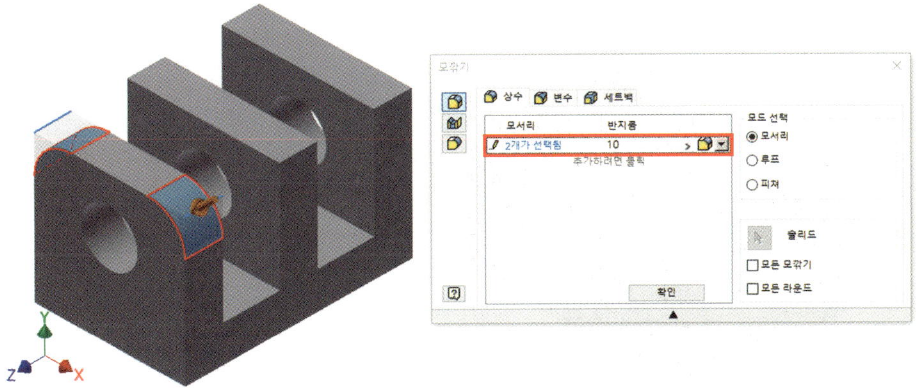


[모따기 ] 아이콘은 사용해보자. 아이콘을 선택하고 모따기 할 모서리를 선택한다. 모따기 거리는 10 mm 만큼 준다.

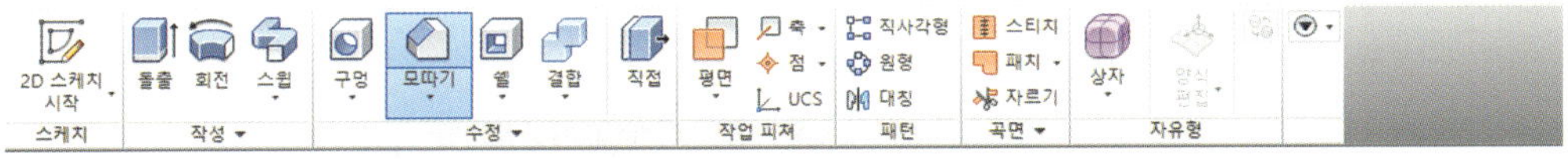


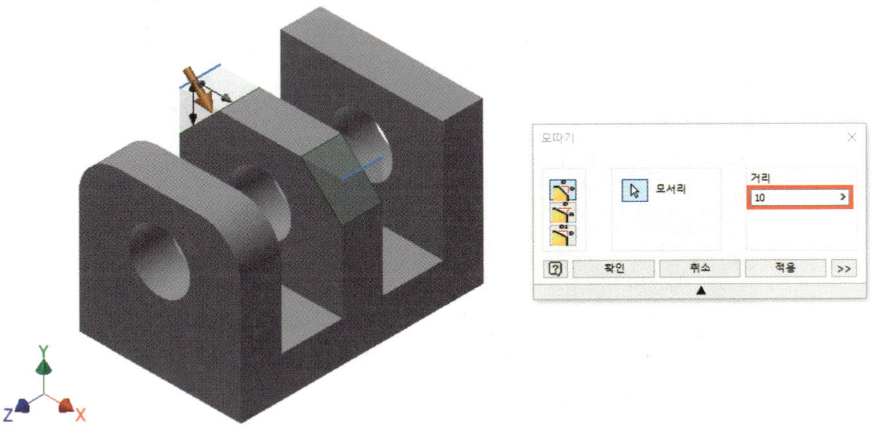

[제도 ] 아이콘은 사용해보자. 아이콘을 선택하고 기울기를 줄 면을 선택한다. 기울기 각도는 10° 만큼 준다.

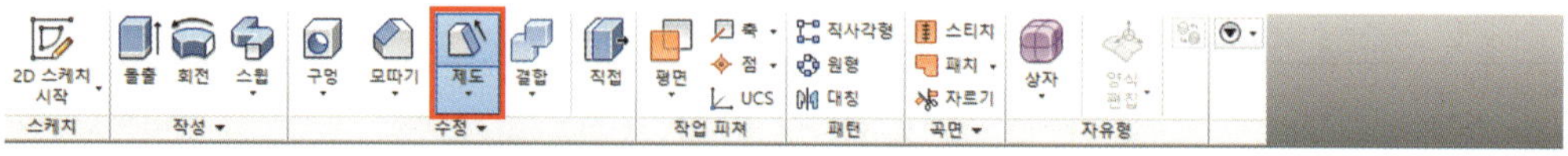


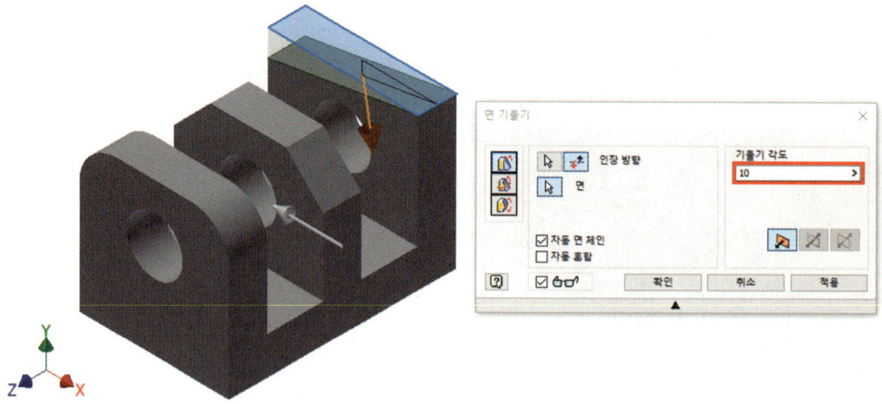


완성된 모습이다.

### ◇ 새롭게 사용한 아이콘 정리 [돌출]

| 3D 환경 | |
|---|---|
| 돌출 | 스케치된 프로파일에 돌출을 추가하여 피쳐를 작성한다. |
| ▼ 접합 | 돌출 피쳐로 작성된 체적을 추가한다. |
| ▼ 절단 | 돌출 피쳐로 작성된 체적을 제거한다. |
| 모깎이 | 모서리 또는 면에 모깎기 또는 모따기를 추가한다. |
| 모따기 | |
| **제도** | 부품의 지정된 면에 각도를 적용한다. |

| 2D 환경 | |
|---|---|
| 2점 직사각형 | 대각선 구석에 두 점을 사용하여 직사각형을 작성한다. |
| 원 | 중심점과 반지름을 사용하여 원을 작성한다. |
| 치수 | 치수를 작성한다. |

| 형상구속조건 | |
|---|---|
| 일치 구속조건 | 스케치의 다른 형상에 점을 구속한다. |
| 동일선상 구속조건 | 두 개 이상의 선이 동일한 선에 놓이도록 한다. |

### 6.1.2 예제로 배우기 (회전)

예제를 통해 회전 기능을 연습해보자. 이전 예제와 동일하게 Standard(mm).ipt 환경에서 작업한다.

X-Y 평면에 스케치를 시작하자.

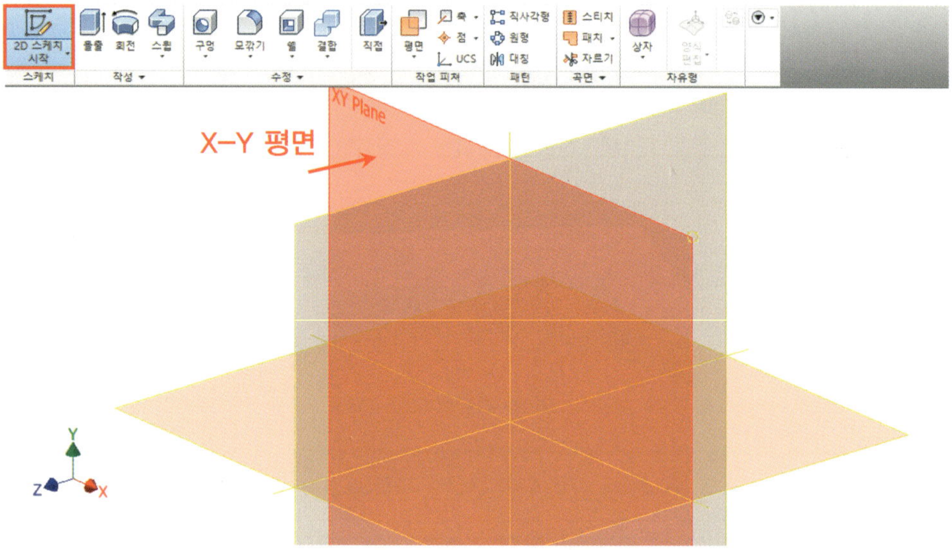


[선 ╱] 아이콘을 선택하고 다음과 같은 순서로 형상을 그려준다. 형상구속조건을 연습하기 위해 되도록 수평과 직각을 유지하지 않고 스케치한다.

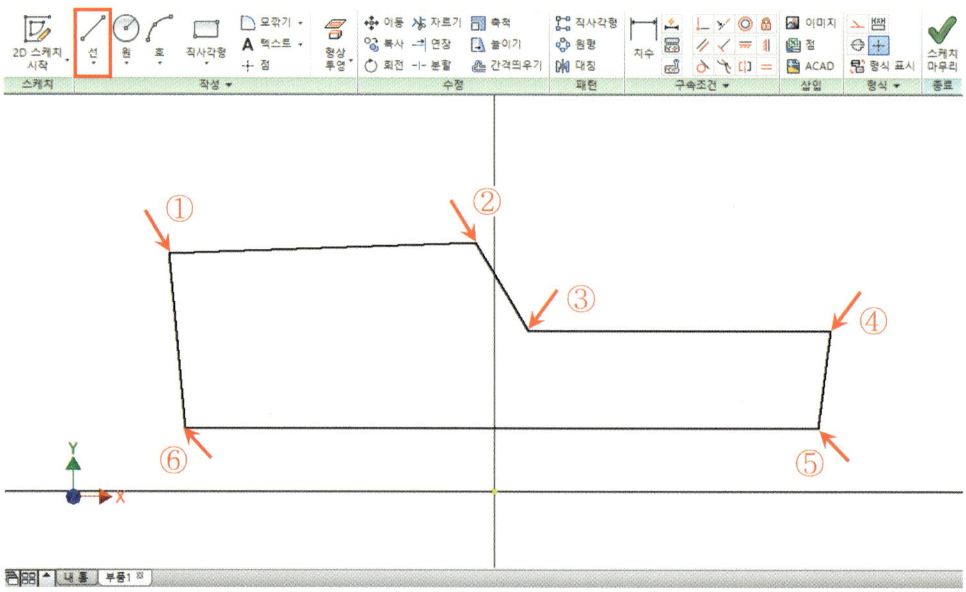

| TIP. 자주 사용하는 선 아이콘 | |
|---|---|
| 선<br>선 | 선을 작성한다. |
| 스플라인<br>제어 꼭지점 | 지정된 꼭지점을 기준으로 스플라인 곡선을 작성한다. |
| 스플라인<br>보간 | 선택한 점을 통해 스플라인 곡선을 작성한다. |
| 브리지 곡선<br>브리지 곡선 | 선택한 두 곡선 간의 연속 곡선을 작성한다. |

형상구속조건 중 [직각구속조건 ] 아이콘을 선택하여 **아랫변(붉은선)**을 기준으로 **세로선(푸른선)** 세 개를 수직으로 만든다.

※ 기준선을 먼저 선택한다.

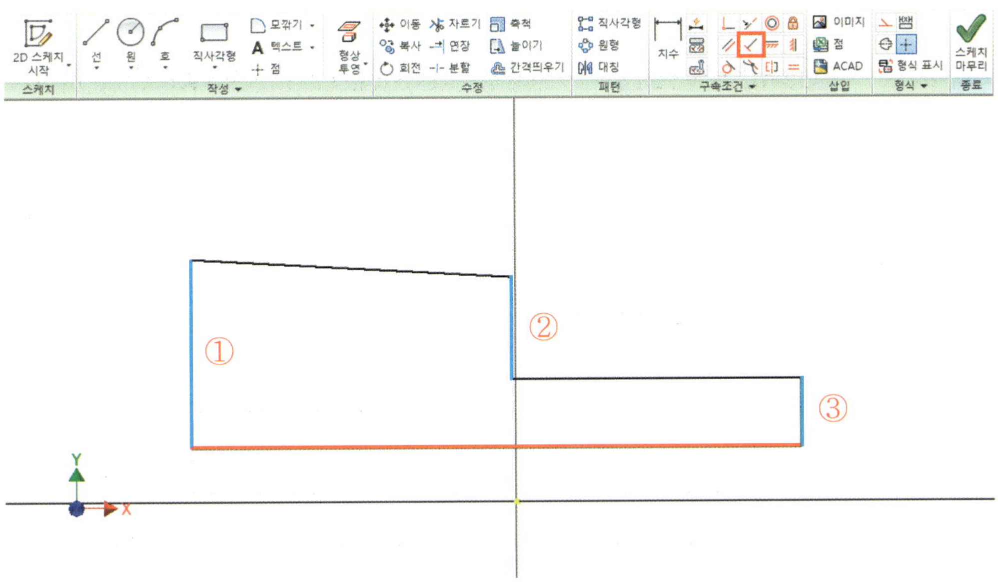

[평행구속조건 ] 아이콘을 선택하고 **아랫변(푸른선)**과 **윗변(붉은선)**을 평행하게 구속한다.

※ 기준선을 먼저 선택한다.

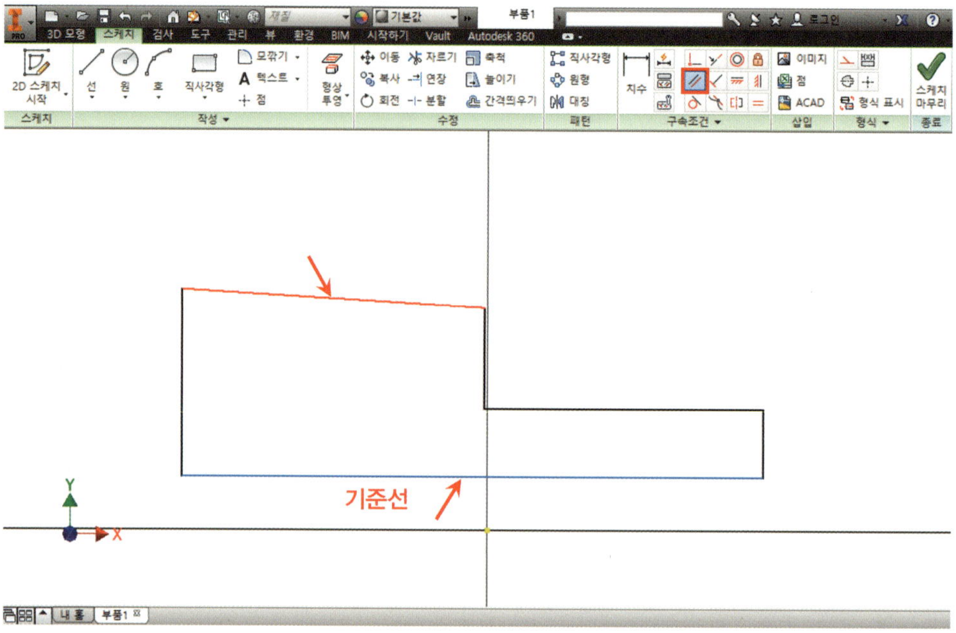


원점과 형상의 꼭지점을 일치시켜 준다. 다음의 [일치구속조건 ] 아이콘을 선택하여 구속한다.

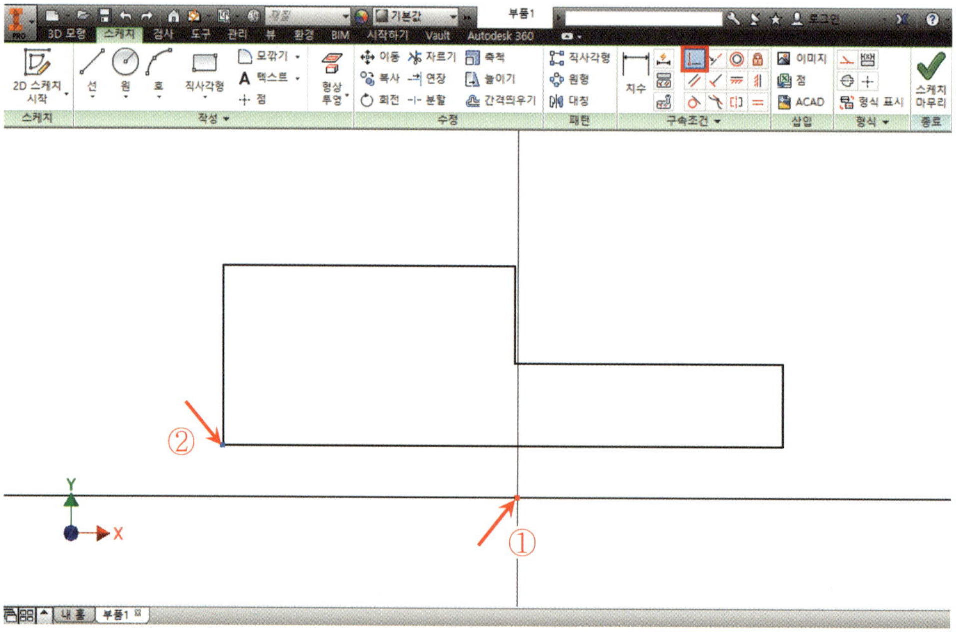

스케치한 아랫변을 선택하고 상단 아이콘 패널의 [중심선 ] 아이콘을 클릭하여 선의 종류를 변경한다.

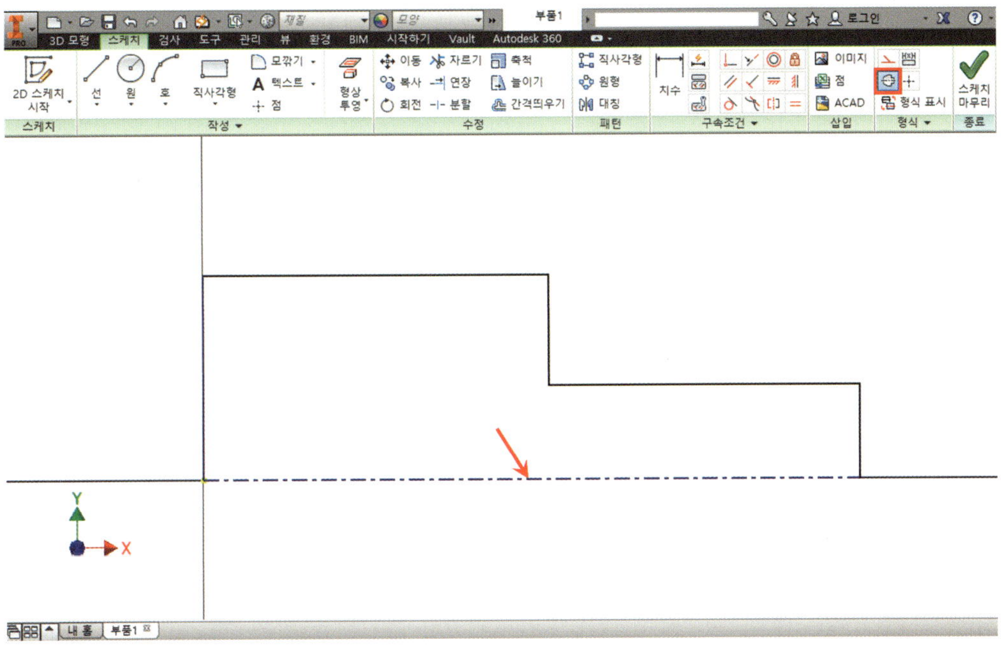


[치수 ]를 준다. 다음과 같이 치수를 부여한다. 스케치를 마무리한다.

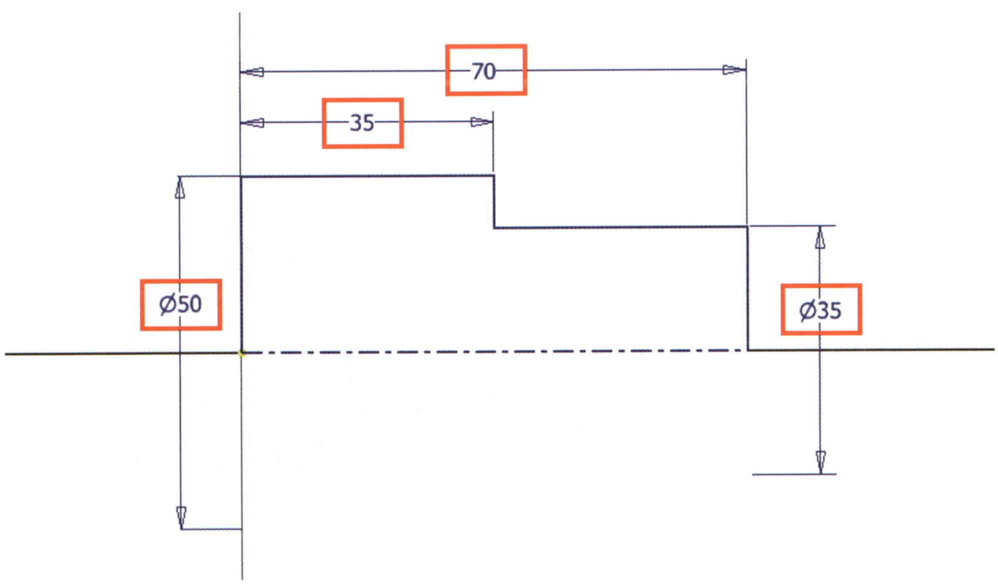

### TIP. 중심선에 치수를 부여하면?

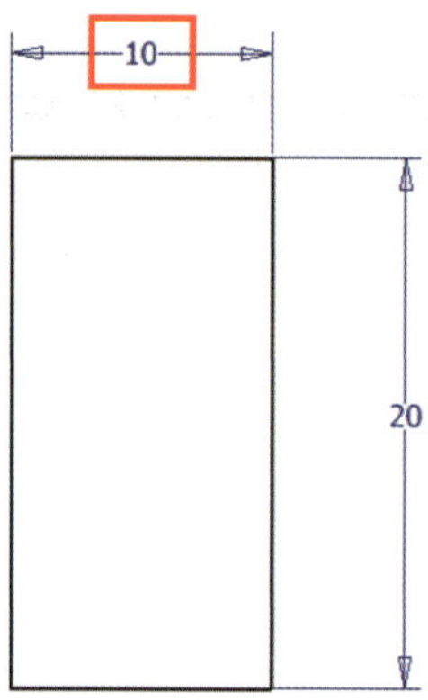


① 실선

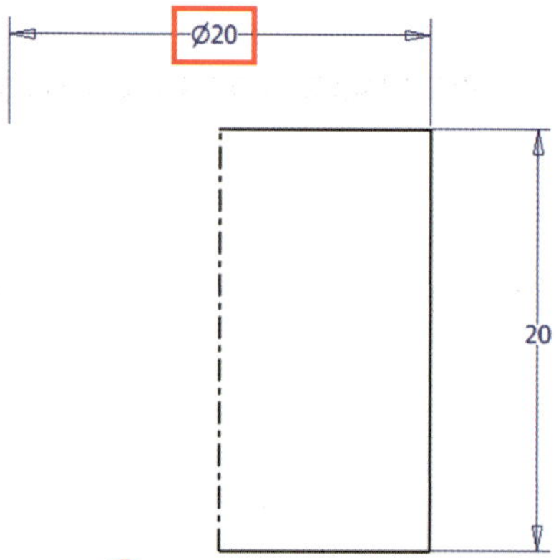


② 중심선

❶ 실선에 치수를 부여하면 선과 선 사이의 치수를 나타낸다.
❷ 중심선에 치수를 부여하면 중심선을 중심으로 회전했을 때의 치수를 나타낸다.

[회전 ] 아이콘을 선택하면 다음처럼 스케치한 중심선을 기준으로 회전된 형상이 나타난다. 범위 탭을 각도로 바꾸고 각도를 입력해보자.

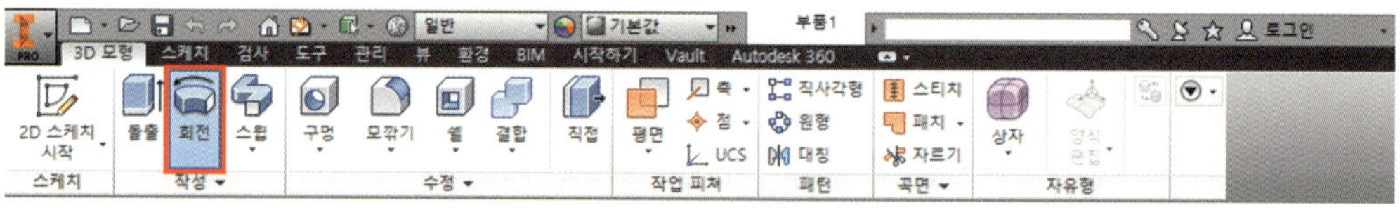


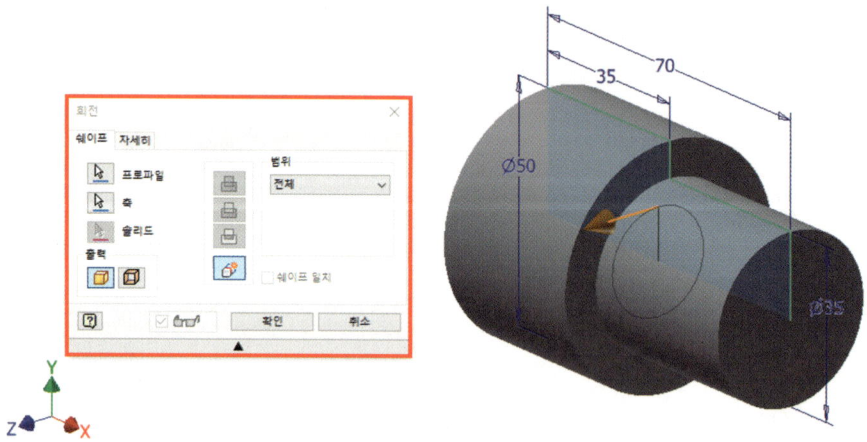

❶

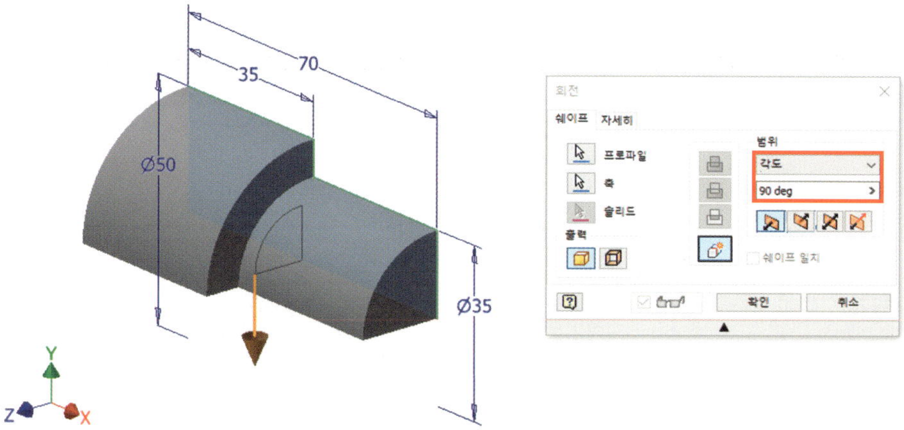
35
70
Ø50
Ø35
Y
Z
X
회전
쉐이프
자세히
프로파일
축
솔리드
출력
범위
각도
90 deg
쉐이프 일치
확인
취소

❷

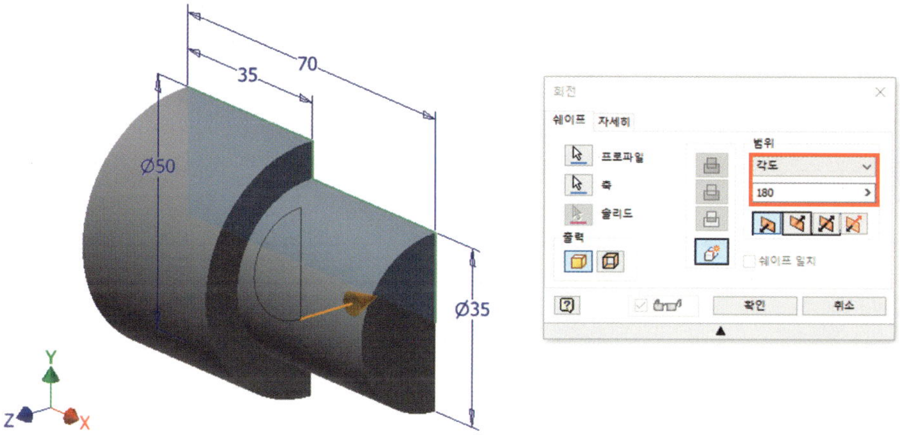
35
70
Ø50
Ø35
Y
Z
X
회전
쉐이프
자세히
프로파일
축
솔리드
출력
범위
각도
180
쉐이프 일치
확인
취소

❸

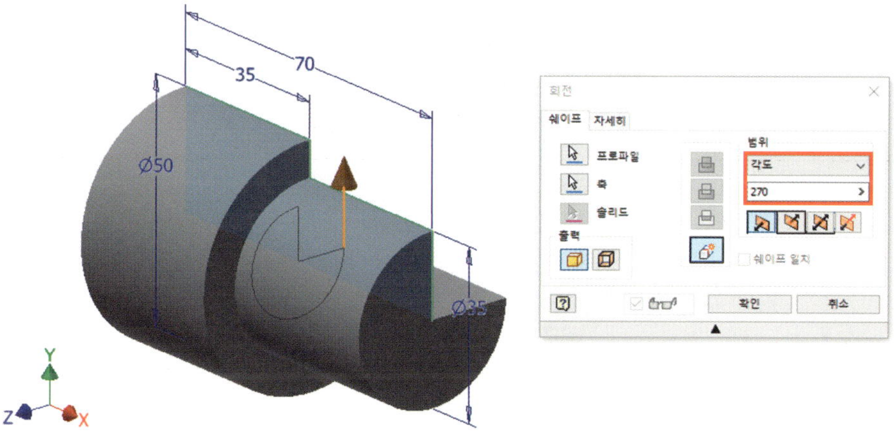
35
70
Ø50
Ø35
Y
Z
X
회전
쉐이프
자세히
프로파일
축
솔리드
출력
범위
각도
270
쉐이프 일치
확인
취소

다음의 면을 선택하면 나타나는 세 개의 아이콘 중 [스케치 ] 아이콘을 클릭한다.

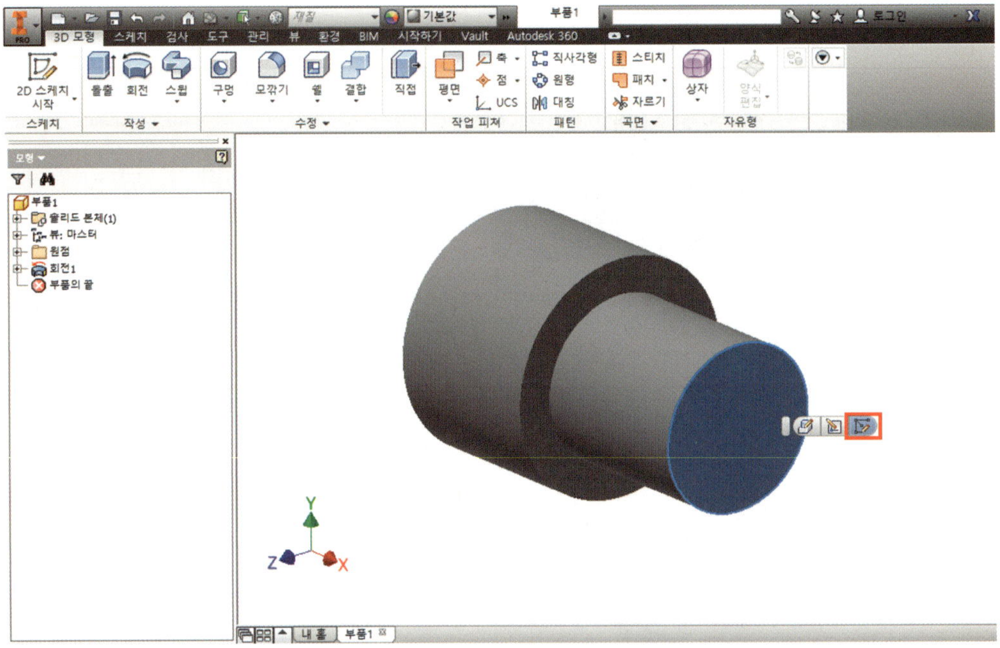


지름이 10 mm인 원을 스케치한다. 형상구속조건 아이콘을 연습하기 위해 중심에서 벗어나 원을 그려준다.

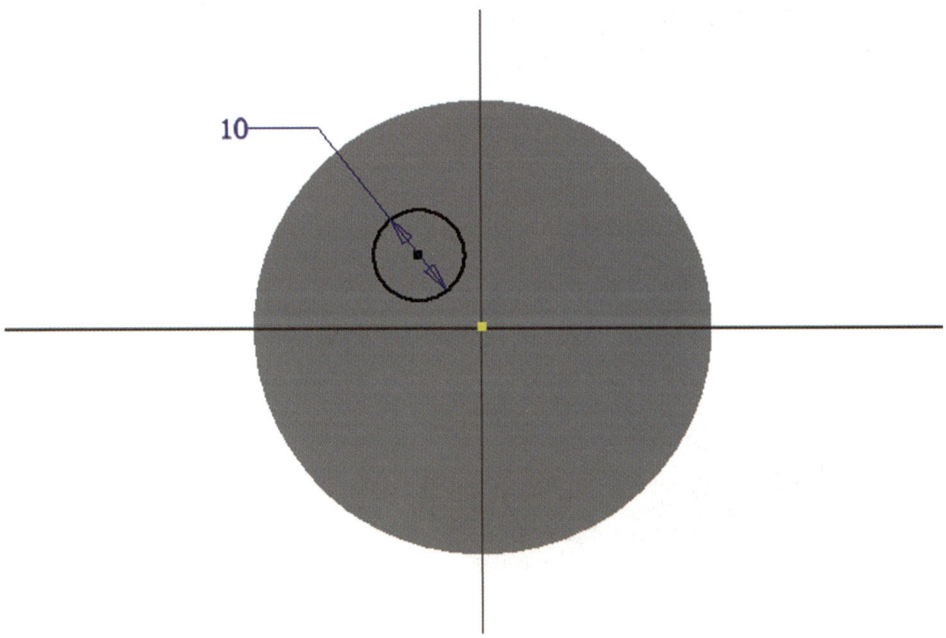

형상구속조건 아이콘 중 [동심구속조건 ] 아이콘을 선택하고 다음의 순서로 원주를 클릭하여 구속조건을 부여한다. 스케치를 마무리한다.

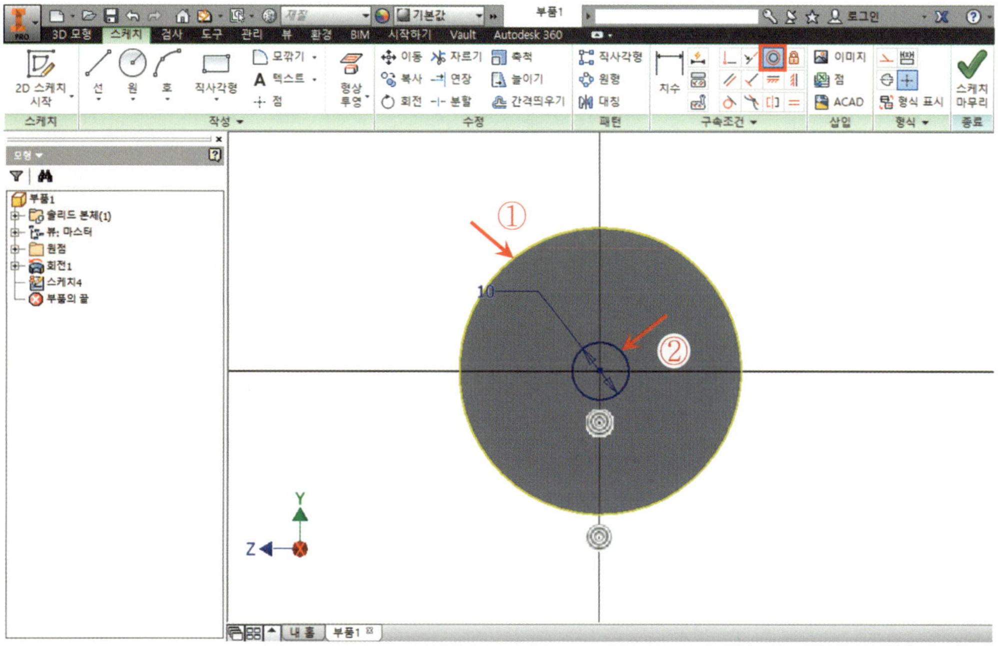


형상의 뒷면을 선택하면 나타나는 세 개의 아이콘 중 [스케치 ] 아이콘을 클릭한다.

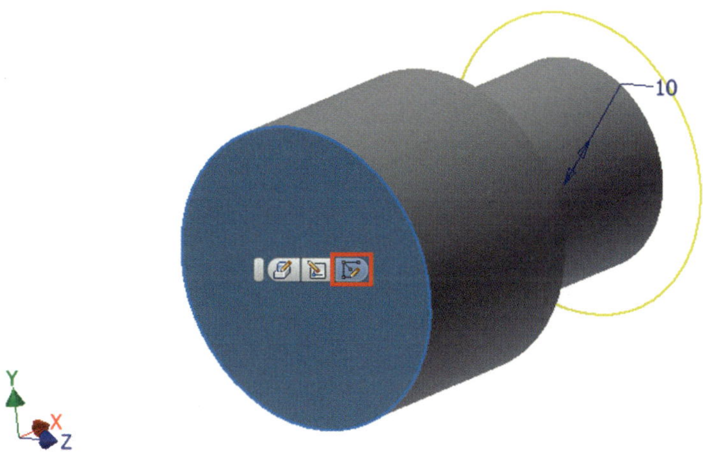

지름이 25 mm인 원을 스케치한다. 형상구속조건 아이콘을 연습하기 위해 중심에서 벗어나 원을 그려준다.

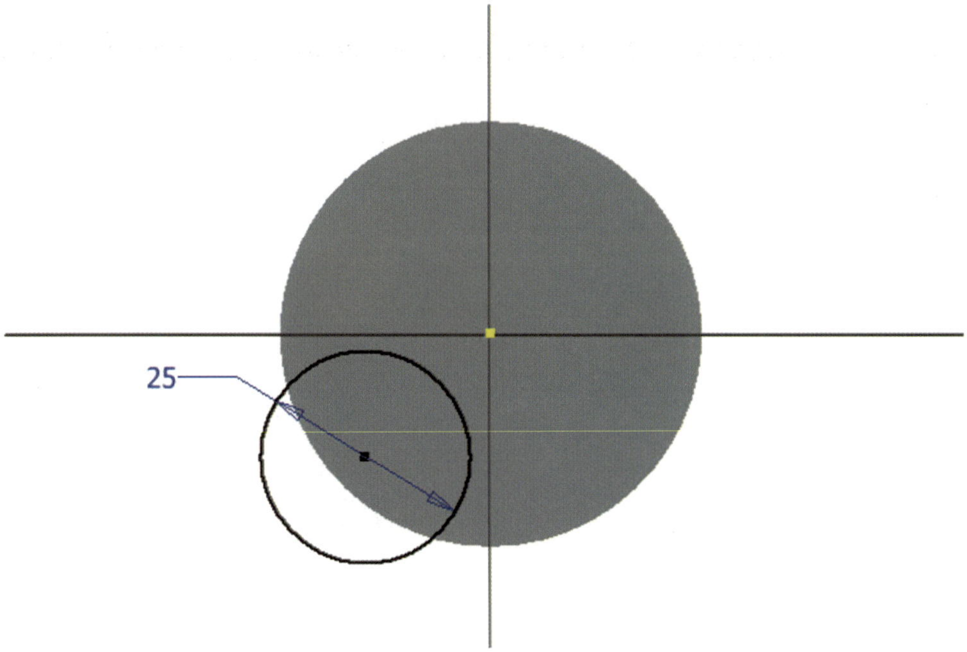


형상구속조건 아이콘 중 [동심구속조건 ◎ ] 아이콘을 선택하고 다음의 순서로 원주를 클릭하여 구속조건을 부여한다. 스케치를 마무리한다.

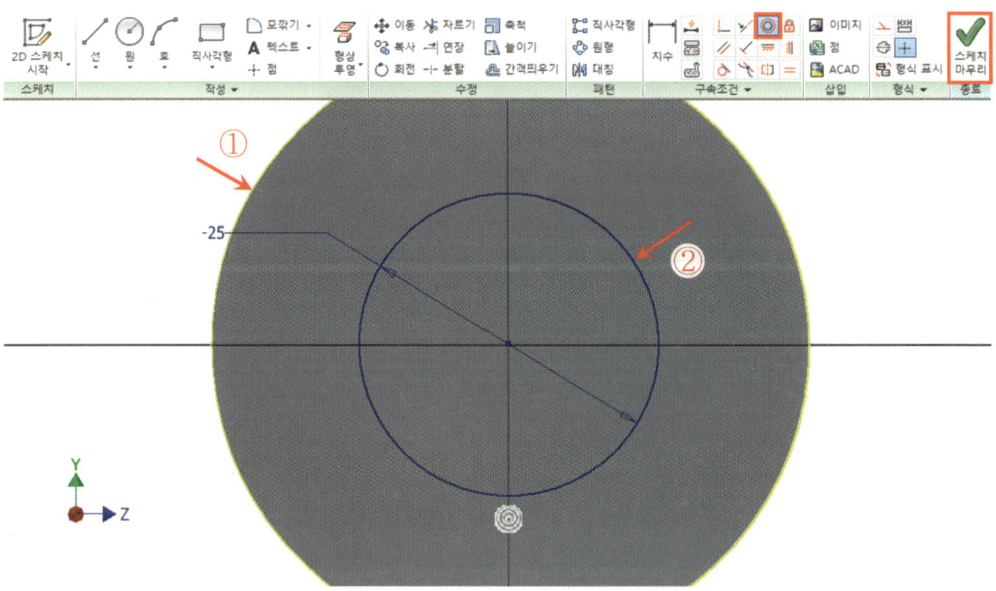

로프트 아이콘을 사용하여 홀을 만들어보자. 지정된 순서를 유념해야한다.

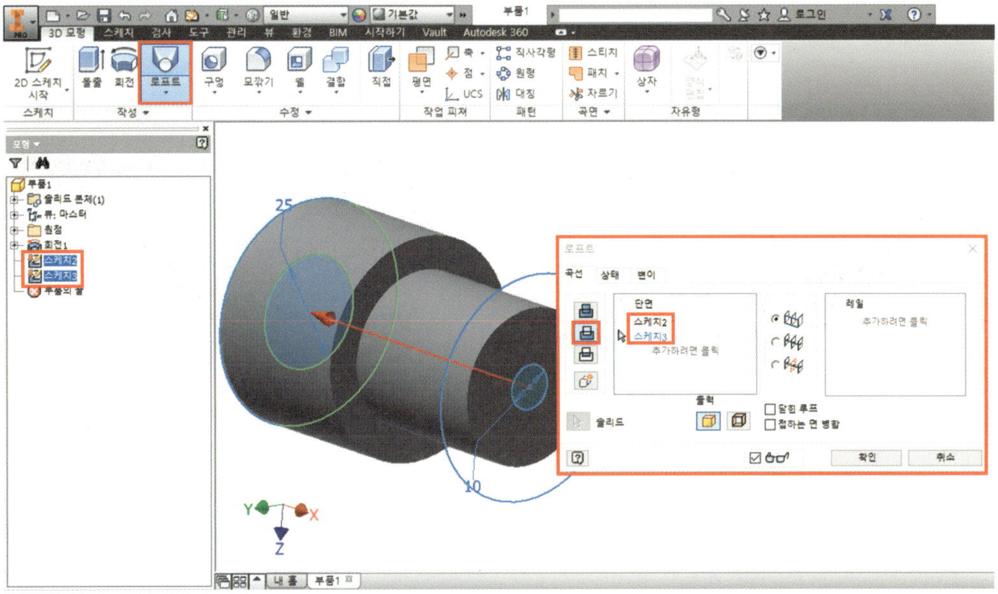


동일한 순서로 뒷면 스케치도 선택한다. 차집합 아이콘을 선택하고 확인을 누른다.

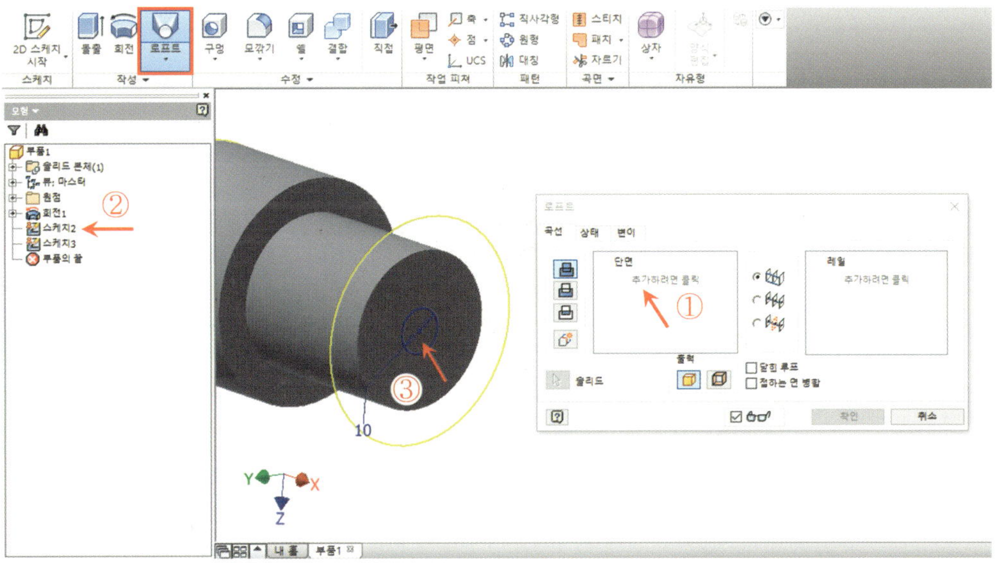

다음의 형태로 완성되었다.

내부 홀의 모양을 상세히 보기 위해서 뷰 스타일을 바꾸어보자. 상단 패널의 뷰 탭에 들어가서 비주얼 스타일을 바꾼다.

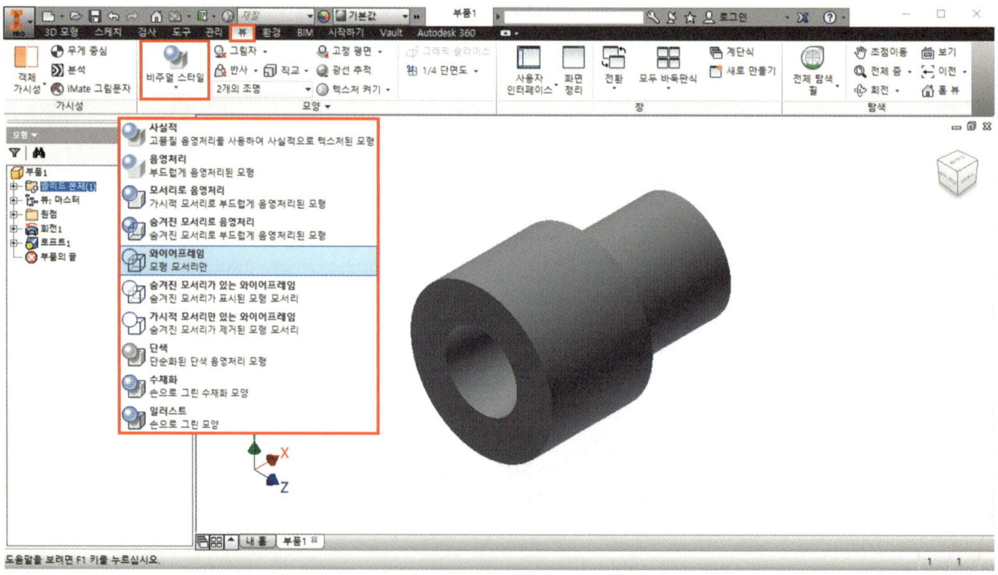

사실적

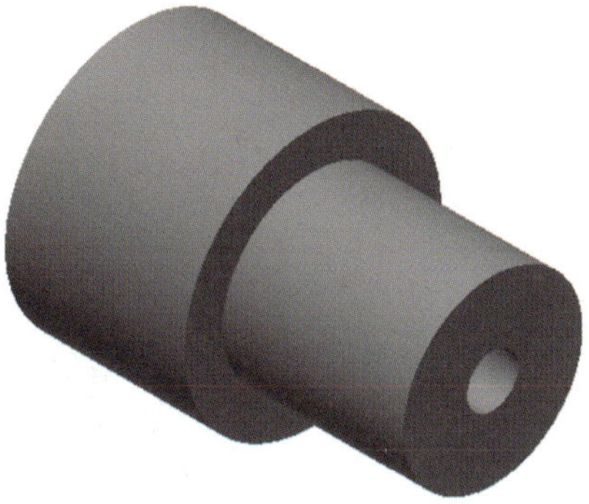

음영처리

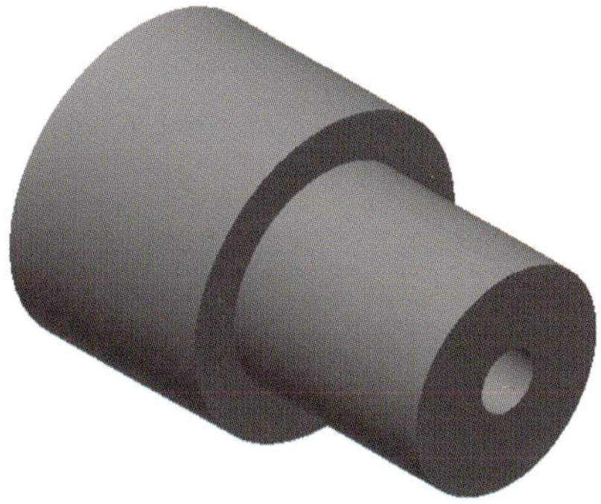

모서리로 음영처리

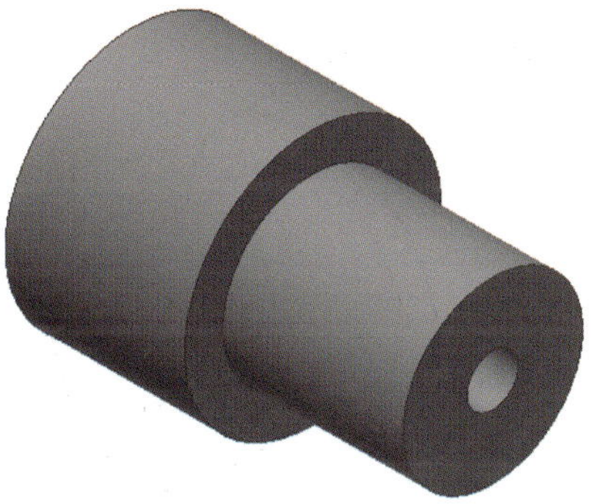

숨겨진 모서리로 음영처리

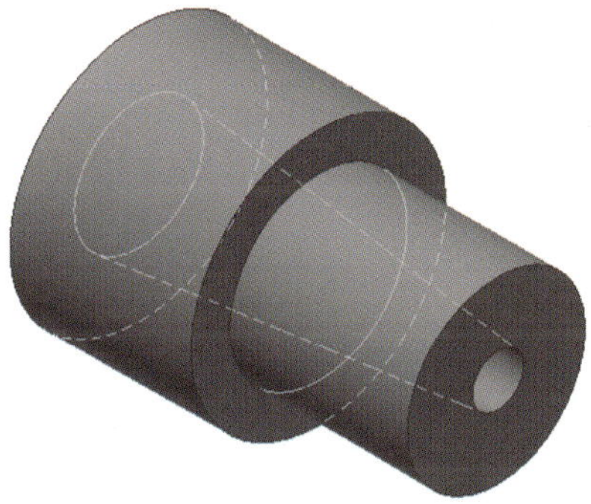

와이어프레임

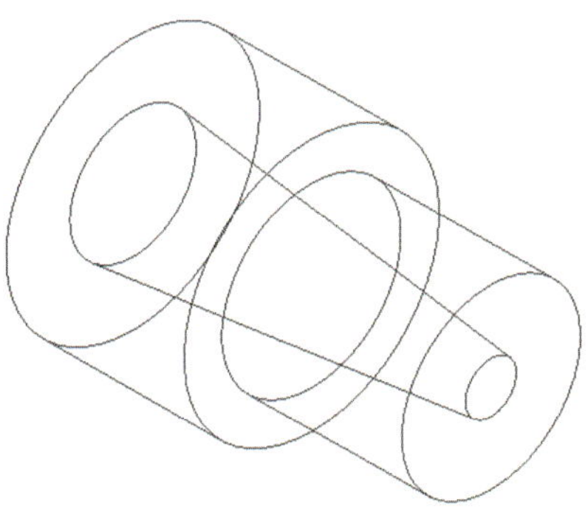

숨겨진 모서리가 있는 와이어프레임

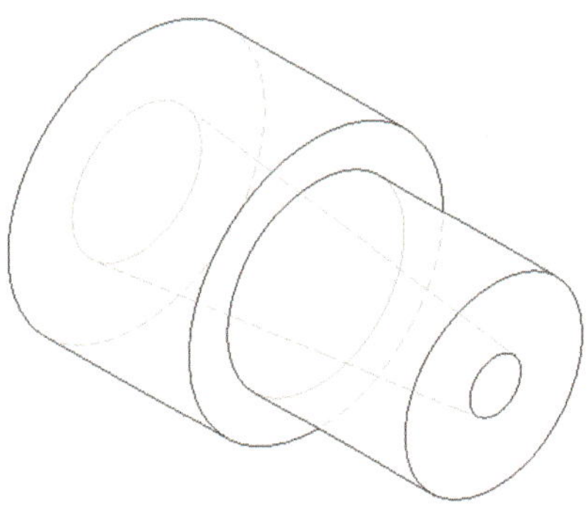

| 가시적 모서리만 있는 와이어프레임 | 단색 |
|---|---|
| 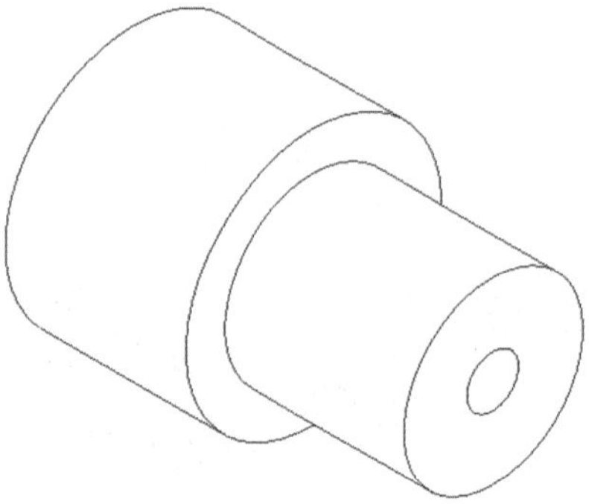 | 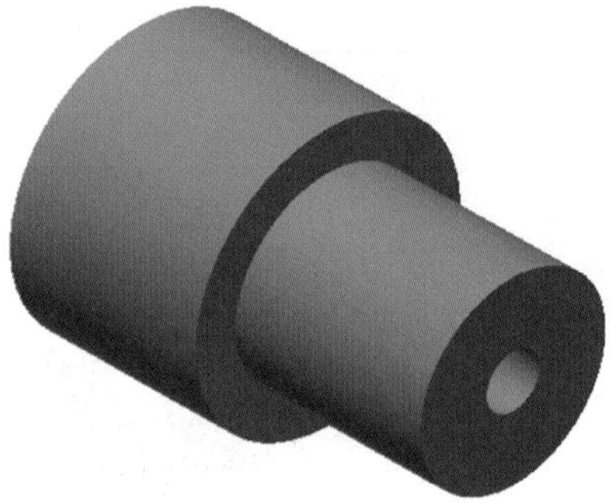 |
| 수채화 | 일러스트 |
|  | 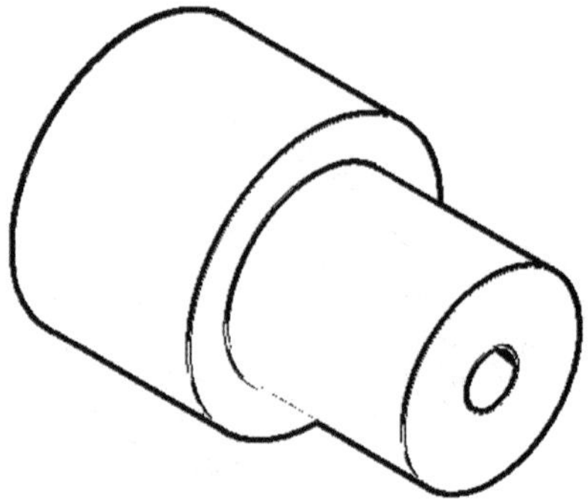 |

### ◇ 새롭게 사용한 아이콘 정리 [회전]

| 3D 환경 | |
|---|---|
| 회전 | 축을 기준으로 스케치된 프로파일을 회전하여 피쳐를 작성한다. |
| 로프트 | 두 개 이상의 스케치 사이에 쉐이프를 작성한다. |

| 2D 환경 | |
|---|---|
| 선 | 선과 호를 작성한다. |
| 중심선 | 선택한 스케치 선을 구성 중심선으로 변경하거나 중심선 스케치 형상으로 새 형상을 작성한다. |

| ※ 형상구속조건 | |
|---|---|
| 동심 구속조건 | 동일 중심점에 두 개의 호, 원 또는 타원을 구속한다. |
| 직각 구속조건 | 선택한 선형 형상이 서로 직각으로 구속된다. |
| 평행 구속조건 | 선택한 선형 형상이 서로 평행으로 놓이도록 구속된다. |

### 6.1.3 예제로 배우기 (스윕)

예제를 통해 스윕 기능을 연습해보자. 이전 예제와 동일하게 Standard(mm).ipt 환경에서 작업한다.

Y-Z 평면에 스케치를 시작한다.

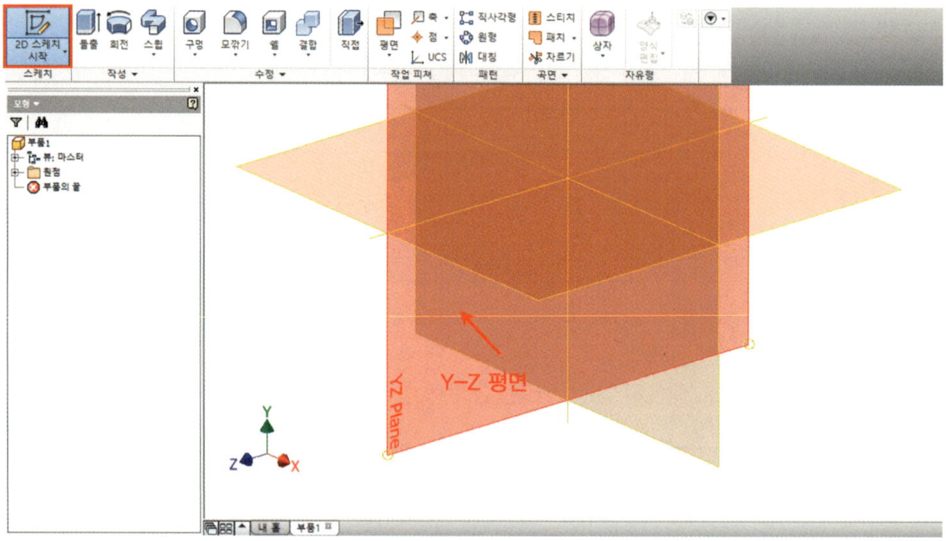


[선 ]아이콘을 선택하고 다음과 같이 형상을 그려준다.

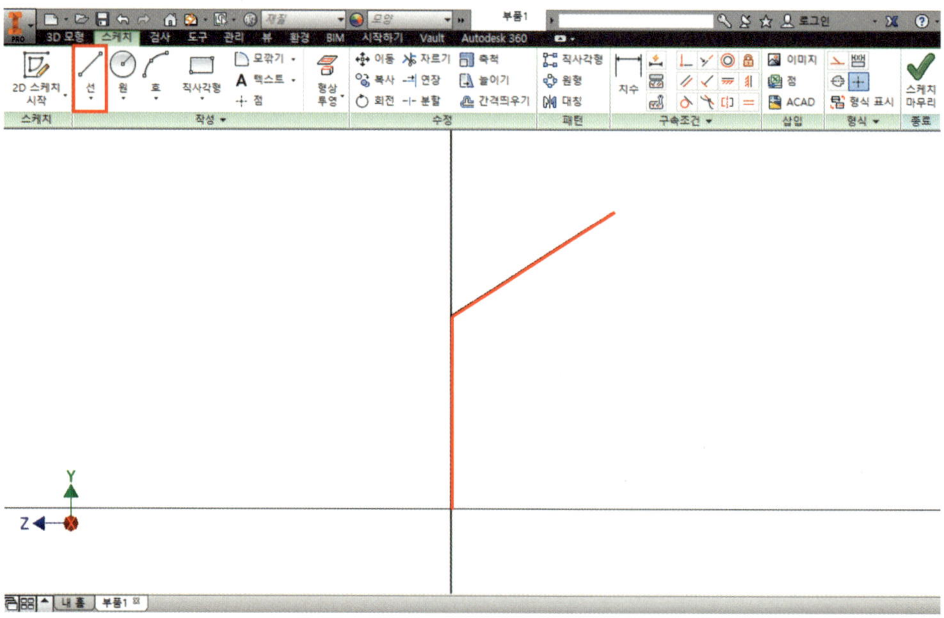

대각선에 치수를 줄 때, 아래의 그림처럼 우클릭을 하고 정렬을 눌러 치수를 준다.

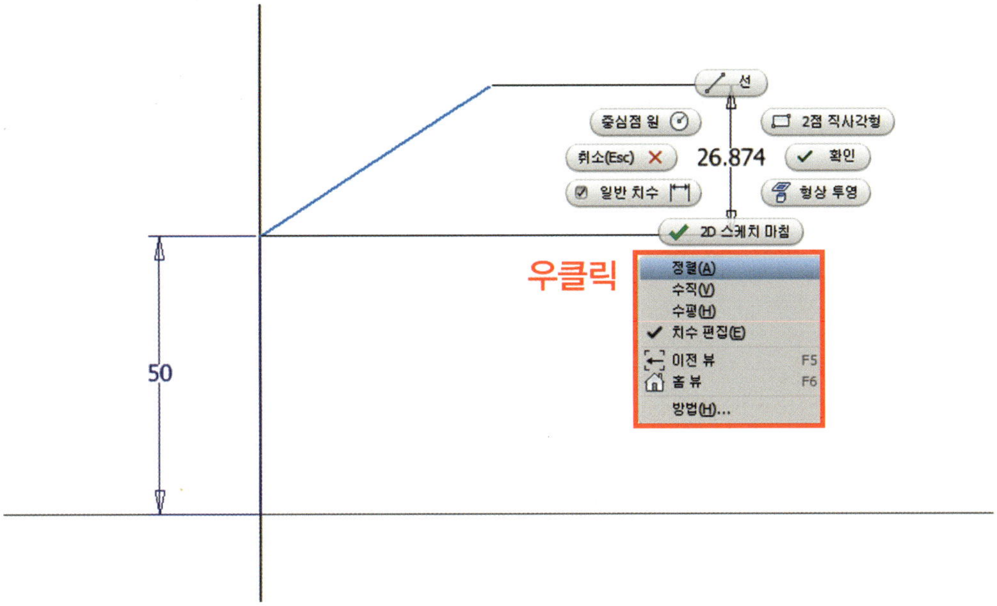


다음과 같이 형상에 [치수 ]를 부여한다.

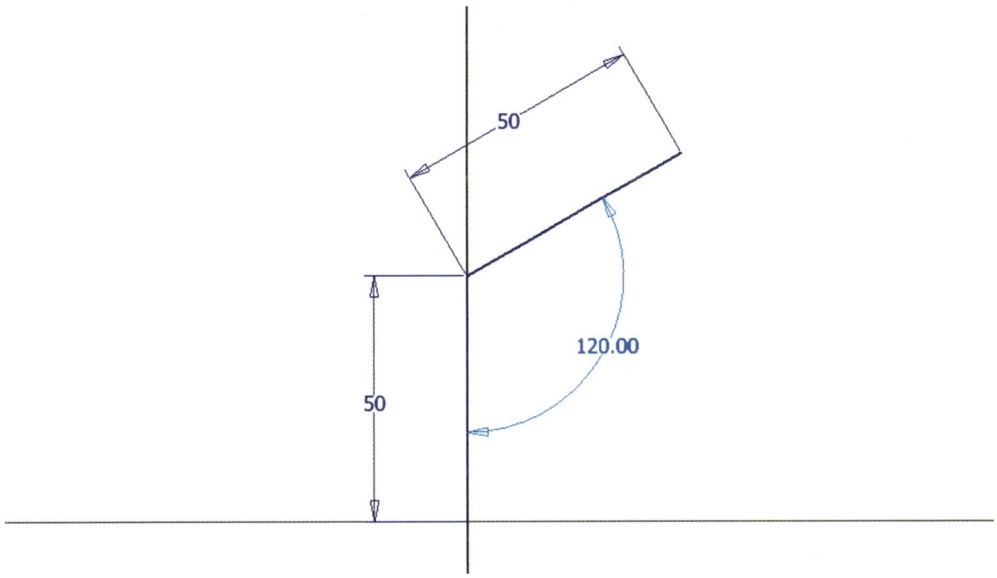

이번에는 2D 스케치에서 모깎기를 해보자. 상단 패널의 [모깎기 ] 아이콘을 선택하고 스케치한 선을 차례로 클릭한다. 스케치를 마무리한다.

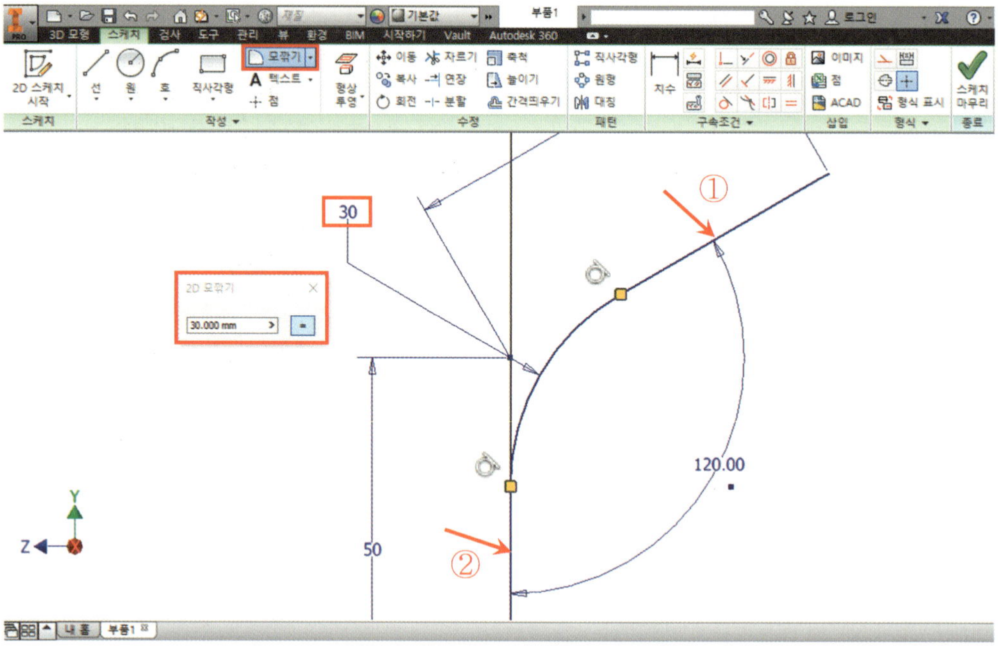


[평면 ] 아이콘을 선택하고 스케치한 선의 끝점을 클릭하면 다음과 같이 평면이 생성된다.

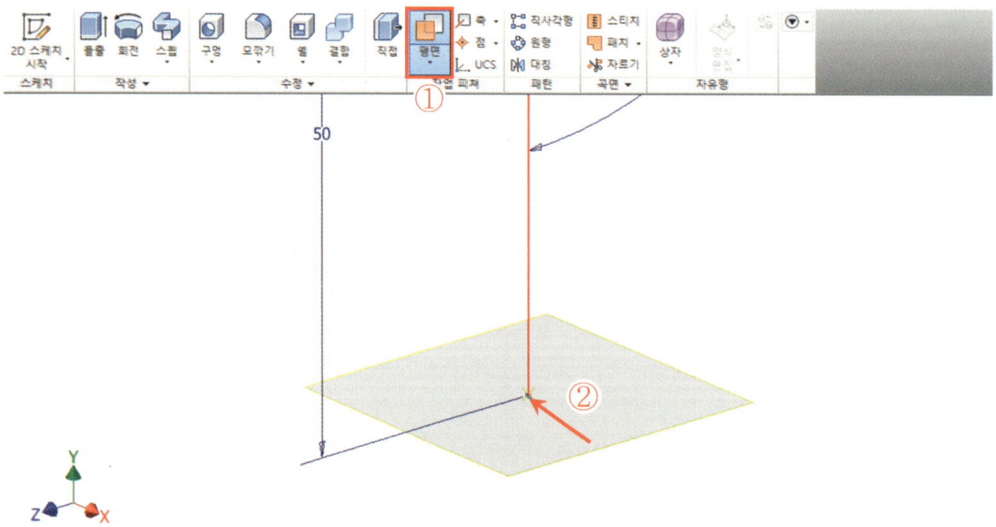

| TIP. 자주 사용하는 평면 아이콘 | |
|---|---|
| 점에서 곡선에 수직 | 꼭지점, 모서리 중간점, 스케치 점에 작업 평면을 작성한다. |
| 두 평면 사이의 중간평면 | 두 평면 또는 두 평면의 중간에 작업 평면을 작성한다. |
| 평면에서 간격띄우기 | 지정된 간격띄우기 거리에서 선택된 면에 평행인 작업 평면을 작성한다. |
| 원환의 중간평면 | 원환의 중심을 통과하는 작업 평면을 작성한다. |
| 곡면에 접하고 평면에 평행 | 곡면에 접하고 평면에 평행한 작업 평면을 생성한다. |

작업 평면1 위에 스케치를 하자. [스케치 ] 아이콘을 클릭한다.

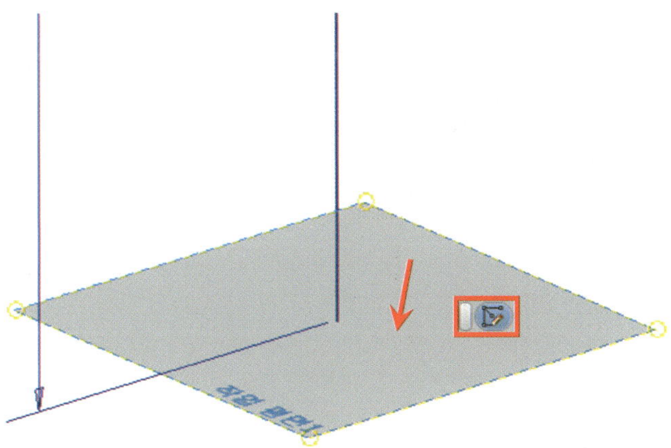

지름 50 mm 원을 스케치한다. 원의 중심을 형상구속조건을 연습하기 위해 중심에서 멀리 스케치 해준다.

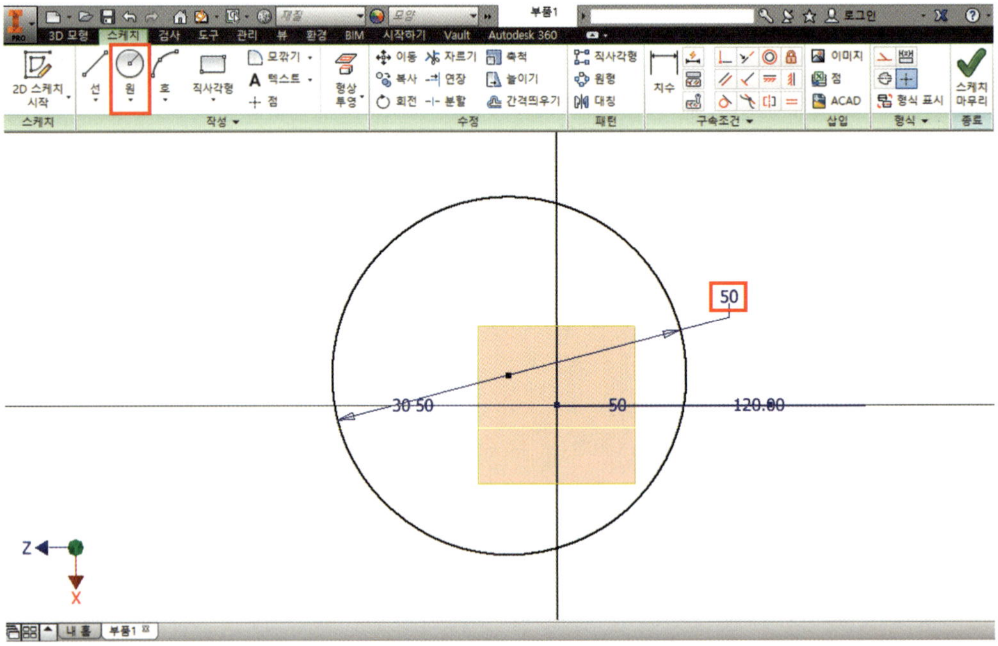


형상을 완벽하게 구속하기 위해 원점과 원의 중심점을 일치시켜준다. 다음의 [일치구속조건 ] 아이콘을 선택하여 구속한다. 스케치를 마무리한다.

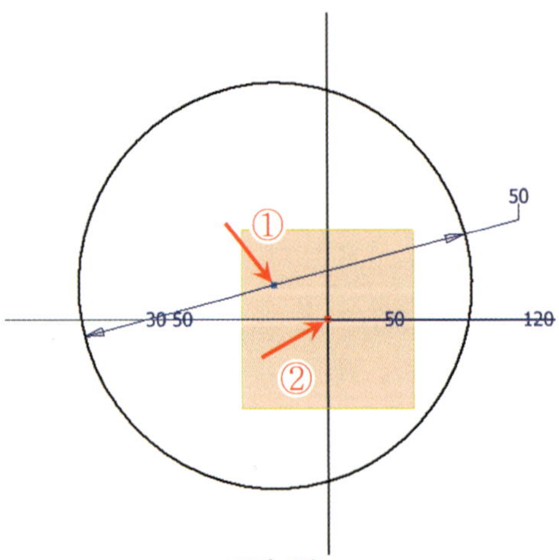

구속 전

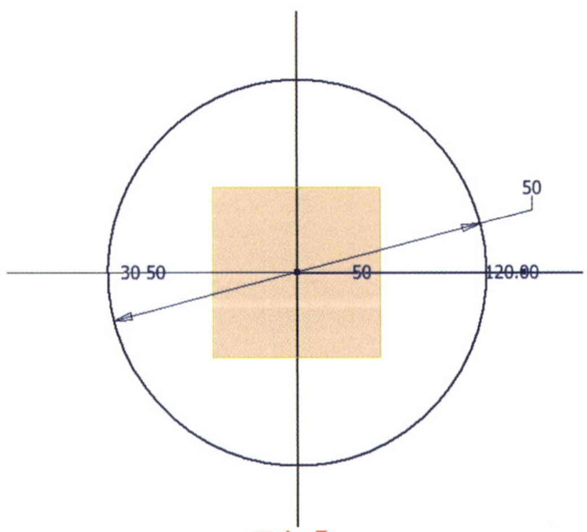

구속 후

[스윕 ] 아이콘을 누르고 [❶ 프로파일 → 원, ❷ 경로 → 곡선] 순서로 선택한다.

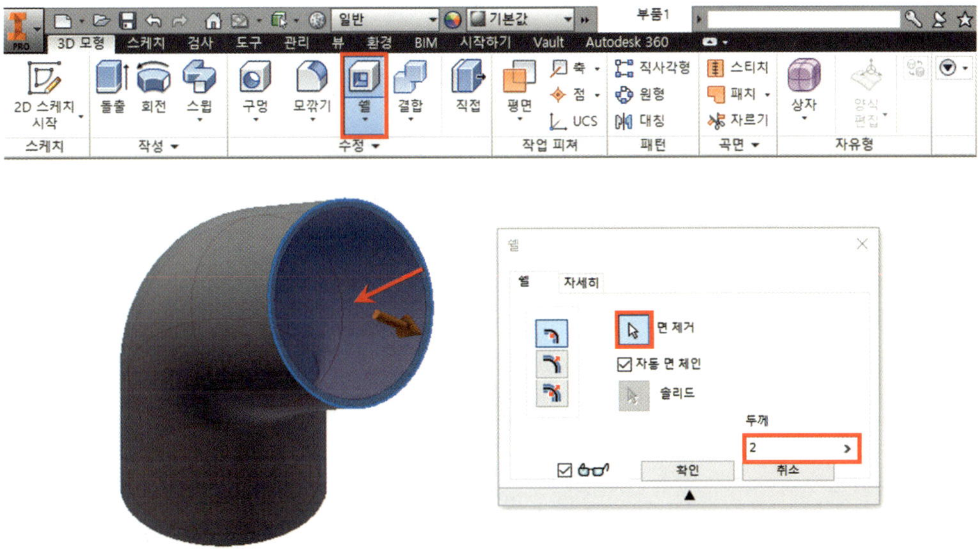


[쉘 ] 아이콘을 선택하고 파이프 양쪽 면을 클릭하여 두께 2 mm인 구부러진 파이프를 만들어준다.

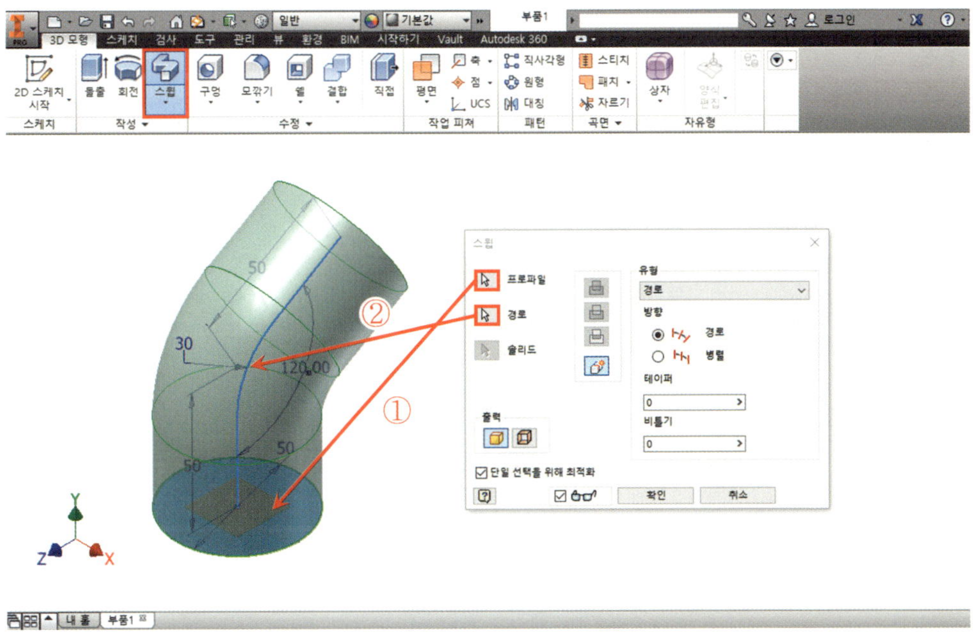

표현되는 파이프의 재질을 정해보자. 아래 그림처럼 선택 순서에 유념해야한다.

❶ 도구 탭에서 모양 아이콘을 선택하면 모양 검색기 창이 생성된다. ❷ 창 하단에 원하는 재질을 더블클릭하면 모양 검색기 창 상단에 재질이 생성된다. ❸ 화면의 좌측에 검색기 패널에서 부품1 솔리드를 선택하고, ❹ 모양검색기의 상단 생성된 재질을 클릭하면 원하는 재질이 적용된다.

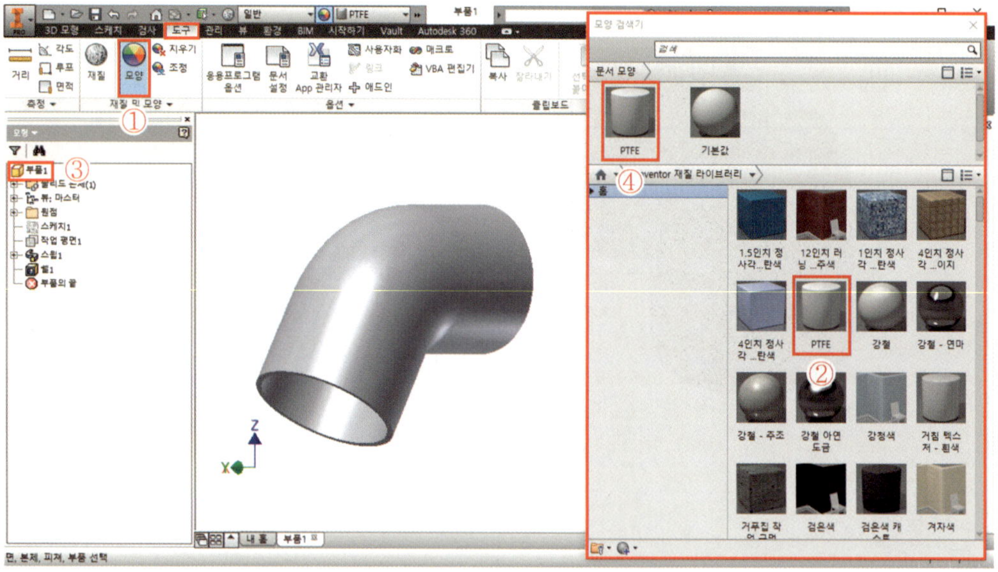


표현되는 모습이 아닌 물리적 성질을 변경하고 싶다면, 다음의 그림처럼 검색기 패널의 상단의 부품1 솔리드를 선택하고 우클릭하여 iProperties를 선택한다.

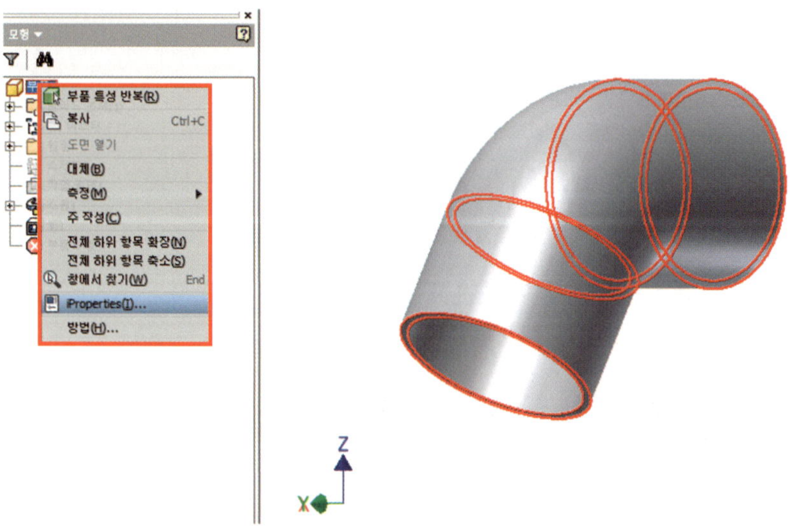

iProperties 창에서 물리적 탭을 선택하고 다음처럼 재질을 선택해주면 일반 특성과 관성 특성이 변화하는 것을 확인할 수 있다.

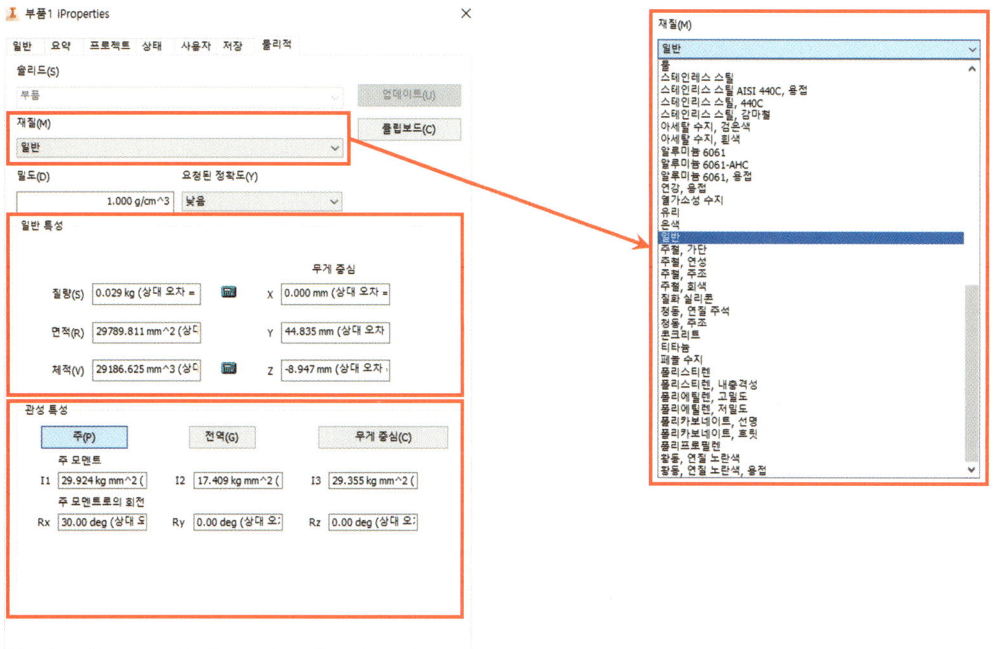


완성되었다.

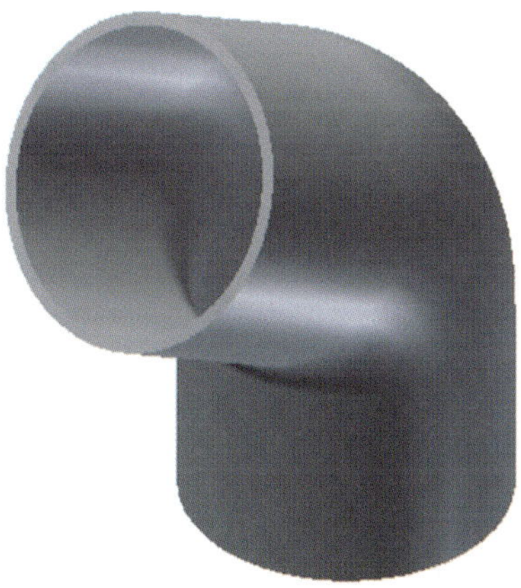

### ◇ 새롭게 사용한 아이콘 정리 [스윕]

| 3D 환경 | |
|---|---|
| 스윕 | 선택한 경로를 따라 스케치 프로파일을 스윕하여 피쳐를 만든다. |
| 쉘 | 부품 내부를 제거하여 지정된 두께의 벽으로 속이 빈 구멍을 생성한다. |
| 평면 | 작업 평면을 작성한다. |

| 2D 환경 | |
|---|---|
| 모깎기 | 지정된 반지름으로 두 개의 선이 교차하는 지점에 배치한다. |
| 모따기 | 두 개의 선이 교차하는 지점에 모따기를 배치한다. |

| 작업 피쳐 | | |
|---|---|---|
| 평면 | 지정된 반지름으로 두 개의 선이 교차하는 지점에 배치한다. | |
| ▼ | 평면에서 간격띄우기 | 지정된 간격띄우기 거리에서 선택된 면 또는 평면에 평행인 작업 평면을 작성한다. |
| ▼ | 점을 통과하여 평면에 평행 | 점을 통과하여 선택된 점, 면 또는 평면에 평행인 작업 평면을 작성한다. |
| ▼ | 두 평면 사이의 중간평면 | 두 평면형 면 또는 두 평면의 중간에 작업 평면을 작성한다. |
| ▼ | 원황의 중간평면 | 원환의 중심 또는 중간평면을 통과하는 작업 평면을 작성한다. |

| 작업 피쳐 | | |
|---|---|---|
| ▼ | 모서리를 중심으로 평면에 대한 각도 | 면 또는 모서리를 중심으로 각이 진 작업 평면을 작성한다. |
| ▼ | 3점 | 세 끝점, 중간점, 교차점 또는 작업점을 통과하는 작업 평면을 작성한다. |
| ▼ | 두 개의 동일평면상 모서리 | 두 개의 동일평면상 작업축, 모서리 또는 선을 통과하는 작업 평면을 작성한다. |
| ▼ | 모서리를 통과하여 곡면에 접함 | 모서리를 통과하고 곡면에 접하는 작업 평면을 작성한다. |
| ▼ | 점을 통과하여 곡면에 접함 | 끝점, 중간점 또는 작업점을 통과하고 곡면에 접하는 작업 평면을 작성한다. |
| ▼ | 곡면에 접하고 평면에 평행 | 곡면에 접하고 평면에 평행한 작업 평면을 작성한다. |
| ▼ | 점을 통과하여 축에 수직 | 끝점, 중간점 또는 작업점을 통과하고 모서리 또는 작업축에 직각인 작업 평면을 작성한다. |
| ▼ | 점에서 곡선에 수직 | 꼭지점, 모서리 중간점, 스케치 점 또는 작업점을 통과하고 곡선에 직각인 작업 평면을 작성한다. |

### 6.1.4 예제로 배우기 (패턴)

예제를 통해 스윕 기능을 연습해보자. 이전 예제와 동일하게 Standard(mm).ipt 환경에서 작업한다.

X-Z 평면에 스케치를 시작한다.

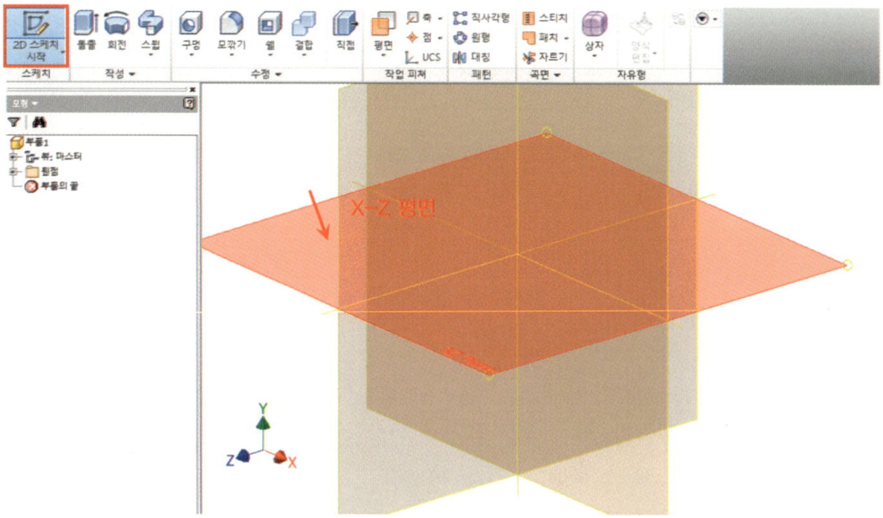


[두 점 중심 직사각형 ] 아이콘으로 사각형의 중심이 원점과 일치하는 직사각형을 그리고 다음과 같이 치수를 준다. 스케치를 마무리한다.

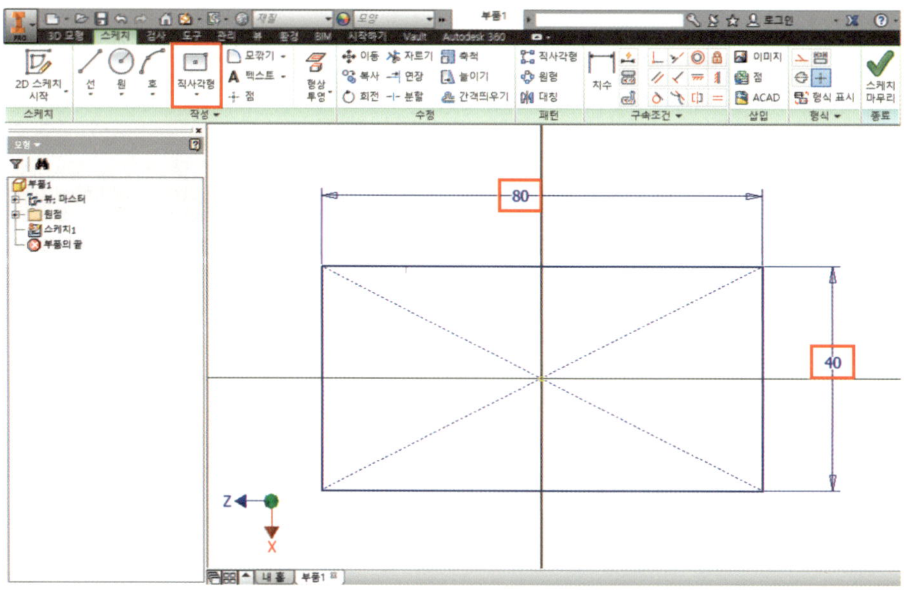

[돌출 ] 아이콘으로 두께 10 mm를 준다.

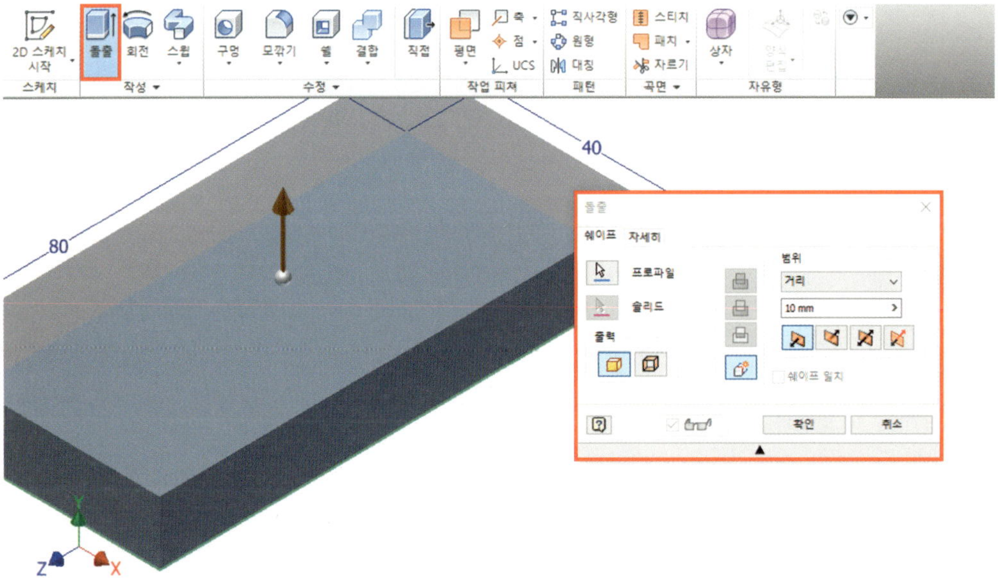


윗면에 스케치를 한다.

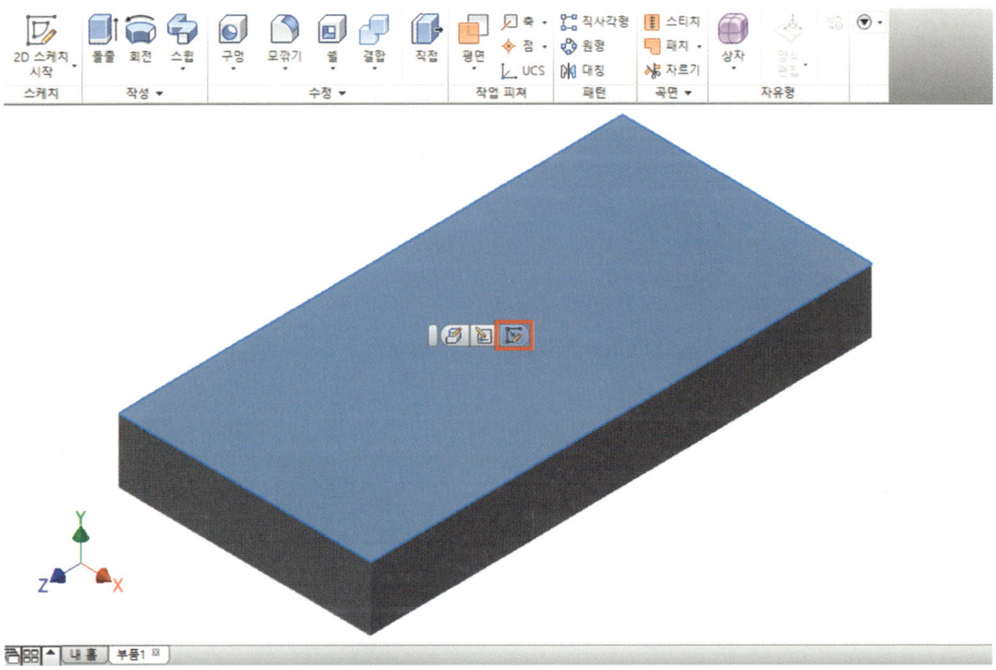

면 위에 점을 찍고 점의 위치를 다음과 같이 구속한다. 스케치 마무리를 한다.

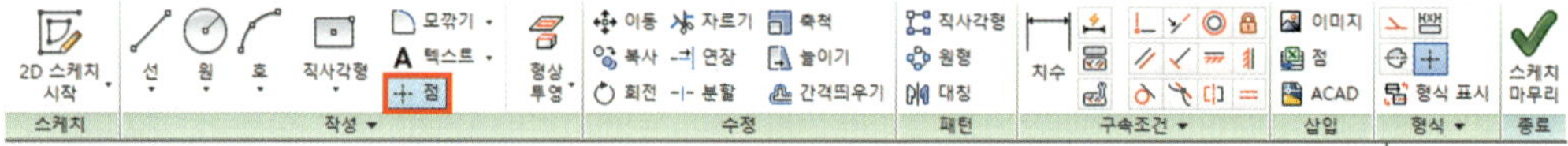

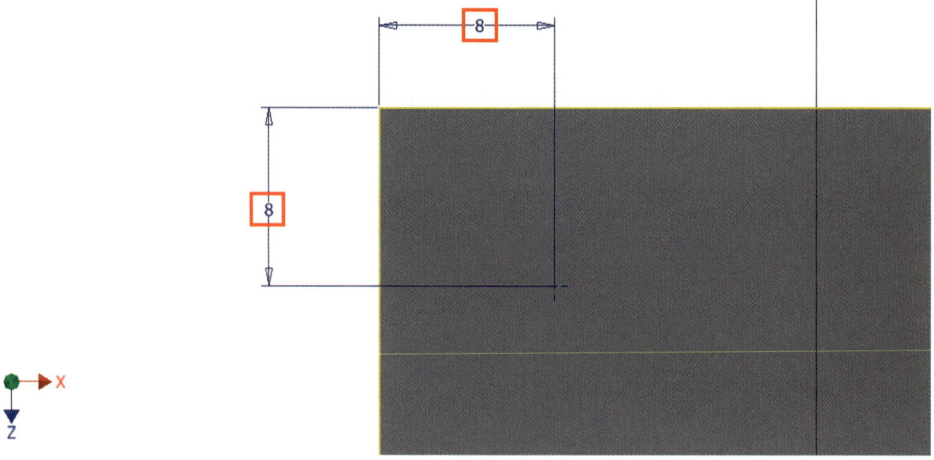


구멍 아이콘을 선택하면 점이 있는 위치에 자동으로 홀이 생긴다. 편의를 위해 홀의 사이즈는 지름 4 mm, 깊이는 10 mm로 정한다.

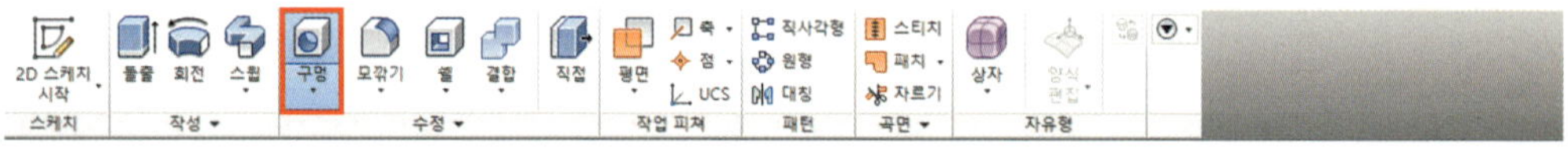

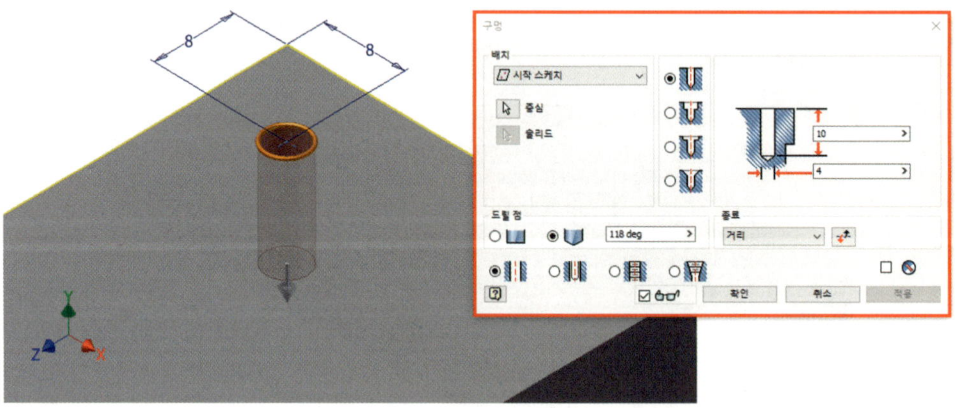

[직사각형 패턴 ] 아이콘을 누르고 다음처럼 패턴을 지정해준다.

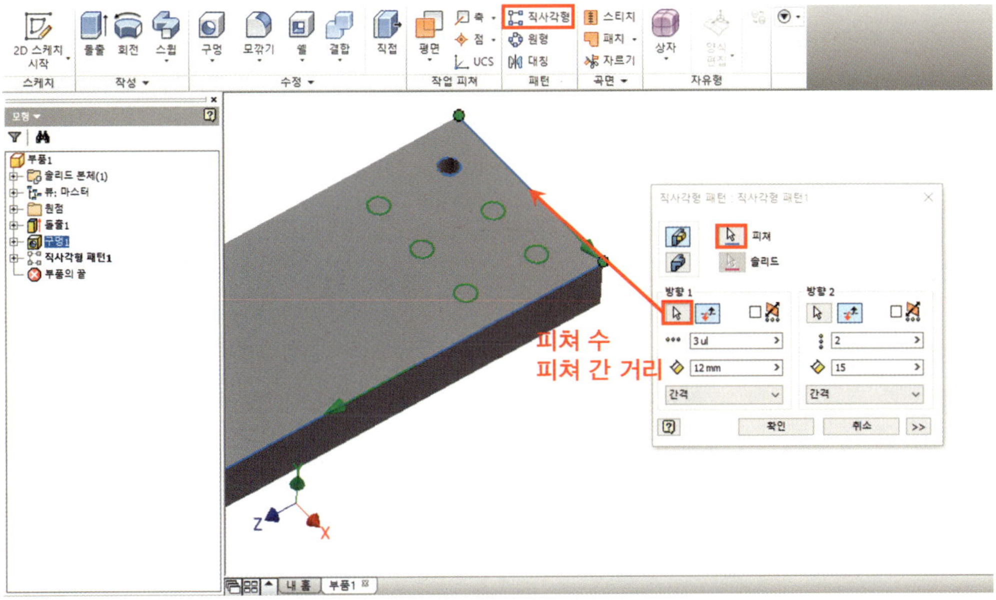


다른 쪽 방향도 다음과 같이 설정한다.

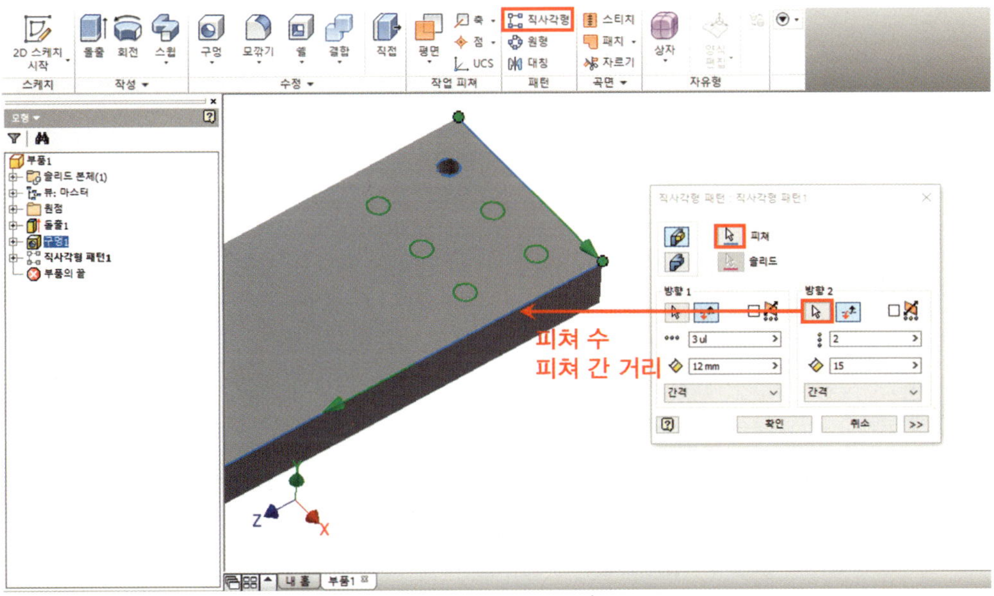

[대칭 ] 아이콘을 사용하자.

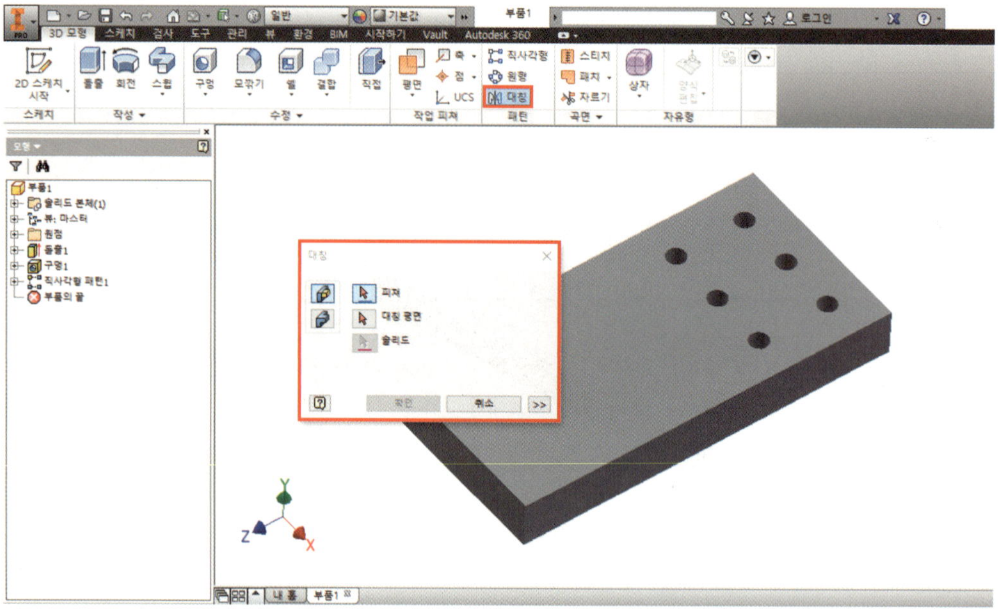

다음처럼 피처와 대칭 평면을 지정해준다. X-Y 평면으로 홀 6개가 대칭된다.

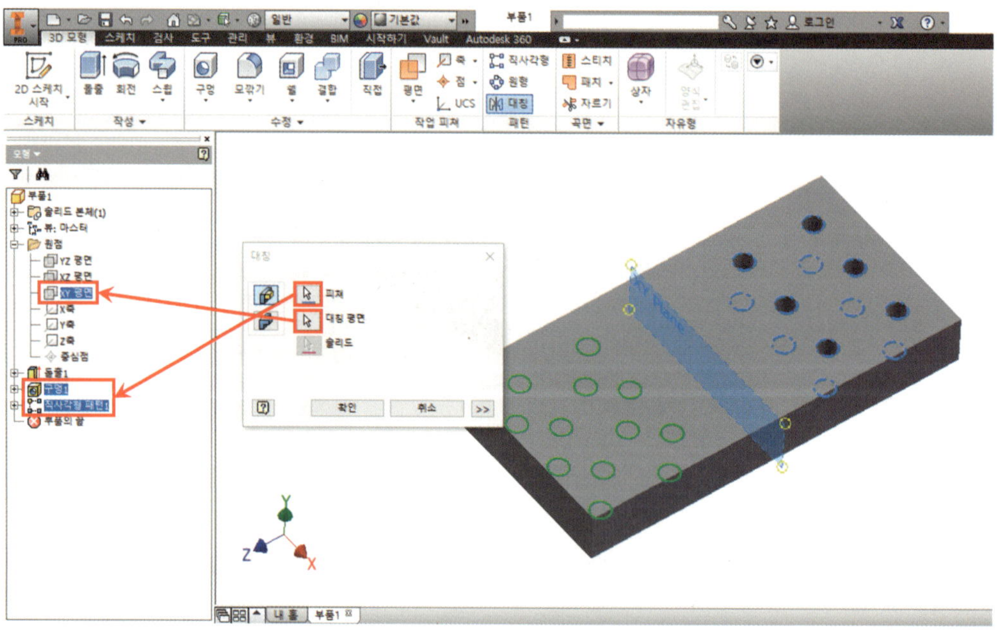

완성되었다.

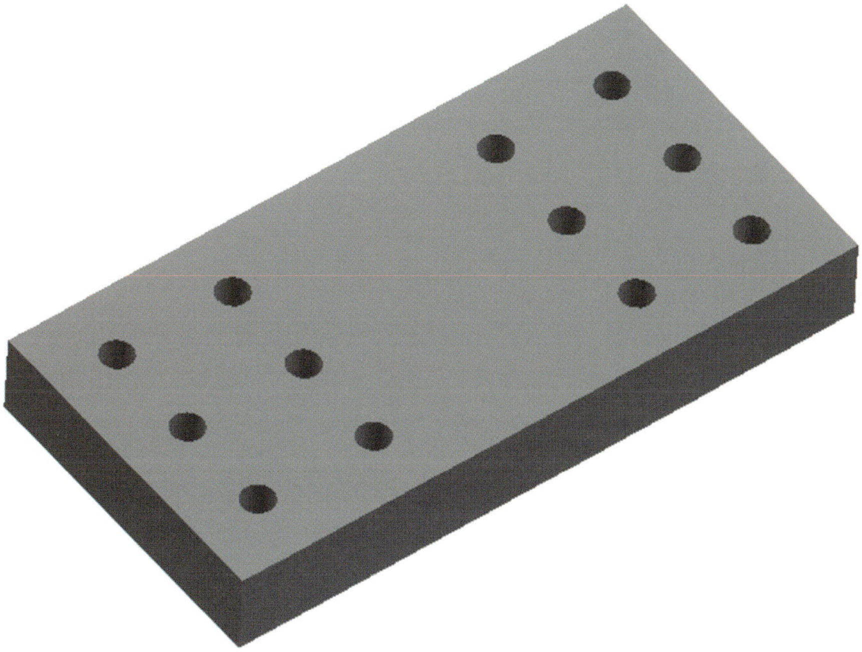

### ◇ 새롭게 사용한 아이콘 정리 [직사각형 패턴]

| 3D 환경 | | |
|---|---|---|
|  | 구멍 | 스케치 점 위에 구멍을 작성한다. |
|  | 직사각형 패턴 | 피쳐를 열과 행에 배열하거나 경로를 따라 배열한다. |
|  | 대칭 | 축에 대해 대칭된 스케치의 사본을 작성한다. |

# Chapter 7. 인벤터 기능 정리

## 7.1 사용 아이콘 정리 (3D 환경)

### 1. 스케치

2D 스케치 시작

| | | |
|---|---|---|
| ▼ | 2D 스케치 시작 | 2D 스케치를 부품의 평면형 면 또는 작업 평면에 작성하거나 조립품의 작업 평면에 작성한다. |
| ▼ | 3D 스케치 시작 | 3D 환경에서 3D 스케치를 작성한다. |

### 2. 기본체

상자

| | | |
|---|---|---|
| ▼ | 상자 | 2점 직사각형을 작성한 다음 이를 3D 쉐이프로 돌출시킨다. |
| ▼ | 원통 | 원을 작성한 다음 이를 3D 쉐이프로 돌출시킨다. 시작할 평면을 선택한다. |
| ▼ | 구 | 원을 작성한 다음 이를 3D 쉐이프로 회전시킨다. 시작할 평면을 선택한다. |
| ▼ | 원환 | 선과 원을 작성하여 회전 명령에 의해 원환 모양의 피처를 작성한다. |

| 3. 작성 | | |
|---|---|---|
| 돌출 | ① 프로파일에 깊이를 추가하여 피쳐 또는 본체를 작성한다.<br>② 닫힌 프로파일은 솔리드 또는 곡면을 작성한다.<br>③ 열린 프로파일은 곡면을 작성한다. | |
| 회전 | 축을 기준으로 하나 이상의 스케치된 프로파일을 회전하여 피쳐 또는 본체를 작성한다. | |
| 스윕 | | |
| ▼ | 스윕 | 선택한 경로를 따라 하나 이상의 스케치 프로차일을 스윕하여 피쳐 또는 본체를 작성한다. |
| ▼ | 로프트 | 두 개 이상의 스케치 사이에 전환 쉐이프를 작성한다. |
| ▼ | 코일 | 나선형 코일 스프링 또는 스레드 피쳐를 작성한다. |
| ▼ | 엠보싱 | 프로파일에서 볼록하거나 오목한 피쳐를 작성한다. |
| ▼ | 파생 | 다른 INVENTOR 부품 또는 조립품을 사용하여 부품을 기준 구성요소로 작성하거나 기존의 구성요소를 부품파일에 삽입한다. |
| ▼ | 리브 | 열린 프로파일 또는 닫힌 프로파일을 사용하여 리브를 작성한다. |

## 4. 수정

| | | |
|---|---|---|
| 구멍 | | |
| ▼ | 구멍 | 스케치 점 또는 다른 형상 선택 사항에 따라 구멍을 작성한다. |
| ▼ | 스레드 | 구멍, 샤프트, 스터드 또는 볼트에 스레드를 작성한다. |
| 모깎기 | | |
| ▼ | 모깎기 | 하나 이상의 모서리 또는 면에 모깎기 또는 라운드를 추가한다. |
| ▼ | 모따개 | |
| 쉘 | | |
| ▼ | 쉘 | 부품 내부에서 재질을 제거하여 지정된 두께의 벽으로 속이 빈 구멍을 작성한다. |
| ▼ | 제도 | 부품의 지정된 면에 각도를 적용한다. |
| 결합 | | |
| ▼ | 결합 | 둘 이상의 솔리드 본체에서 잘라내기, 접합 또는 교차 작업을 수행한다. |
| ▼ | 분할 | 부품 면을 분할하고, 부품의 단면을 자르고 제거하거나, 부품을 다중 본체로 분할한다. |
| ▼ | 두껍게 하기 / 간격띄우기 | 부품의 면 또는 퀼트에 두께를 추가 또는 제거하거나, 부품 면 또는 곡면에서 간격 띄우기 곡면을 작성하거나, 새 솔리드를 작성한다. |
| 직접 | 가져온 데이터 및 파라메트릭 모형을 편집한다. | |

## 5. 작업 피쳐

평면

| | | |
|---|---|---|
| ▼ | 평면 | 다른 객체에 파라메틱하게 첨부된 구성 평면을 작성한다. |
| ▼ | 평면에서 간격 띄우기 | 지정된 간격 띄우기 거리에서 선택된 면 또는 평면에 평행인 작업 평면을 작성한다. |
| ▼ | 점을 통과하여 평면에 평행 | 점을 통과하여 선택된 점, 면 또는 평면에 평행인 작업 평면을 작성한다. |
| ▼ | 두 평면 사이의 중간평면 | 두 평면형 면 또는 두 평면의 중간에 작업 평면을 작성한다. |
| ▼ | 원환의 중간평면 | 원환의 중심 또는 중간평면을 통과하는 작업 평면을 작성한다. |
| ▼ | 모서리를 중심으로 평면에 대한 각도 | 면 또는 모서리를 중심으로 각이 진 작업 평면을 작성한다. |
| ▼ | 3점 | 세 끝점, 중간점, 교차점 또는 작업점을 통과하는 작업 평면을 작성한다. |
| ▼ | 두 개의 동일 평면상 모서리 | 두 개의 동일평면상 작업축, 모서리 또는 선을 통과하는 작업 평면을 작성한다. |
| ▼ | 모서리를 통과하여 곡면에 접함 | 모서리를 통과하고 곡면에 접하는 작업 평면을 작성한다. |

| | | |
|---|---|---|
| ▼ | 점을 통과하여 곡면에 접함 | 끝점, 중간점 또는 작업점을 통과하고 곡면에 접하는 작업 평면을 작성한다. |
| ▼ | 곡면에 접하고 평면에 평행 | 곡면에 접하고 평면에 평행한 작업 평면을 작성한다. |
| ▼ | 점을 통과하여 축에 수직 | 끝점, 중간점 또는 작업점을 통과하고 모서리 또는 작업 축에 직각인 작업 평면을 작성한다. |
| ▼ | 점에서 곡선에 수직 | 꼭지점, 모서리 중간점, 스케치 점 또는 작업점을 통과하고 곡선에 직각인 작업 평면을 작성한다. |

축

| | | |
|---|---|---|
| ▼ | 축 | 다른 객체에 파라메틱하게 첨부된 구성 선을 작성한다. |
| ▼ | 선 또는 모서리에 있음 | 선형 모서리 또는 스케치 선과 동일선상에 있는 작업축을 작성한다. |
| ▼ | 점을 통과하여 선에 평행 | 점을 통과하고 선형 모서리에 평행한 작업축을 작성한다. |
| ▼ | 두 점 통과 | 두 끝점, 교차점, 중간점, 스케치 점 또는 작업점을 통과하는 작업축을 작성한다. |
| ▼ | 두 평면의 교차선 | 두 평면의 교차선과 일치하는 작업축을 작성한다. |
| ▼ | 점을 통과하여 평면에 수직 | 점을 통과하고 평면에 직각인 작업축을 작성한다. |

| | | |
|---|---|---|
| ▼ | 원형 또는 타원형 모서리의 중심 통과 | 원, 타원 또는 모깎기의 축과 일치하는 작업축을 작성한다. |
| ▼ | 회전된 면 또는 피처 통과 | 면 또는 피쳐의 축과 일치하는 작업축을 작성한다. |
| 점 | | |
| ▼ | 점 | 다른 객체에 파라메틱하게 첨부된 구성점을 작성한다. |
| ▼ | 고정 점 | 기존 작업점, 중간점 또는 꼭지점을 고정 작업점으로 변환한다. |
| ▼ | 꼭지점, 스케치 점 또는 중간점에 있음 | 2D 또는 3D 스케치 점, 꼭지점이나 선 또는 선형 모서리의 끝점 또는 중간점에 작업점을 작성한다. |
| ▼ | 세 평면의 교차점 | 세 작업 평면 또는 평면형 면의 교차점에 작업점을 작성한다. |
| ▼ | 두 선의 교차점 | 두 선의 교차점에 작업점을 작성한다. |
| ▼ | 평면/곡면과 선의 교차점 | 평면형 면 또는 작업 평면과 작업축 또는 선의 교차점에 작업점을 작성한다. |
| ▼ | 모서리 루프의 중심점 | 상황에 맞는 메뉴에서 루프 선택 옵션이 활성화된 경우 임의의 닫힌 루프에 작업점을 작성한다. |
| ▼ | 원환의 중심점 | 원환의 중심 또는 중간평면을 통과하는 작업점을 작성한다. |
| ▼ | 구의 중심점 | 구의 중심에서 작업점을 작성한다. |

| UCS | 사용자 좌표계 | UCS(사용자 좌표계)는 작업 피쳐(3개의 작업 평면, 3개의 축 및 중심점) 집합이다. 모형에서 어떤 위치 및 각도로도 UCS를 배치하고 방향을 지정할 수 있다. |
|---|---|---|

## 6. 패턴

| 직사각형 | 직사각형 패턴 | 중복 피쳐 또는 솔리드를 작성하여 이를 열과 행에 배열하거나 경로를 따라 배열한다. |
|---|---|---|
| 원형 | 원형 | 중복 피쳐, 솔리드 또는 본체를 작성하여 호 또는 원형 패턴에 배열한다. |
| 대칭 | 대칭 | 평면을 중심으로 동일한 거리에서 하나 이상의 피쳐 또는 전체 솔리드의 대칭 사본을 만든다. |

## 7. 곡면

| 스티치 | 곡면 스티치 | 면을 퀼트 또는 솔리드로 함께 접합한다. |
|---|---|---|
| 패치 | 경계 패치 | 지정한 닫힌 루프의 경계 내에서 평면 표면 또는 3D 표면을 작성한다. |
|  | 패치 | 지정한 닫힌 루프의 경계 내에서 평면 표면 또는 3D 표면을 작성한다. |
|  | 조각 | 솔리드 모형에 재질을 추가하거나 솔리드 모형에서 재질을 제거하거나, 선택한 곡면 형상을 기준으로 곡면 피쳐를 추가하거나 제거한다. |
| 자르기 | 곡면 자르기 | 절단 명령에 의해 정의된 곡면의 영역을 제거한다. |

## 8. 자유형

상자

| | | |
|---|---|---|
| ▼ | 상자 | 세분화된 자유형 상자를 작성한다. |
| ▼ | 원통 | 세분화된 자유형 원통을 작성한다. |
| ▼ | 구 | 세분화된 자유형 구를 작성한다. |
| ▼ | 원환 | 세분화된 자유형 원환을 작성한다. |
| ▼ | 쿼드볼 | 세분화된 자유형 쿼드볼을 작성한다. |

## 7.2 사용 아이콘 정리 (2D 환경)

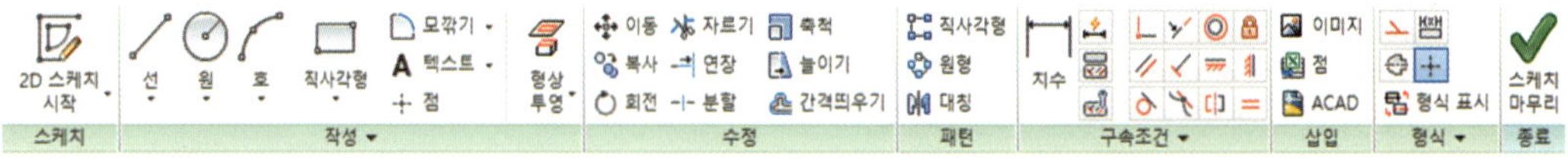


| 1. 작성 | | |
|---|---|---|
| 선 | | |
| ▼ | 선<br>선 | 선과 호를 작성한다. |
| ▼ | 스플라인<br>제어 꼭지점 | 지정된 제어 꼭지점을 기준으로 스플라인 곡선을 작성한다. |
| ▼ | 스플라인<br>보간 | 선택한 점을 통해 스플라인 곡선을 작성한다. |
| ▼ | 방정식 곡선<br>방정식 곡선 | 사용자 지정 방정식으로부터 곡선을 작성한다. |
| ▼ | 브리지 곡선<br>브리지 곡선 | 선택한 두 곡선 간의 부드러운(G2) 연속 곡선을 작성한다. |
| 원 | | |
| ▼ | 원<br>중심점 | 중심점과 반지름을 사용하여 원을 작성한다. |
| ▼ | 원<br>접선 | 3개의 선에 접하는 원을 작성한다. |
| ▼ | 타원<br>타원 | 중심점, 주요 축과 보조 축을 사용하여 타원을 작성한다. |

| 호 | | |
|---|---|---|
| ▼ | 호<br>3점 | 시작, 끝, 반지름에 대한 세 개의 점을 사용하여 호를 작성한다. |
| ▼ | 호<br>접선 | 다른 도면요소에 접하는 호를 작성한다. |
| ▼ | 호<br>중심점 | 중심점 호 중심점과 두 끝점에 의해 정의된 호를 작성한다. |
| 직사각형 | | |
| ▼ | 직사각형<br>2점 직사각형 | 대각선 구석에 두 점을 사용하여 직사각형을 작성한다. |
| ▼ | 직사각형<br>3점 직사각형 | 세 개의 점을 사용하여 길이, 방향, 인접 면을 정의해 직사각형을 작성한다. |
| ▼ | 직사각형<br>두 점 중심 | 두 개의 점으로 중심, 폭 및 길이를 정의하여 직사각형을 작성한다. |
| ▼ | 직사각형<br>세 점 중심 | 세 개의 점으로 중심, 방향 및 인접 면을 정의하여 직사각형을 작성한다. |
| ▼ | 슬롯<br>중심 대 중심 | 각 슬롯 호의 중심 배치와 두 중심 간의 거리 및 슬롯 폭으로 정의되는 선형 슬롯을 작성한다. |
| ▼ | 슬롯<br>전체 | 방향의 길이 및 폭으로 정의되는 선형 슬롯을 작성한다. |
| ▼ | 슬롯<br>중심점 | 슬롯 중심점, 슬롯 호의 중심 위치 및 슬롯 폭으로 정의되는 선형 슬롯을 작성한다. |
| ▼ | 슬롯<br>3점 호 | 세 점 중심 호 및 슬롯 폭으로 정의되는 호 슬롯을 작성한다. |
| ▼ | 슬롯<br>중심점 호 | 중심점, 두 점 중심 호 및 슬롯 폭으로 정의되는 호 슬롯을 작성한다. |
| ▼ | 폴리곤<br>폴리곤 | 최대 120개의 면을 갖는 폴리곤 쉐이프를 작성한다. |

| | | |
|---|---|---|
| 모깎기 | | |
| ▼ | 모깎기 | 지정된 반지름으로 이루어진 호를 구석이나 두 개의 선이 교차하는 지점에 배치한다. |
| ▼ | 모따기 | 평행하지 않은 두 새의 선이 교차하는 지점에 모따기를 배치한다. |
| A 텍스트 | | |
| ▼ | 텍스트 | 활성 스케치에 텍스트를 추가한다. |
| ▼ | 형상 텍스트 | 형상 텍스트 |
| 점 | 중심점 스위치의 설정에 따라 스케치 점이나 중심점을 작성한다. | |
| 형상투영 | | |
| ▼ | 형상 투영 | 모서리, 꼭지점, 작업피처, 루프 및 곡선을 기존 객체에서 현재 스케치 평면으로 투영한다. |
| ▼ | 절단 모서리 투영 | 활성 스케치 평면으로 교차하는 모형 모서리를 스케치에 투영한다. |
| ▼ | 플랫 패턴 투영 | 접힌 면을 현재 스케치에 투영한다. |
| ▼ | 3D 스케치에 투영 | 활성 2D 스케치의 형상을 선택된 면에 투영한다. |

| 2. 수정 | |
|---|---|
| 이동 | 복사 옵션을 사용하여 지정된 대로 한 점에서 다른 점으로 선택한 스케치 형상을 옮긴다. |
| 자르기 | 가장 가까운 교차 곡선 또는 선택한 경계 형상까지 곡선을 자른다. |
| 축척 | 선택한 스케치 형상의 크기를 비례하여 늘리거나 줄인다. |
| 복사 | 선택한 스케치 형상을 복사하고 스케치에 하나 이상의 복제를 배치한다. |
| 연장 | 가장 가까운 교차 곡선 또는 선택한 경계 형상까지 곡선을 연장한다. |
| 늘이기 | 지정된 점을 사용하여 선택한 형상을 늘인다. |
| 회전 | 선택한 스케치 형상 또는 해당 형상의 사본을 지정한 중심점을 기준으로 회전한다. |
| 분할 | 곡선 도면 요소를 두 개 이상의 단면으로 분할한다. |
| 간격띄우기 | 선택한 스케치 형상을 복제하고 동적으로 원점에서부터 간격 띄우기 한다. |

| 3. 패턴 | |
|---|---|
| 직사각형 | 선택한 스케치 형상을 복제하고 행과 열로 배열한다. |
| 원형 | 선택한 스케치 형상을 복제하고 호 또는 원 패턴으로 배열한다. |
| 대칭 | 축에 대해 대칭된 스케치의 사본을 작성한다. |

## 4. 구속조건

| | | |
|---|---|---|
| 치수 | 일반치수 | 2D 또는 3D 스케치에서 치수를 배치한다. |
| | 자동 치수 및 구속조건 | 선택된 스케치 형상에 누락된 치수와 구속조건을 적용한다. |
| | 구속조건 표시 | 선택한 스케치 형상에 대한 구속조건 정보를 표시한다. |
| | 구속조건 설정 | 스케치 구속조건 및 치수의 화면표시, 작성, 추정, 완화 끌기 및 과도한 구속에 대한 설정을 제어한다. |
| | 일치 구속조건 | 2D 및 3D 스케치의 다른 형상에 점을 구속한다. |
| | 동일선상 구속조건 | 두 개 이상의 선 세그먼트 또는 타원 축이 동일한 선에 놓이도록 한다. |
| | 동심 구속조건 | 동일 중심점에 두 개의 호, 원 또는 타원을 구속한다. |
| | 고정 | 스케치 좌표계에 상대적인 위치에 점과 곡선을 고정시킨다. |
| | 평행 구속조건 | 선택한 선형 형상이 서로 평행으로 놓이도록 구속된다. |
| | 직각 구속조건 | 선택한 선형 형상이 서로 직각으로 구속된다. |
| | 수평 구속조건 | 스케치 좌표계의 X축에 평행이 되도록 선, 타원 축, 점 쌍을 생성한다. |
| | 수직 구속조건 | 선, 타원 축 또는 점의 쌍이 스케치 좌표계의 Y축에 평행이 되도록 놓이게 한다. |
| | 접선 | 스플라인의 끝을 포함하는 곡선을 다른 곡선에 접하도록 구속한다. |
| | 부드럽게 | 곡률 연속(G2) 조건을 스플라인에 적용한다. |
| | 대칭 | 선택한 선 또는 곡선이 선택한 선을 기준으로 대칭되도록 구속한다. |
| | 동일 | 선택된 원과 호가 동일한 반지름을 갖거나 선택된 선이 동일한 길이를 갖도록 구속한다. |

| 5. 삽입 | | |
|---|---|---|
| 이미지 | 이미지 삽입 | 스케치에 이미지 파일을 삽입한다. |
| 점 | 점 가져오기 | excel 스프레드 시트에서 지정된 정확한 X,Y,Z 위치에 스케치 점을 배치한다. |
| ACAD | AutoCAD 파일 삽입 | 2D AutoCAD 데이터를 스케치로 가져온다. |

| 6. 형식 | | |
|---|---|---|
| | 구성 | 선택한 스케치 형강을 구성 형상으로 변경하거나 스케치 구성 형상으로 새 형상을 작성한다. |
| | 연계 치수 | 스케치 치수를 형상 변경 연동에서 형상 변경에 의해 연동됨으로 전환한다. |
| | 중심선 | 선택한 스케치 선을 구성 중심선으로 변경하거나 중심선 스케치 형상으로 새 형상을 작성한다. |
| | 중심점 | 점과 중심점 사이에서 점 작성 모드를 전환한다. |
| 형식 표시 | 기본 특성 복원 | 기본 스케치 특성 설정을 복원한다. |

| 7. 종료 | | |
|---|---|---|
| 스케치 마무리 | 스케치 마무리 | 현재의 환경을 종료하고 일반 작업 환경으로 복귀한다. |

# PART 3.
# 인벤터 부품 모델링

## Chapter 8. 인벤터 부품 모델링

# Chapter 8. 인벤터 부품 모델링

## 8.1 스퍼기어 1 모델링

※ 참고 도면 [스퍼기어 1]

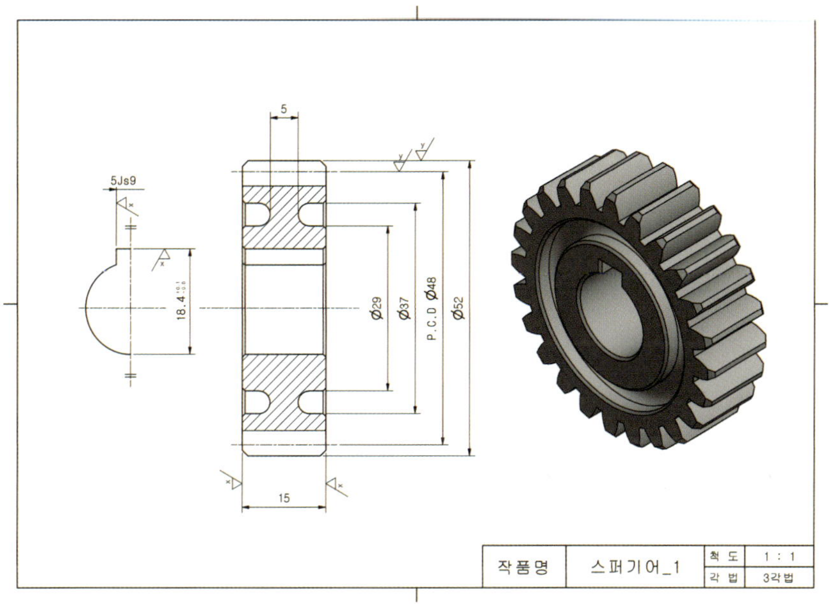


※ 스퍼기어 1 요목표

| 스퍼기어 | | |
|---|---|---|
| 기어치형 | | 표준 |
| 공구 | 치형 | 보통이 |
| | 모듈 | 2 |
| | 압력각 | 20° |
| 잇수 | | 24 |
| 피치원지름 | | 48 mm |
| 전체이높이 | | 4.5 mm |
| 다듬질방법 | | 호브절삭 |
| 정밀도 | | KS B 1405, 5급 |

### 8.1.1 2D 스케치

2D 스케치를 먼저 시작한다. X-Y 평면을 선택한다.

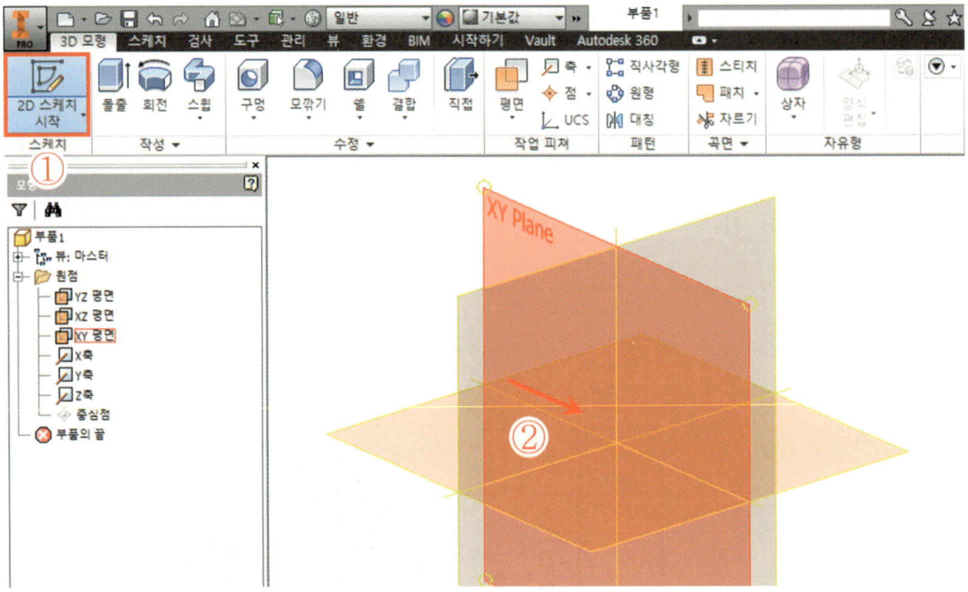


원점을 중심으로 원을 세 개 그린다.

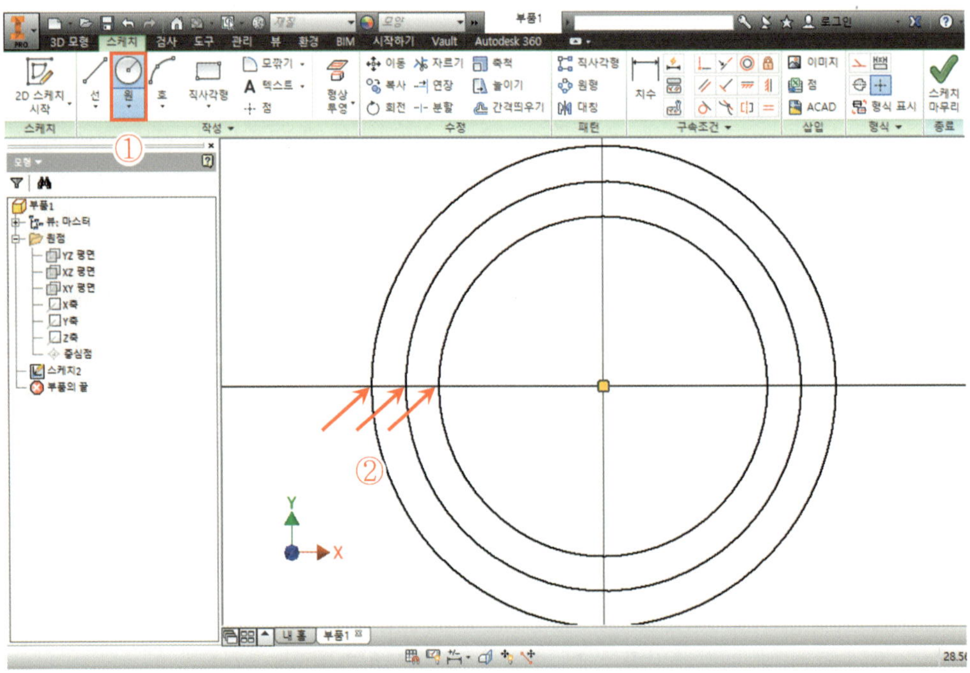

앞서 그린 세 개의 원은 안쪽부터 ❶ 이뿌리원, ❷ 피치원 ❸ 이끝원이다.

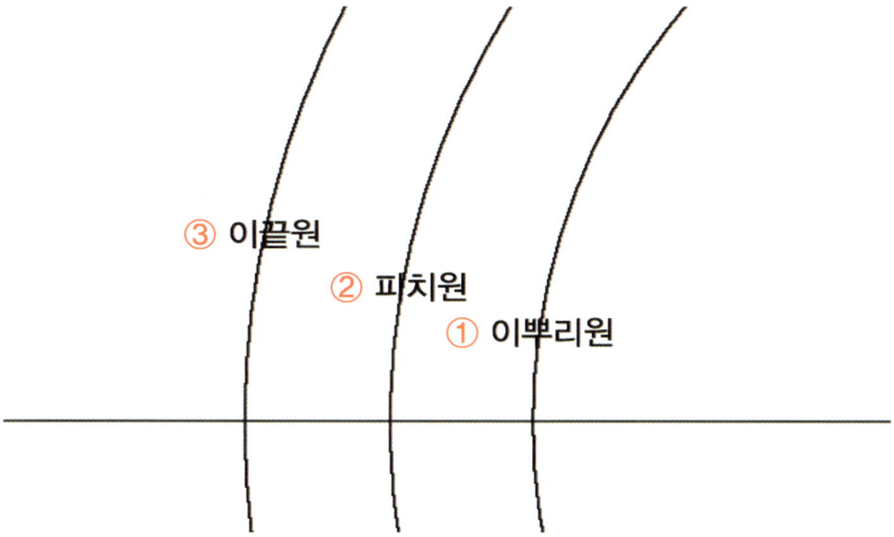


표준 치형(이높이가 모듈의 2.25배인 치형)으로 치수를 부여한다.

❶ 이뿌리 높이 = 모듈(m) x 1.25

❷ 피치원 = 모듈(m) x 잇수(z)

❸ 이끝 높이 = 모듈(m)

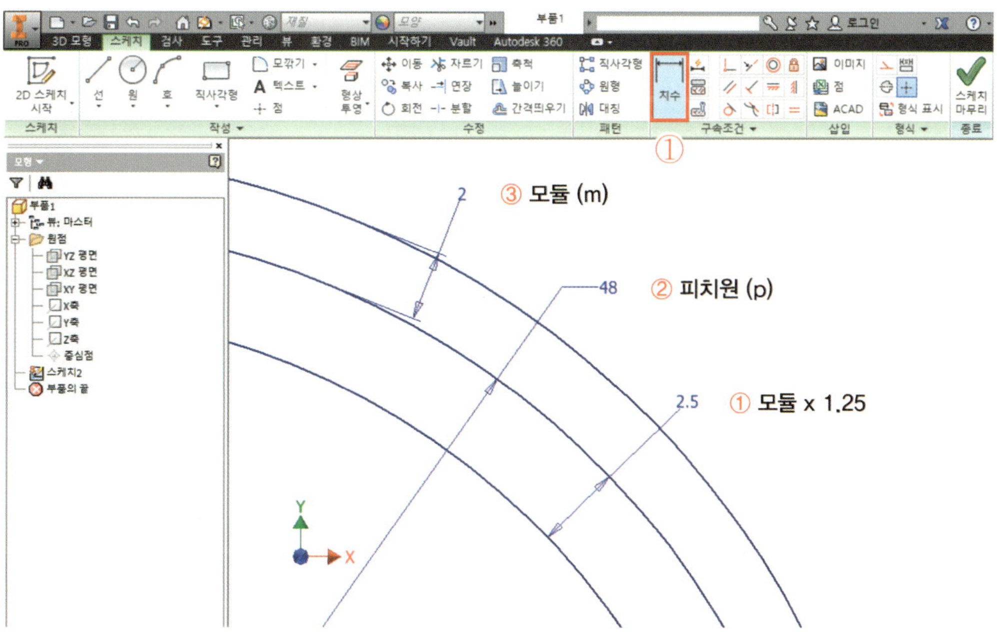

앞서 그린 세 개의 원을 통과하는 네 개의 직선을 그려준다.

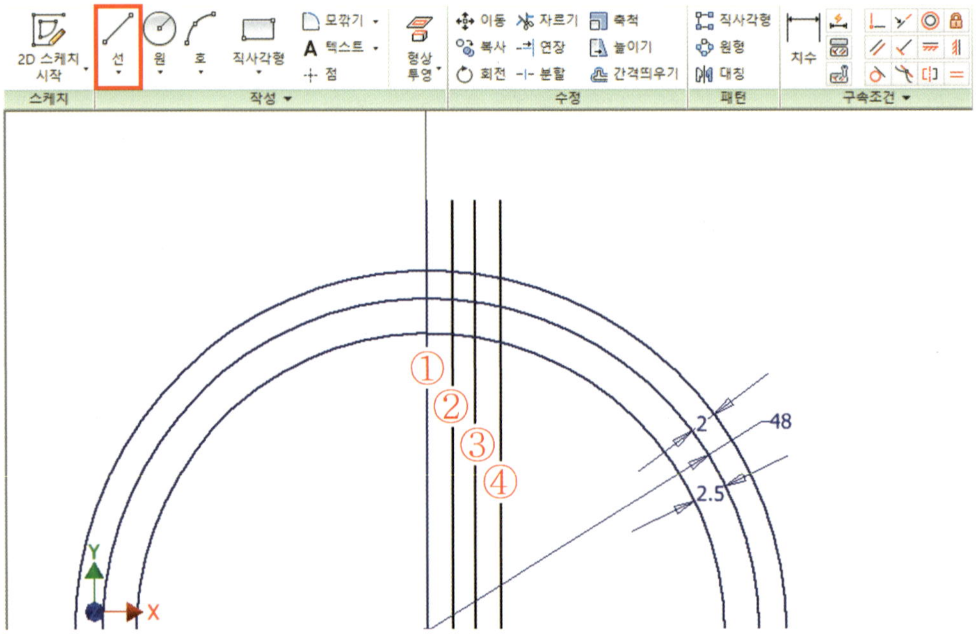


선 ❶ ❸: 모듈(m) x 0.785

선 ❷ ❸: 모듈(m) / 2

선 ❸ ❹: 모듈(m) / 4

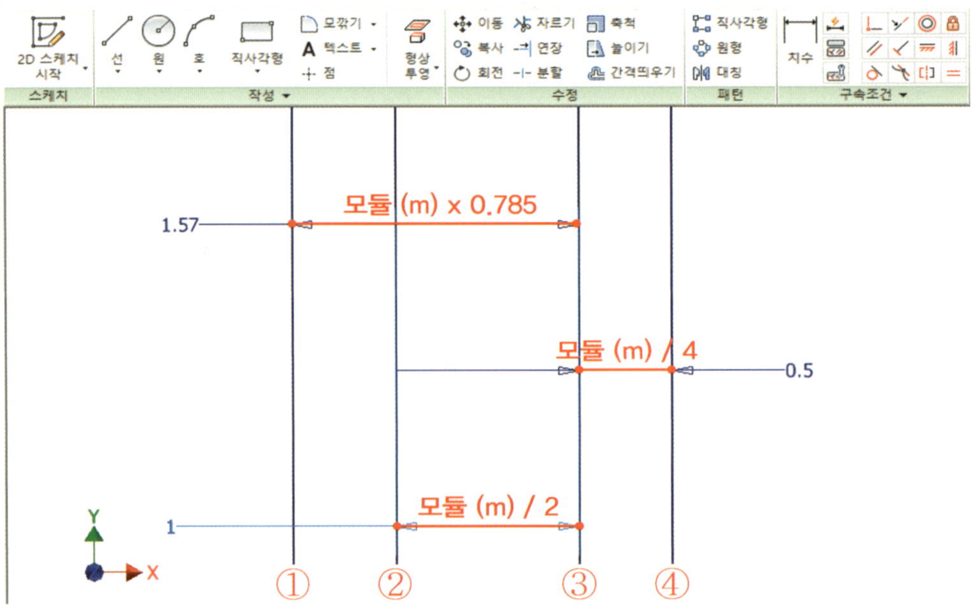

자르기 아이콘으로 네 개의 직선을 화살표 지점까지 정리한다.

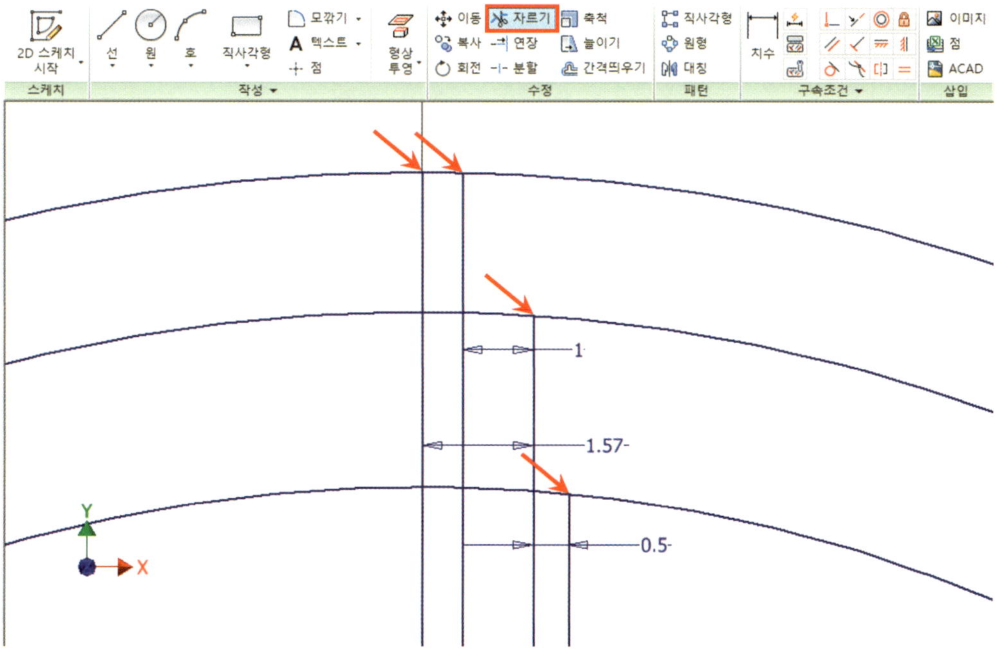


분할 아이콘으로 표시한 지점에서 분할한다.

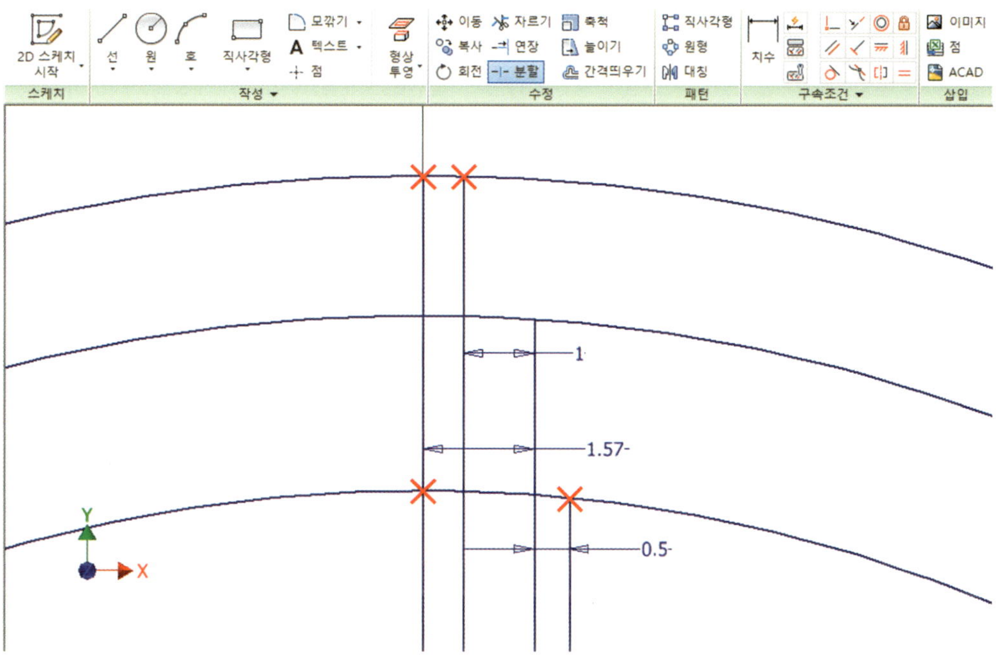

호 ❶, ❷, ❸을 구성선으로 만들어준다.

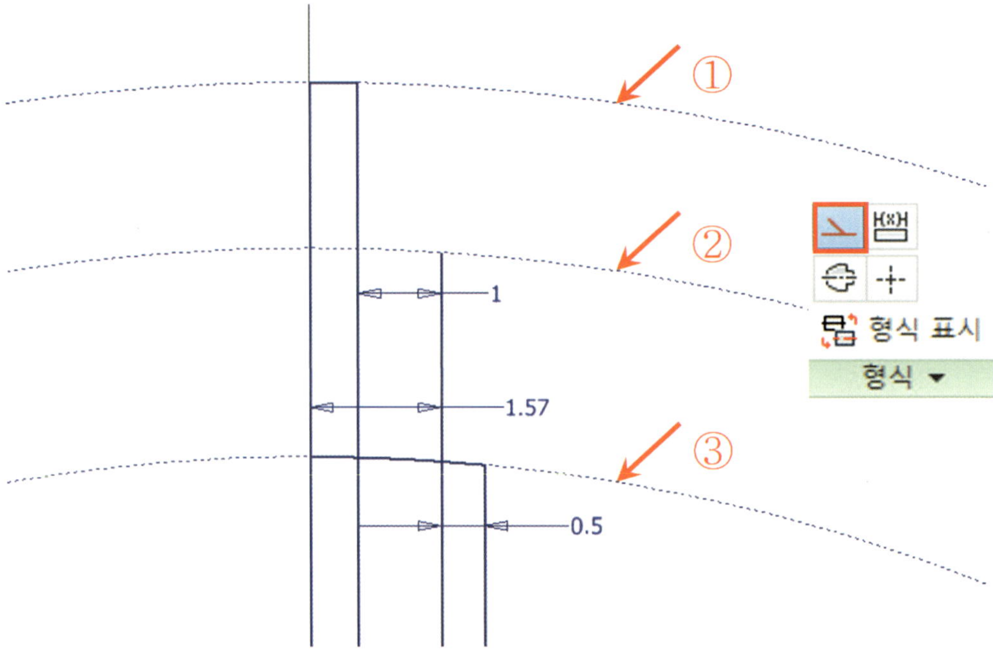


※ 참고

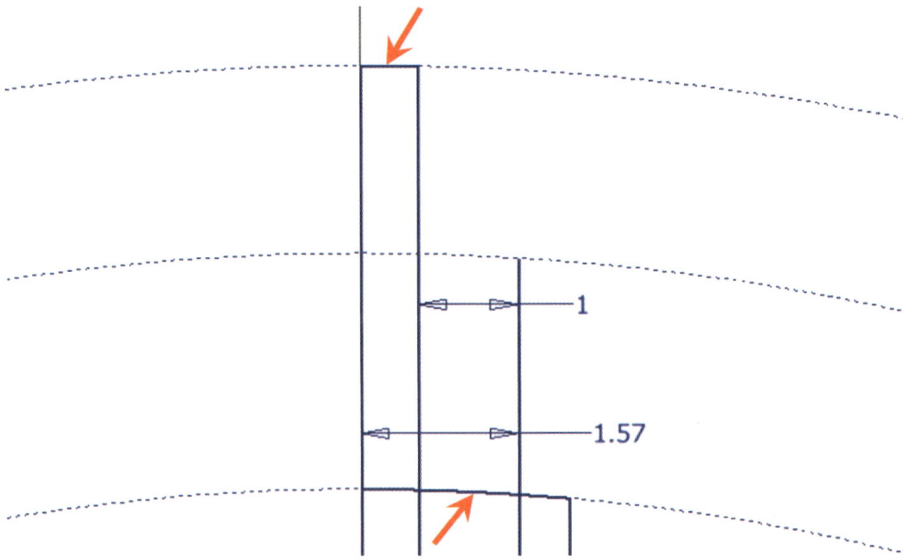


화살표로 표시한 실선을 치형을 형성하는데 중요한 선이므로 살려둔다.

호 아이콘을 누르고 다음의 순서로 꼭지점을 클릭하여 호를 그려준다.

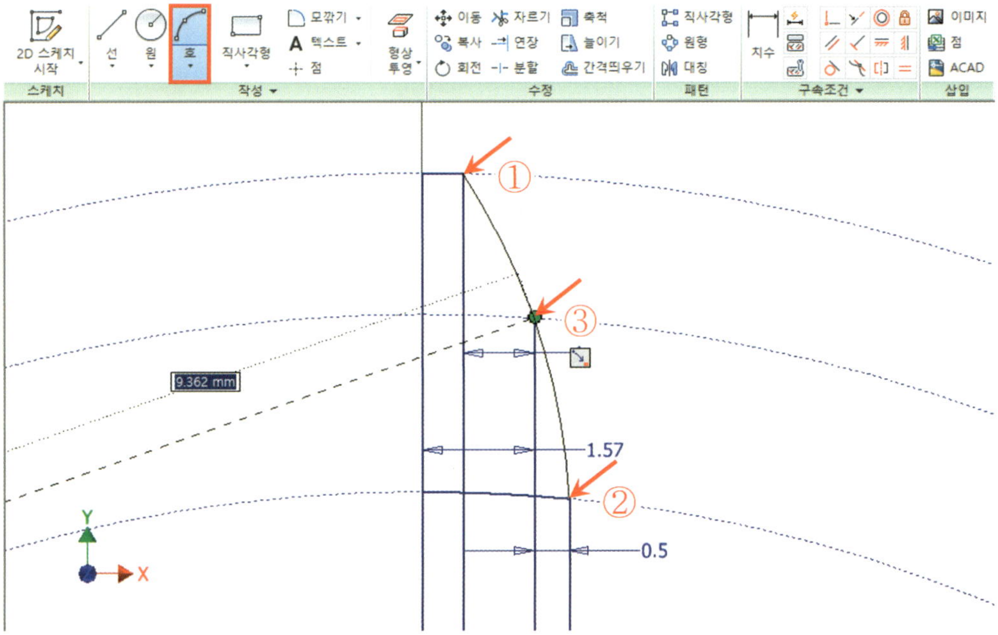

※ 참고

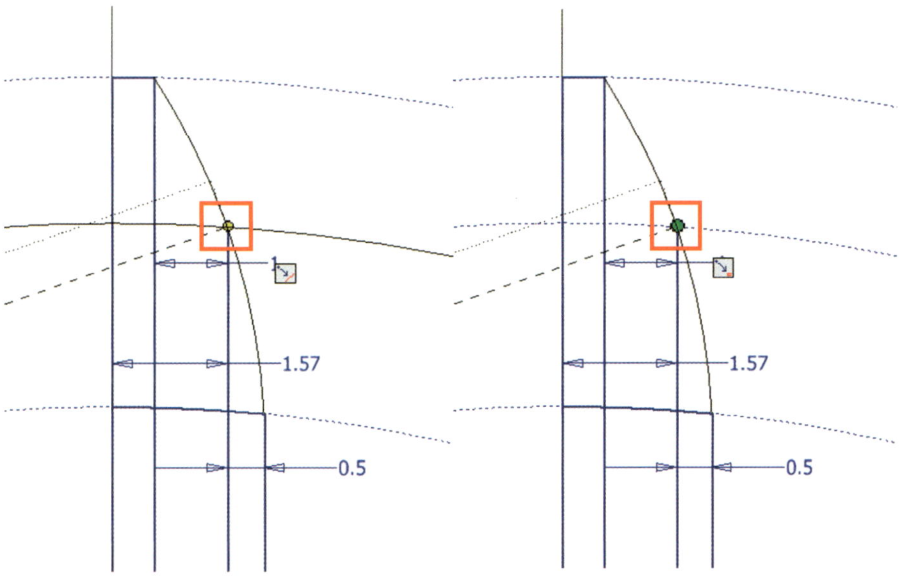

마우스 커서를 꼭지점에 올려놓으면, 위 그림처럼 노란색 원이 초록색으로 바뀌는 지점이 꼭지점과 선이 만나는 지점이다.

분할 아이콘으로 표시한 지점에서 분할한다.

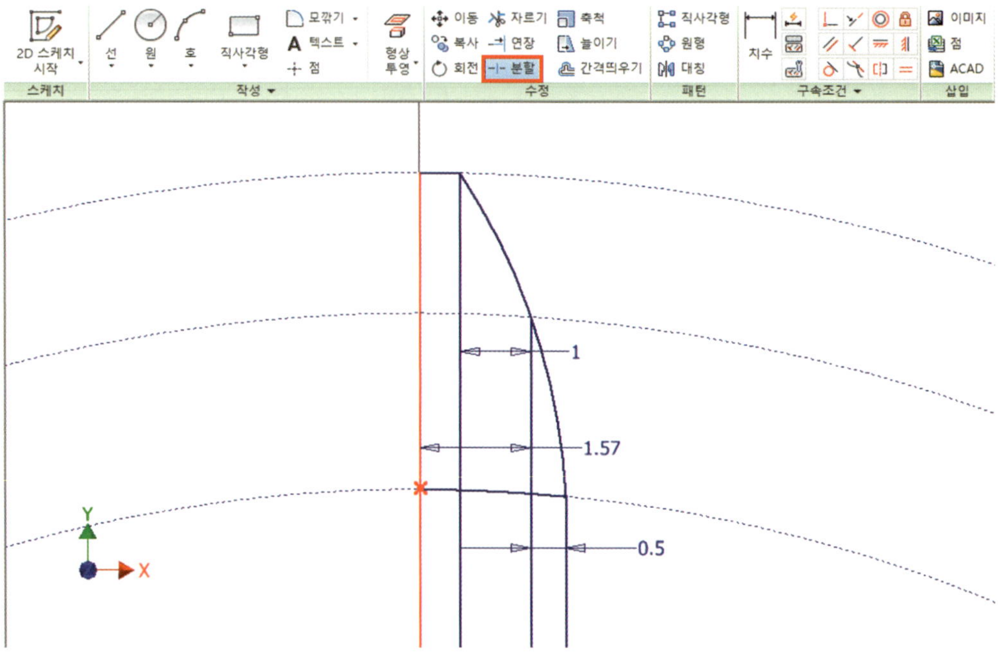


선 ❶, ❷, ❸, ❹ 를 구성선으로 만들어준다. 스케치 마무리를 한다.

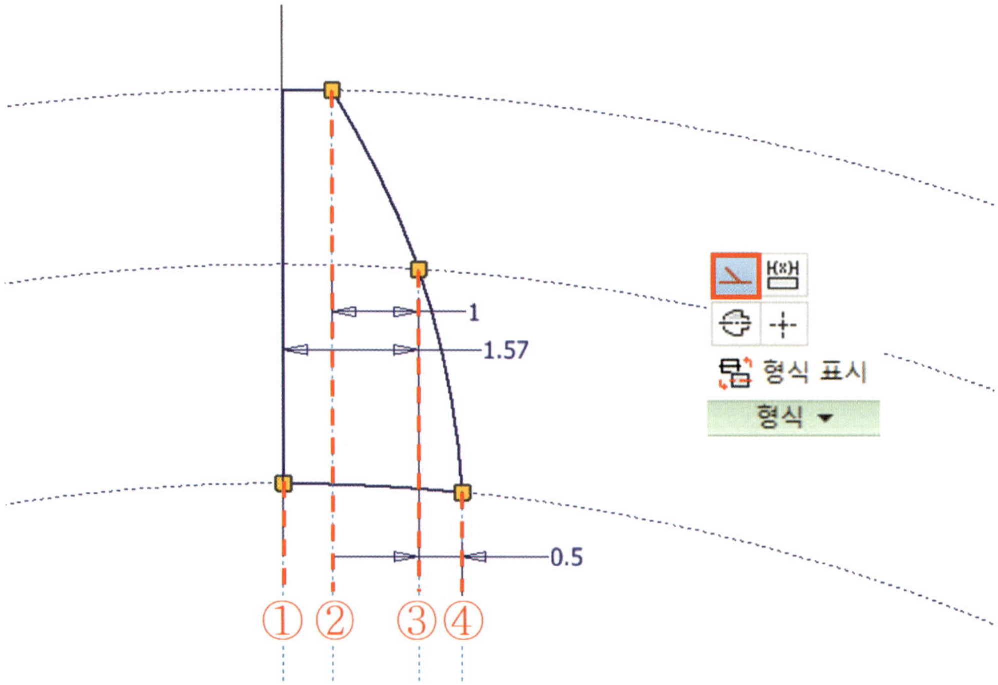

## 8.1.2 3D 모델링

돌출으로 이의 두께를 준다.

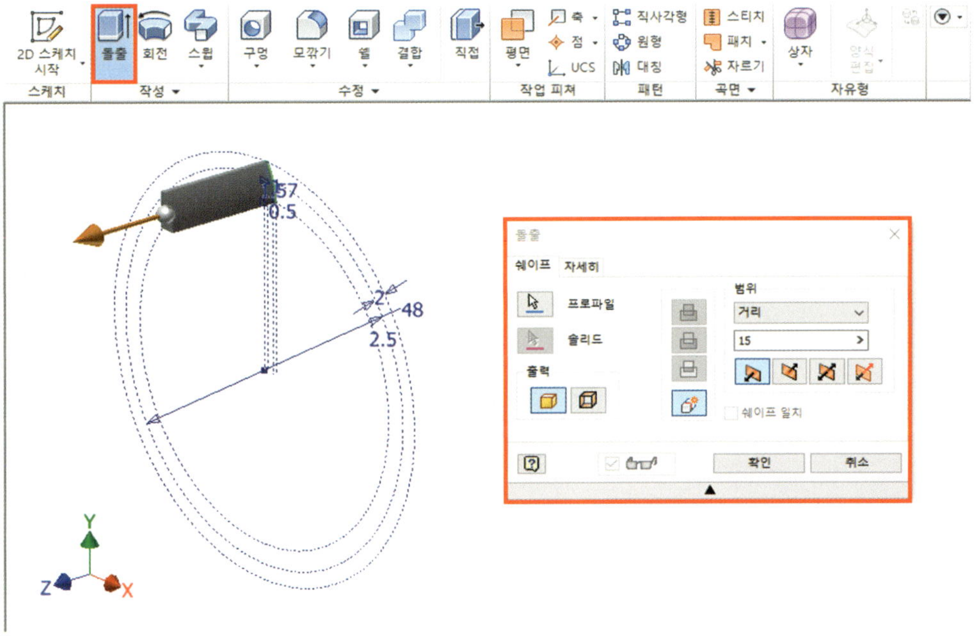


❶ 피쳐는 검색기 패널의 돌출1. ❷ 대칭평면은 솔리드의 면을 선택한다.

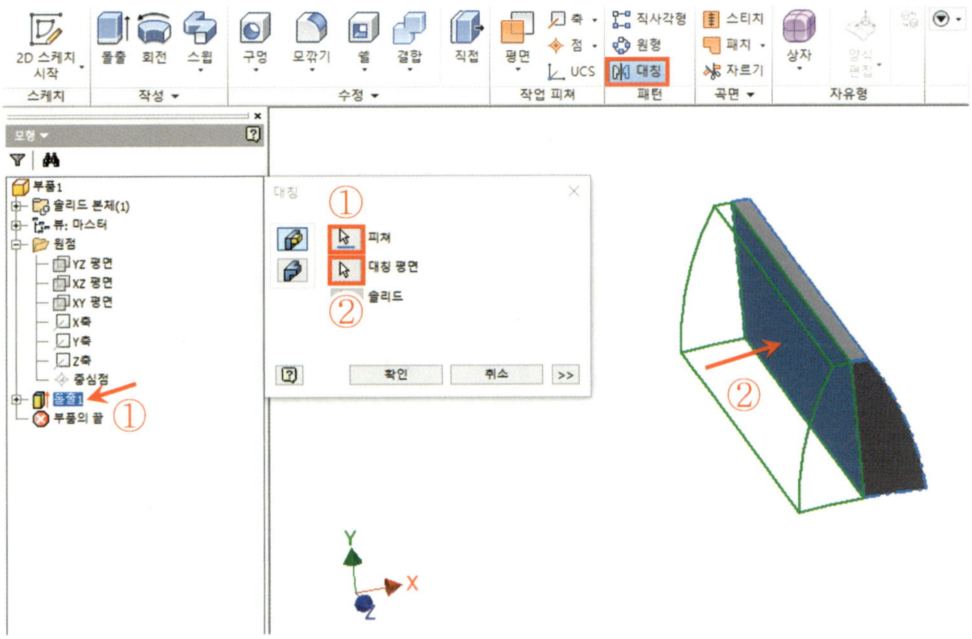

모따기 아이콘으로 이의 양쪽을 수정한다.

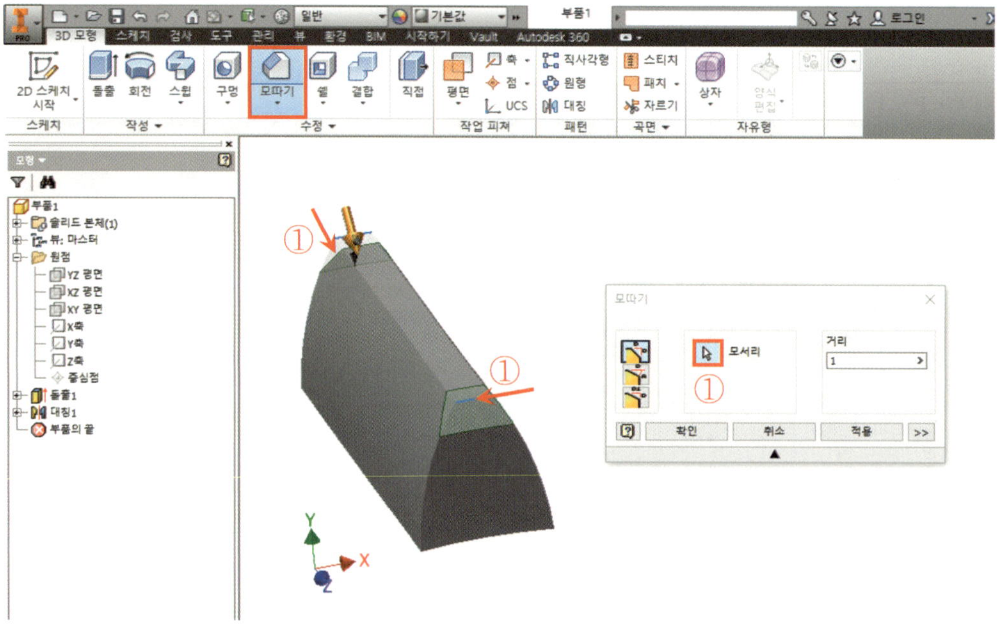


선 ❶, ❷, ❸, ❹ 를 구성선으로 만들어 준다. 스케치 마무리를 한다.

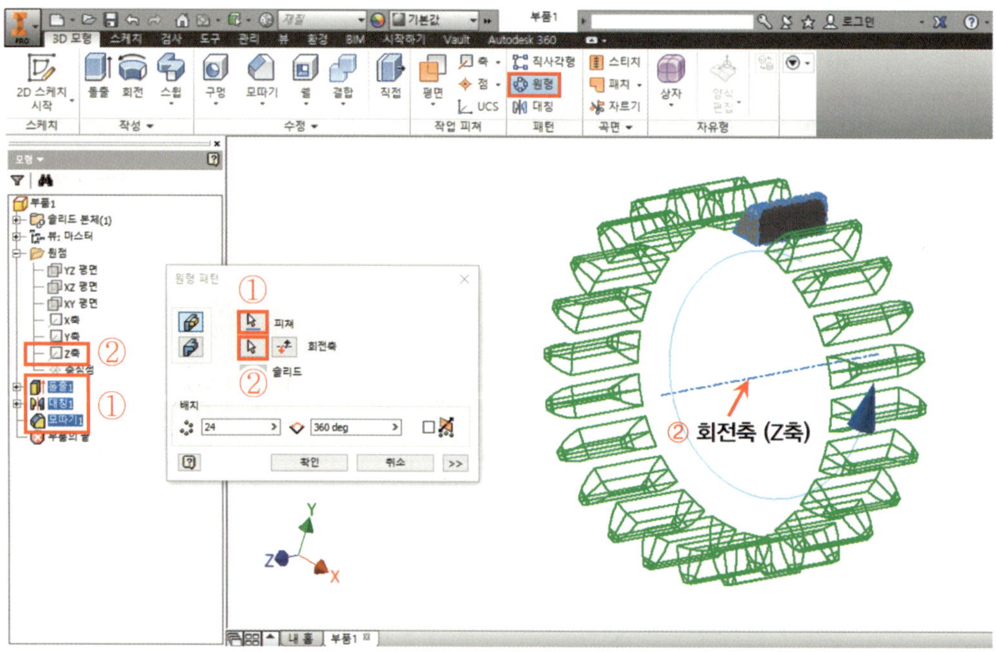

X-Y 평면을 선택하고 스케치 아이콘을 클릭한다.

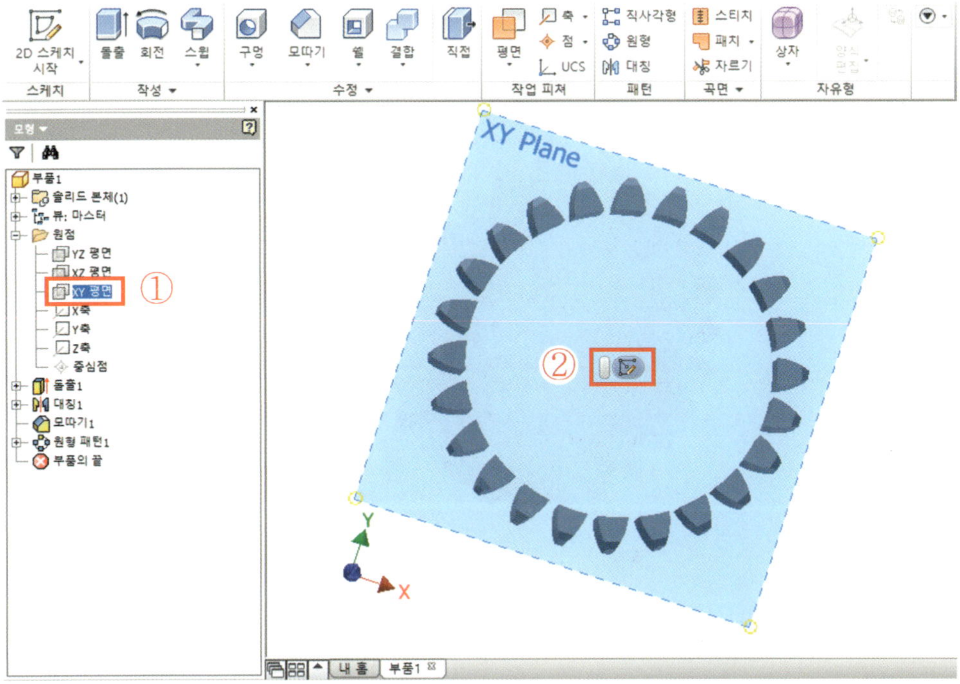


원 아이콘으로 지름 43 mm의 원을 그리고 스케치를 마무리 한다.

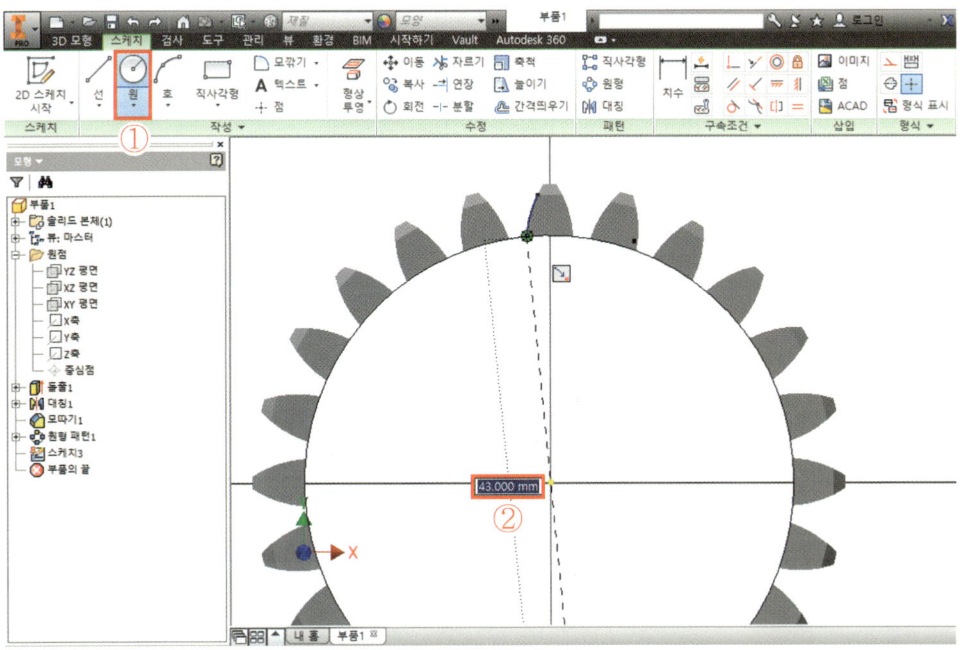

두께 15 mm인 솔리드를 만든다.

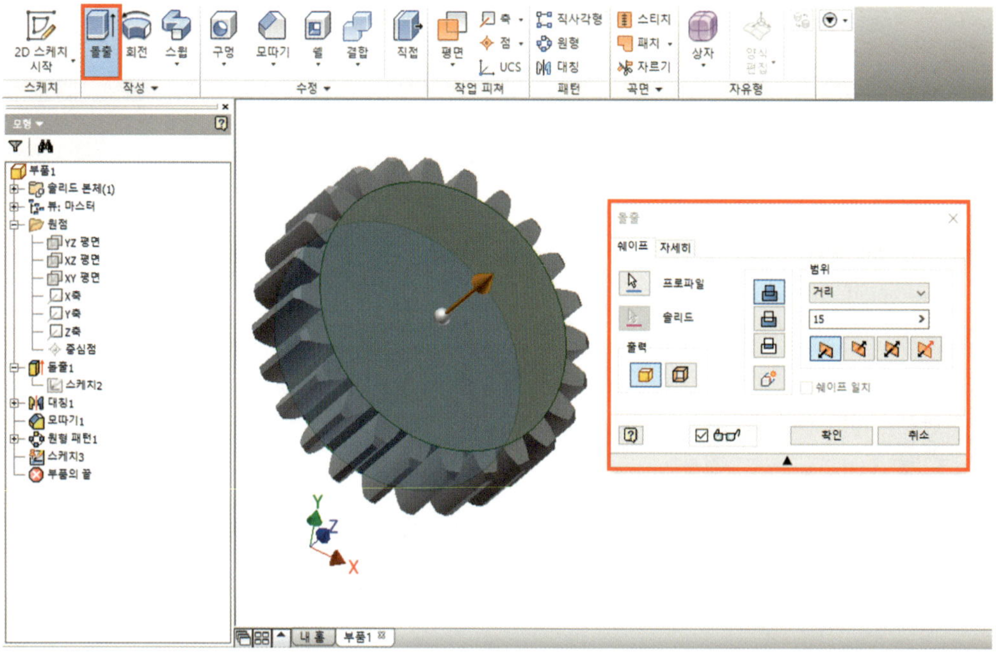

솔리드의 면을 클릭하고 스케치 아이콘을 누른다.

※ 참고

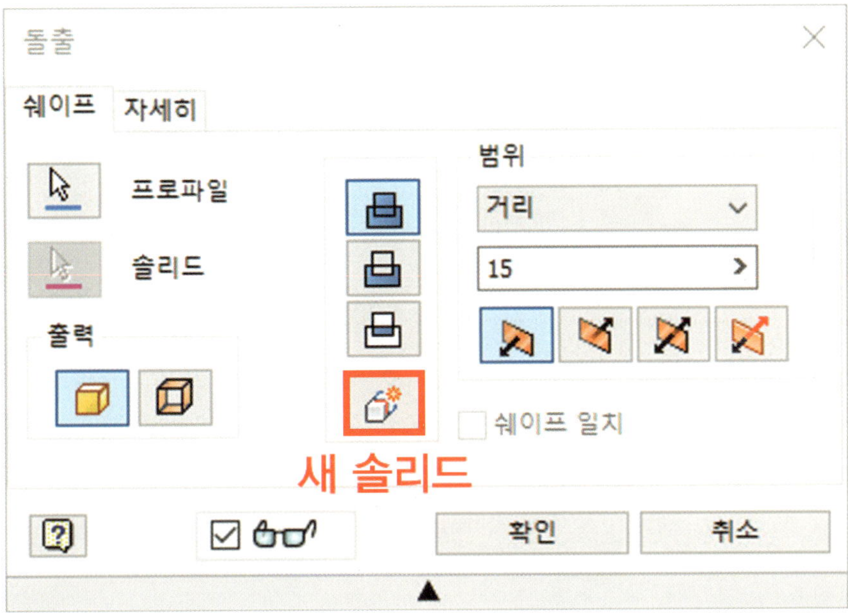


기존의 솔리드 본체에서 독립된 솔리드를 하나 더 생성할 수 있다. TOP-DOWN 방식의 설계에 주로 쓰인다.

새 솔리드
아이콘 off

새 솔리드
아이콘 on

솔리드 면 위에 다음과 같이 스케치 한다. 각 치수는 조립을 위하여 0.2 mm의 여유를 준다.

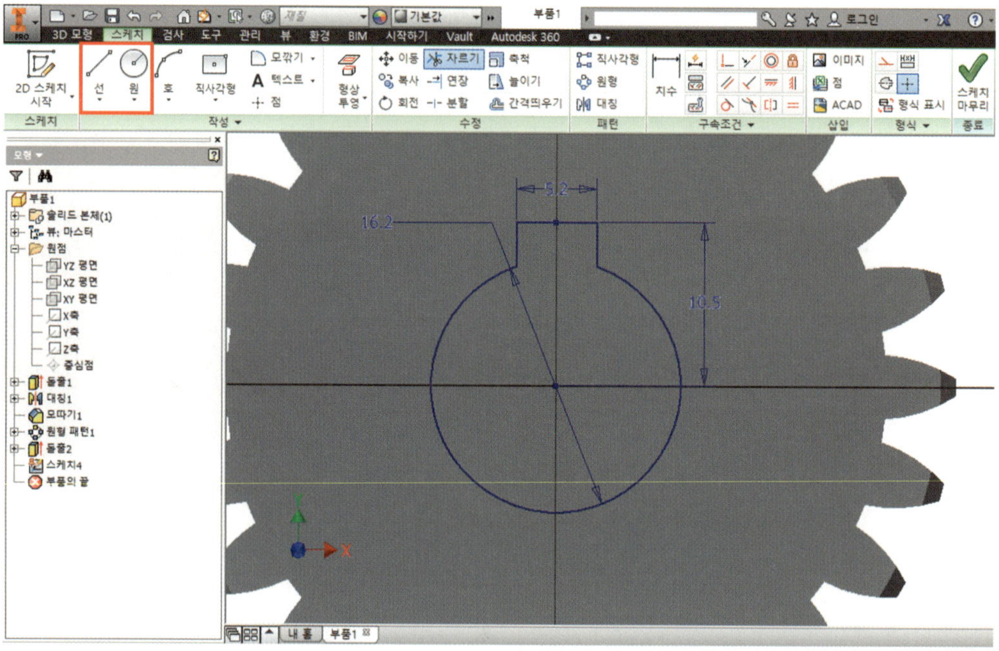

## ※ 참고

FDM방식의 3D프린터는 필라멘트와 노즐의 사이즈 한계로 인하여 매끄러운 표면을 표현하는데 한계가 있다. 예를 들어 0.4 mm 이하의 세밀함은 0.4 mm의 노즐로는 표현하기 어렵다. 따라서 조립을 위한 부품은 모델링을 할 때 노즐 크기에 따른 적당한 여유를 줄 필요가 있으며 후가공이 반드시 필요하다.

돌출 아이콘으로 15 mm 깊이의 홀을 만들어준다.

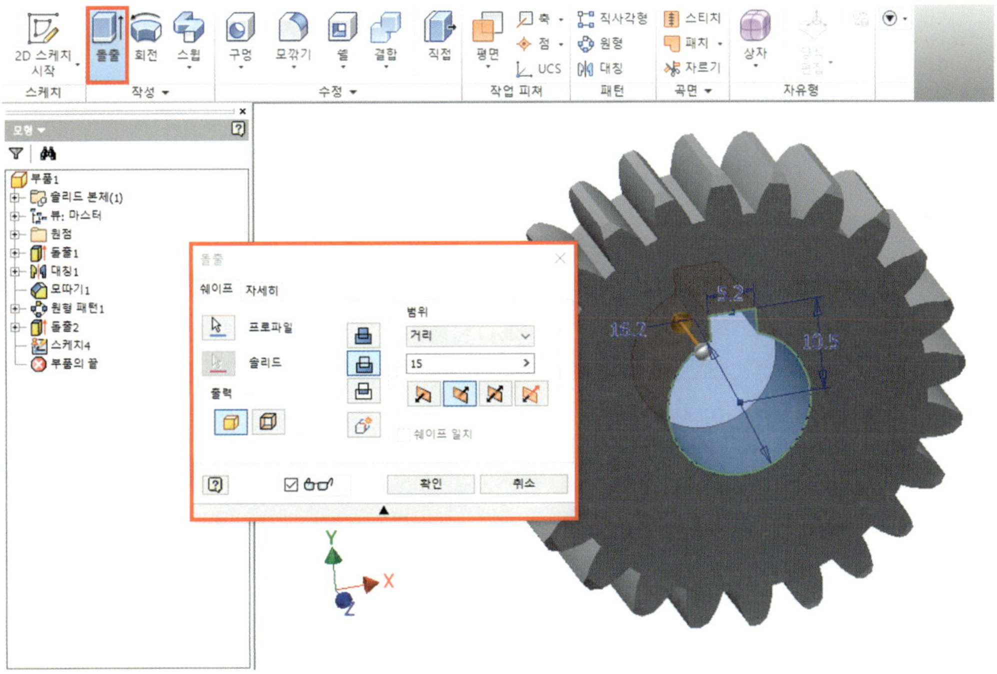


다음의 그림처럼 면 위에 스케치를 한다.

원 ❶, ❷ 를 그린다.

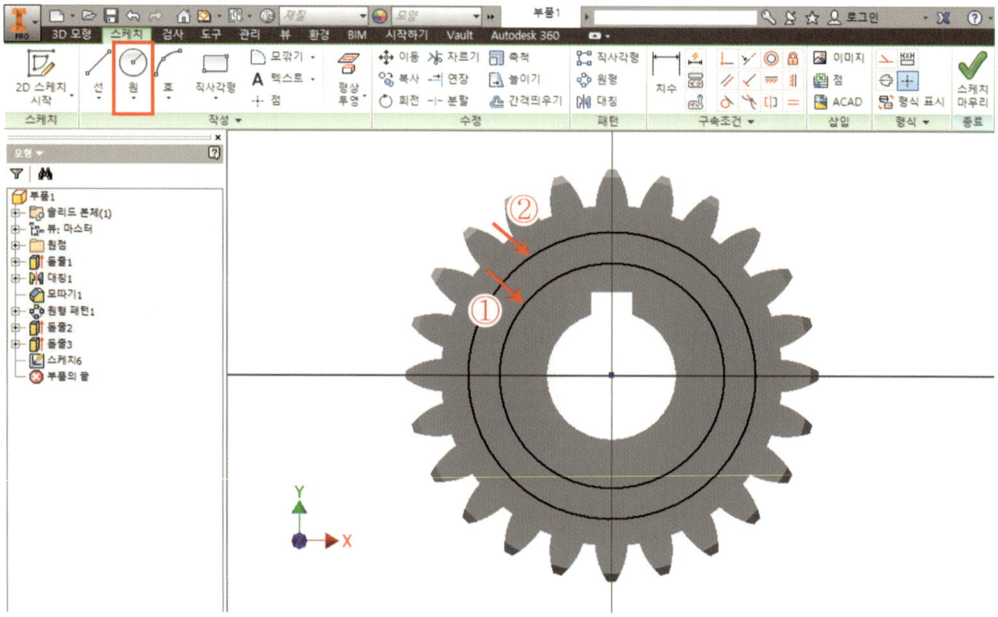


원 ❶의 지름 37 mm, 원 ❷는 원 ❶와 4 mm작게 치수를 부여하고 스케치 마무리를 한다.

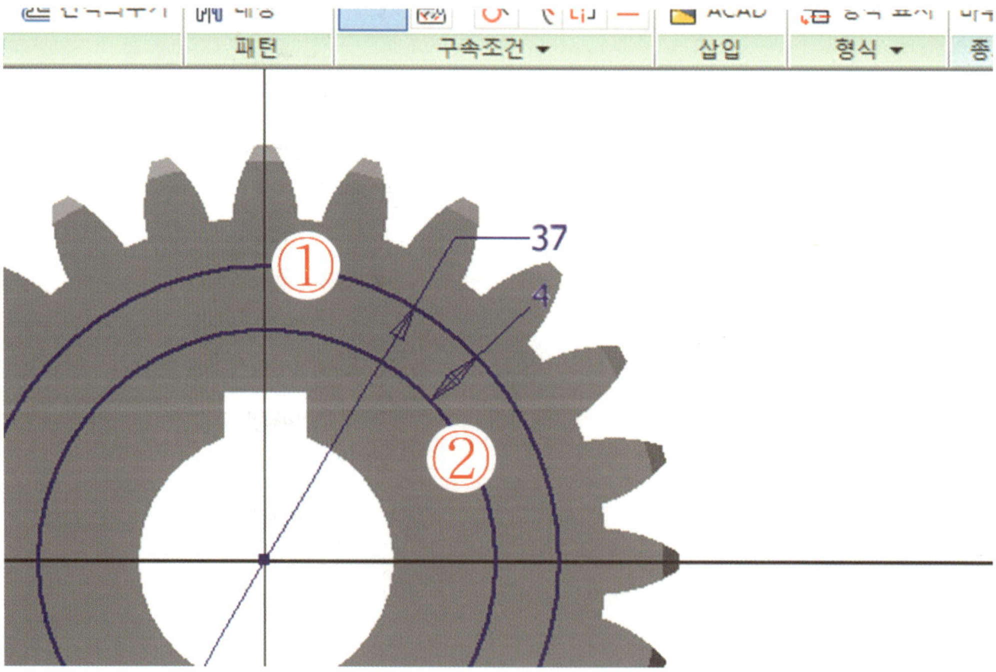

돌출 아이콘으로 깊이 5 mm를 파준다.

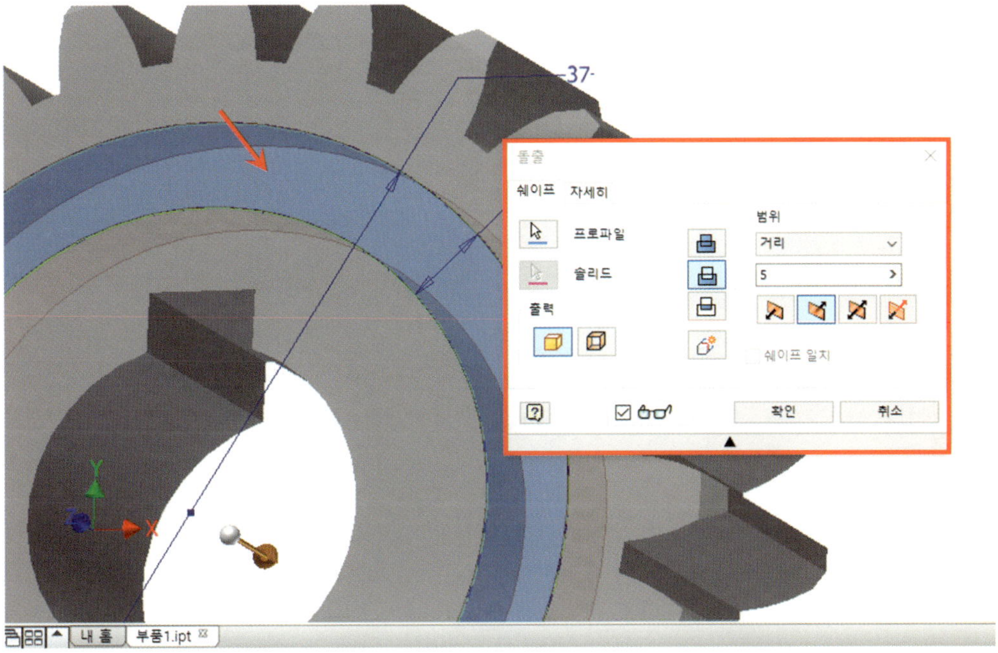


[대칭] 아이콘을 사용하기 위해 평면을 만들어준다. [평면] 아이콘에서 [두 평면 사이의 중간 평면] 아이콘을 선택하고 기어 양쪽의 면을 차례로 선택한다.

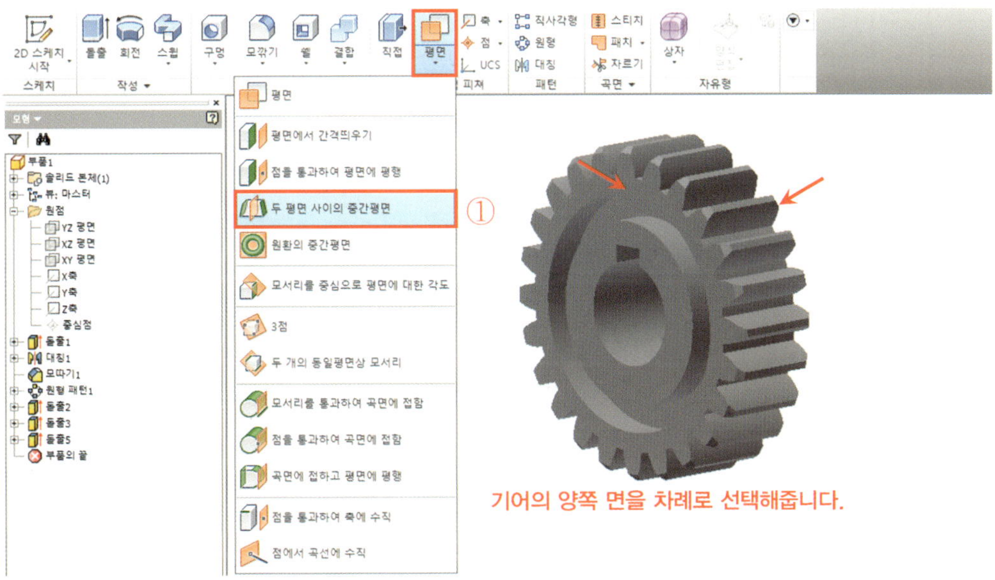

면과 면 가운데에 새로운 면이 생성되었다. 이 면을 기준으로 앞서 생성한 홈을 [대칭]한다.

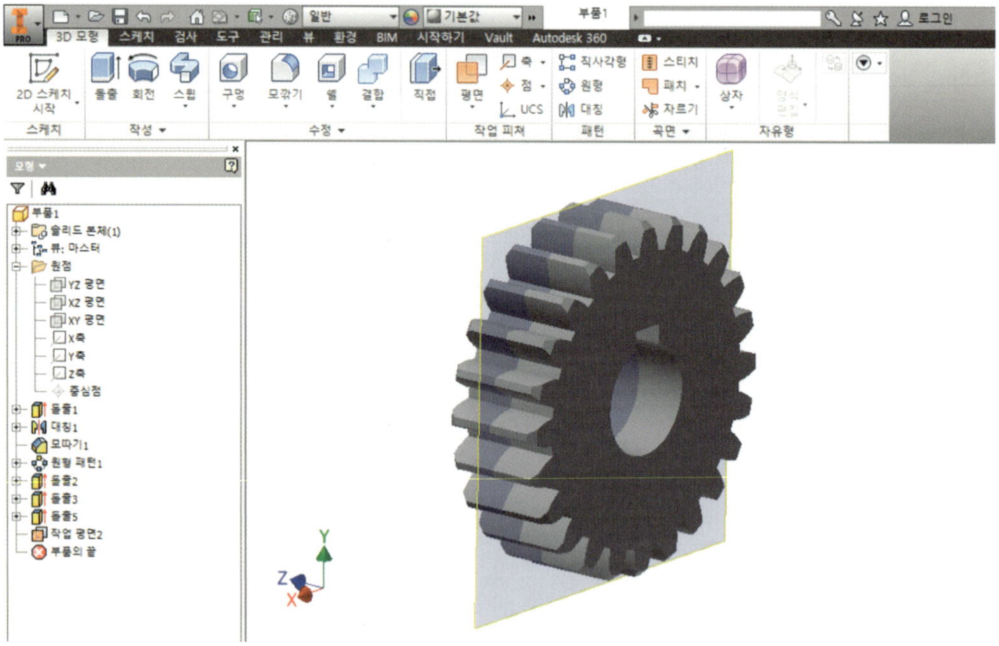

❶ 피쳐 - 돌출4

❷ 대칭 평면 - 작업평면1

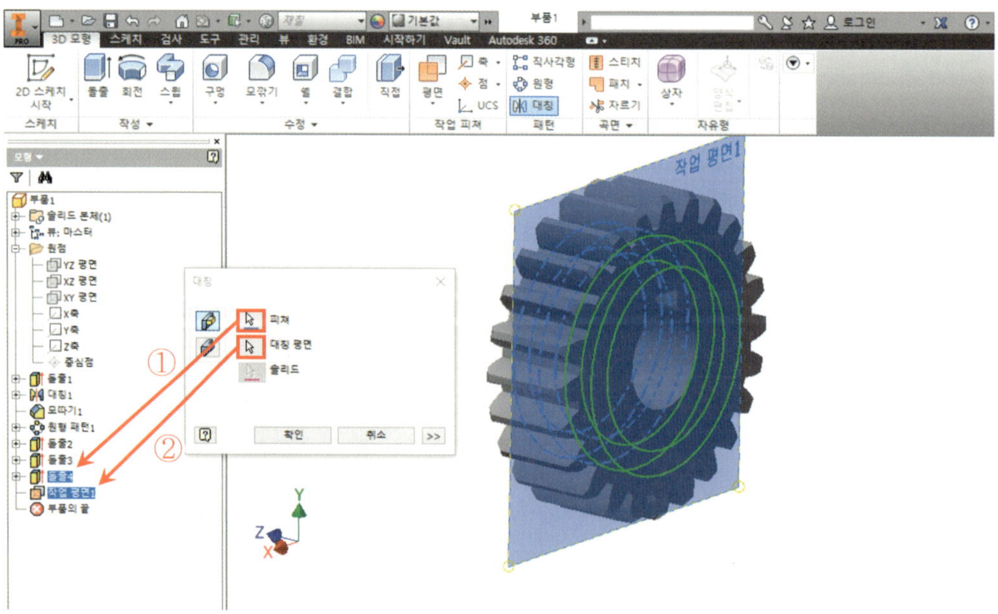

작업의 편의를 위해 생성된 작업 평면을 숨겨준다.

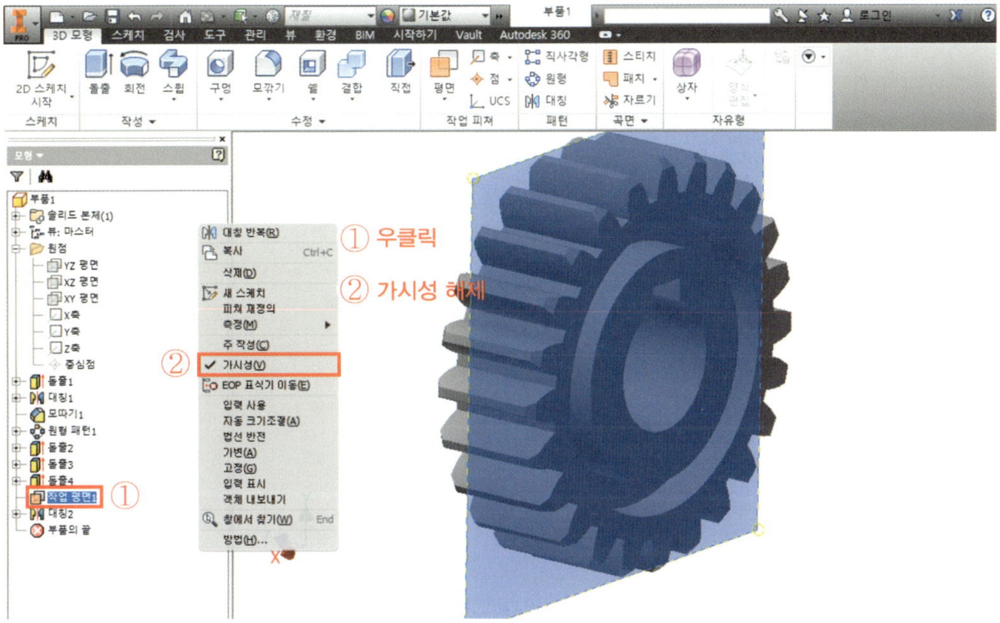


[모따기] 아이콘으로 다음 세 개의 모서리를 선택해준다. 모따기 거리는 0.5 mm로 한다. 반대쪽 면도 동일하게 모따기 해준다.

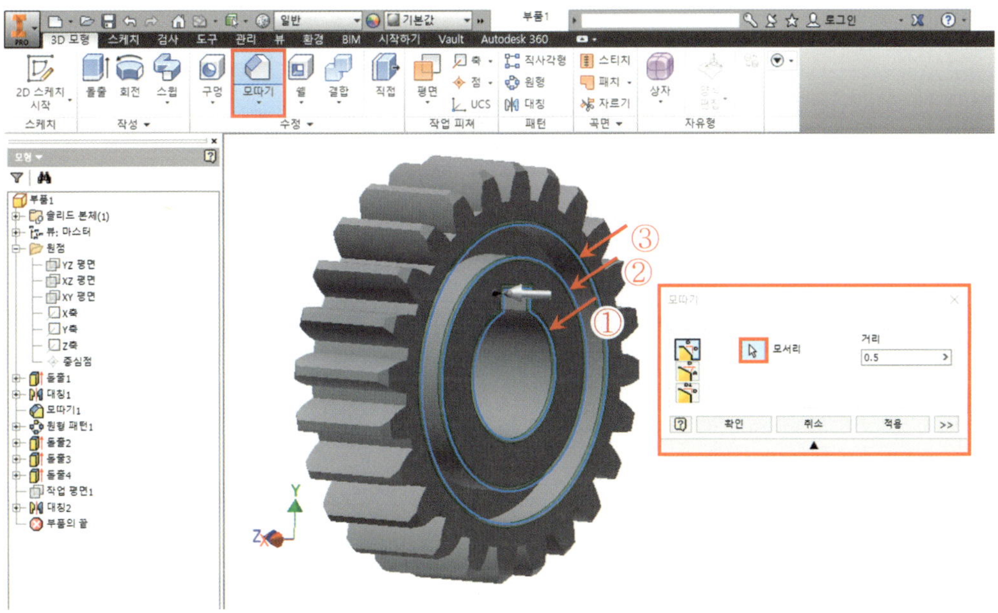

[모깎이] 아이콘으로 홈 안쪽을 반지름 2 mm로 모깍이를 해준다. 반대쪽도 동일한 모깎이를 해준다.

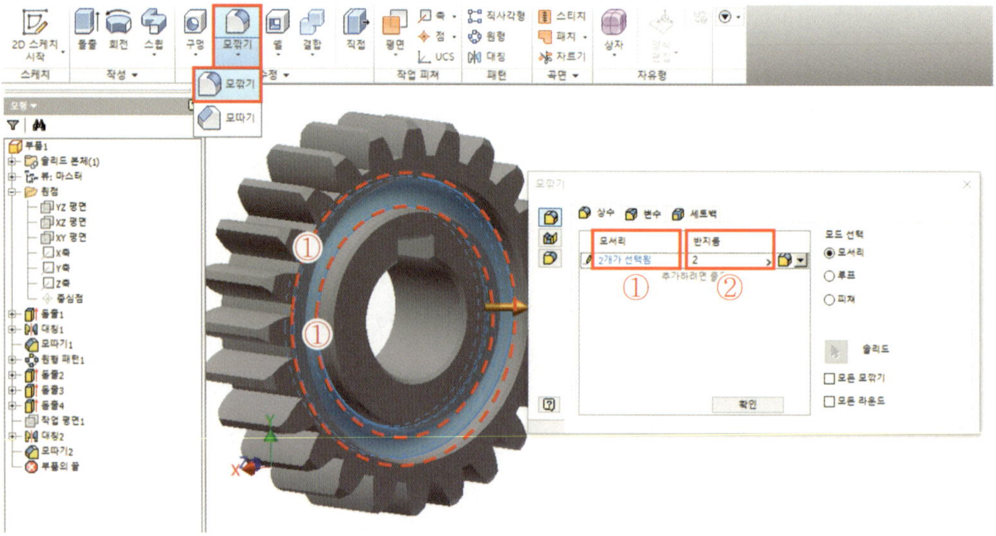


스퍼기어가 완성되었다.

# 8.2 스퍼기어 2 모델링

※ 참고 도면 [스퍼기어 2]

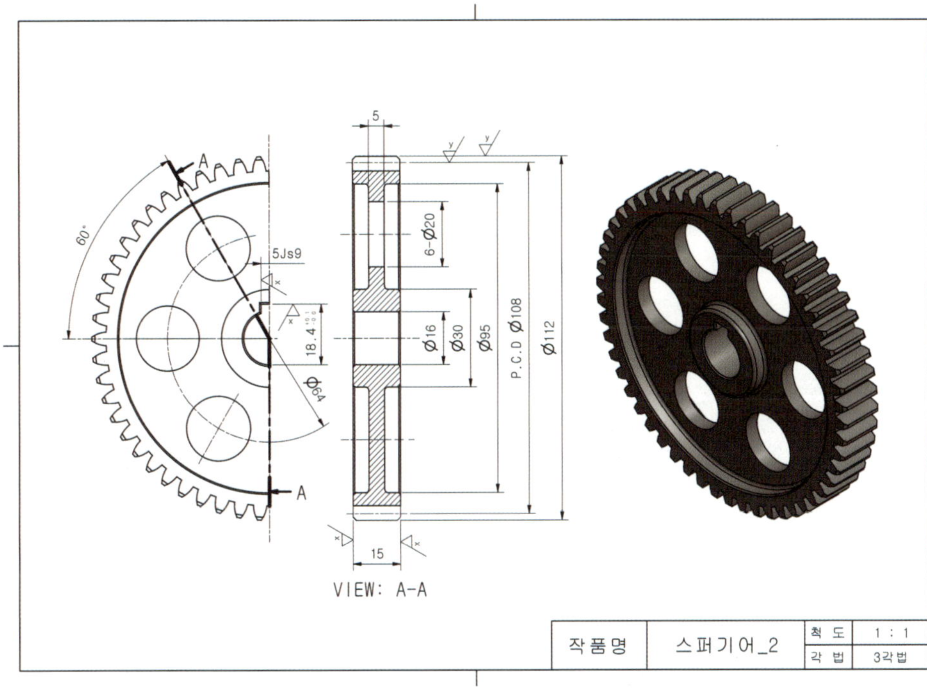


※ 스퍼기어 2 요목표

| 스퍼기어 | | |
|---|---|---|
| 기어치형 | | 표준 |
| 공구 | 치형 | 보통이 |
| | 모듈 | 2 |
| | 압력각 | 20° |
| 잇수 | | 54 |
| 피치원지름 | | 108 |
| 전체이높이 | | 4.5 mm |
| 다듬질방법 | | 호브절삭 |
| 정밀도 | | KS B 1405, 5급 |

※ 예시 [스퍼기어 2]

❶

❷

❸

❹

❺

❻

❼

❽

# 8.3 스퍼기어 3 모델링

※ 참고 도면 [스퍼기어 3]

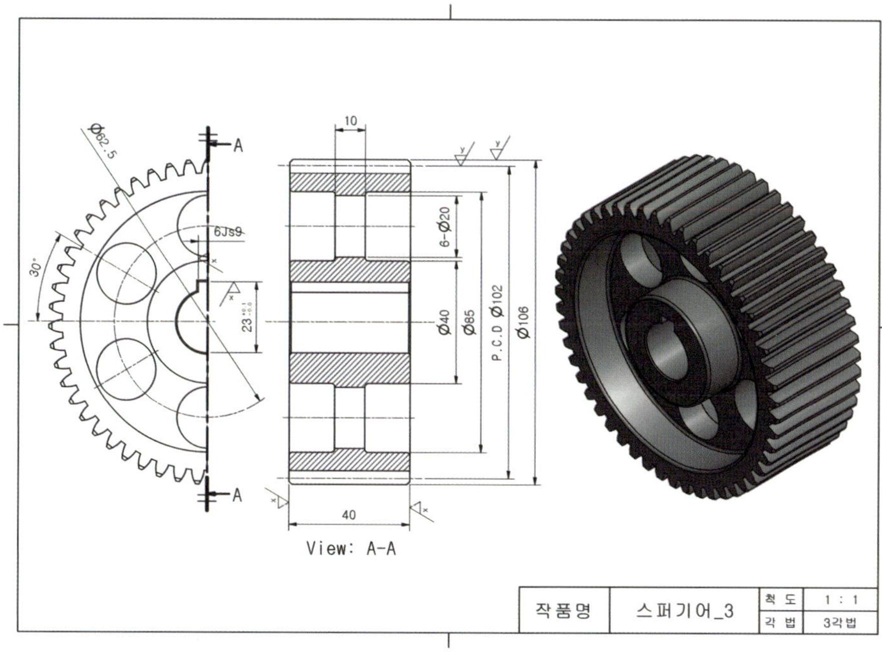


※ 스퍼기어 3 요목표

| 스퍼기어 | | |
|---|---|---|
| 기어치형 | | 표준 |
| 공구 | 치형 | 보통이 |
| | 모듈 | 2 |
| | 압력각 | 20° |
| 잇수 | | 51 |
| 피치원지름 | | 102 mm |
| 전체이높이 | | 4.5 mm |
| 다듬질방법 | | 호브절삭 |
| 정밀도 | | KS B 1405, 5급 |

※ 예시 [스퍼기어 3]

❶

❷

❸

❹

❺

❻

❼

❽

# 8.4 피니언 기어 축 모델링

※ 참고 도면 [피니언 기어 축]

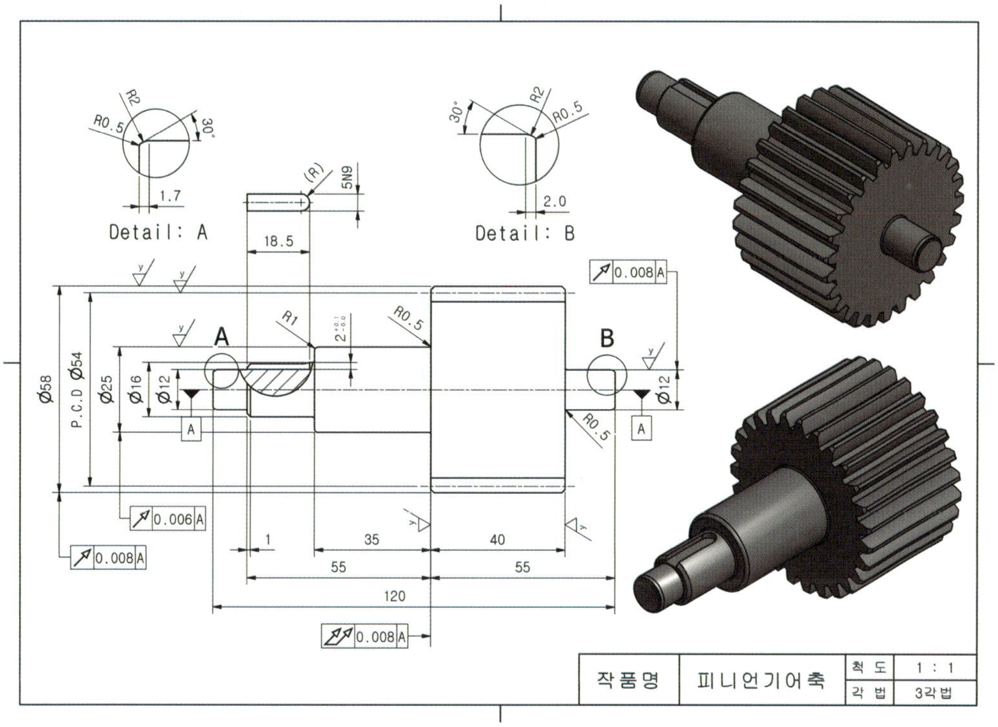


※ 피니언 기어 축

| 피니언 기어 축 | | |
|---|---|---|
| 기어치형 | | 표준 |
| 공구 | 치형 | 보통이 |
| | 모듈 | 2 |
| | 압력각 | 20° |
| 잇수 | | 27 |
| 피치원지름 | | 54 mm |
| 전체이높이 | | 4.5 mm |
| 다듬질방법 | | 호브절삭 |
| 정밀도 | | KS B 1405, 5급 |

## 8.4.1 2D 스케치

2D 스케치를 먼저 시작한다. X-Y 평면을 선택한다.

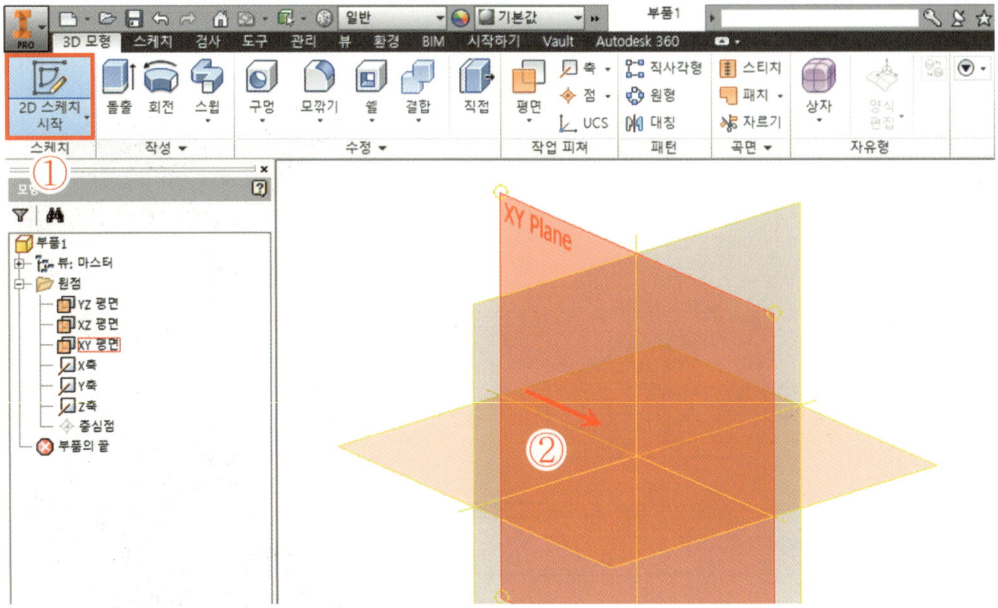


[선] 아이콘을 선택하고 다음의 형상으로 그려준다.

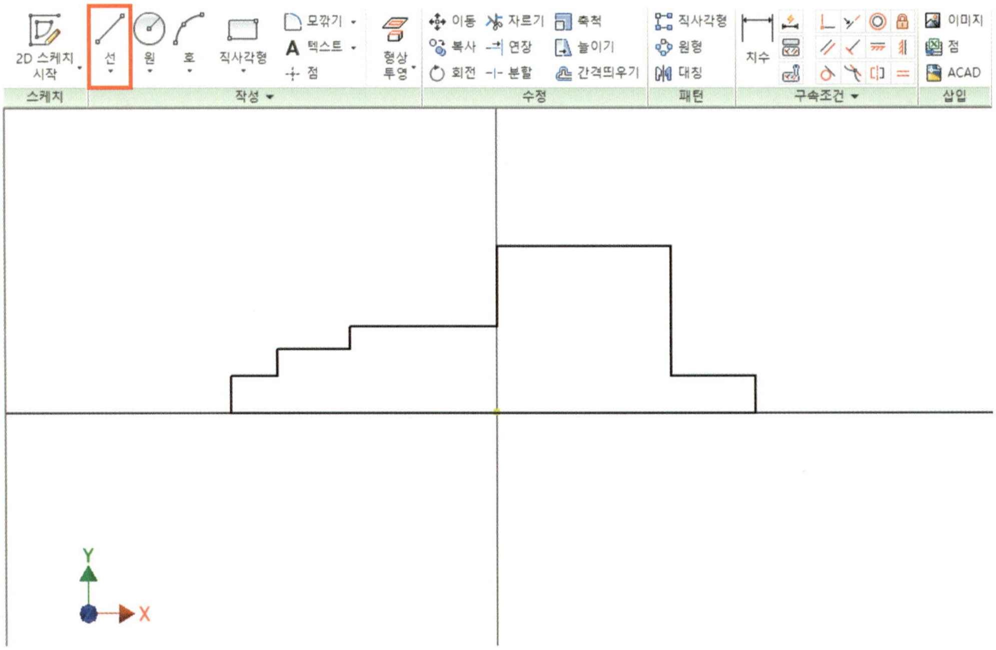

축의 중심이 되는 선을 [중심선] 아이콘으로 1점 쇄선으로 바꿔준다.

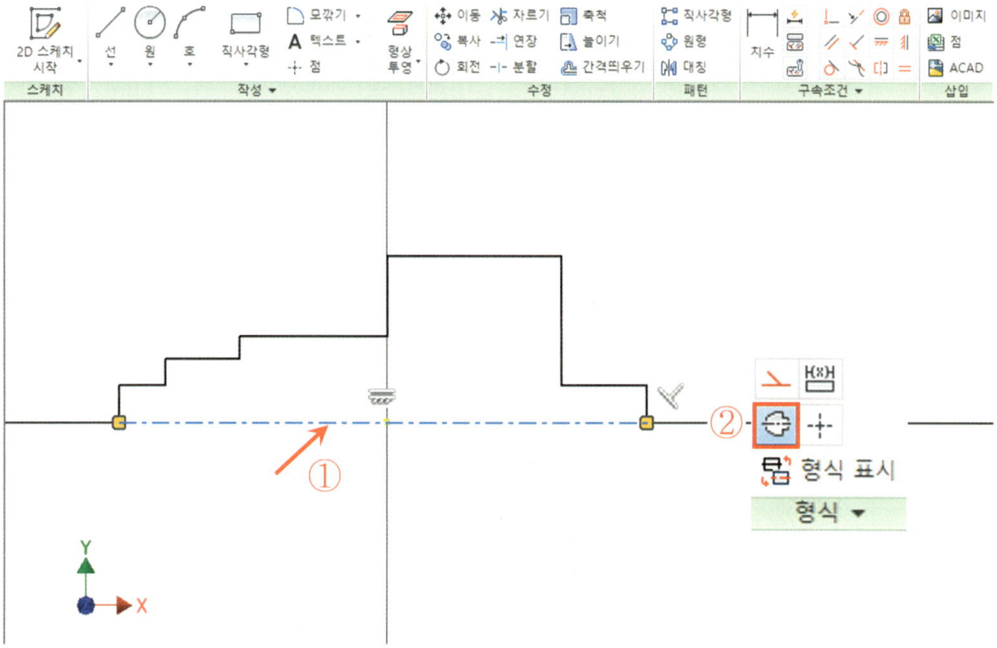

다음의 치수대로 부여한다. 중심선 치수를 줄 때, ❶, ❷, ❸ 순서로 선택하여 치수를 부여한다. 스케치를 마무리한다.

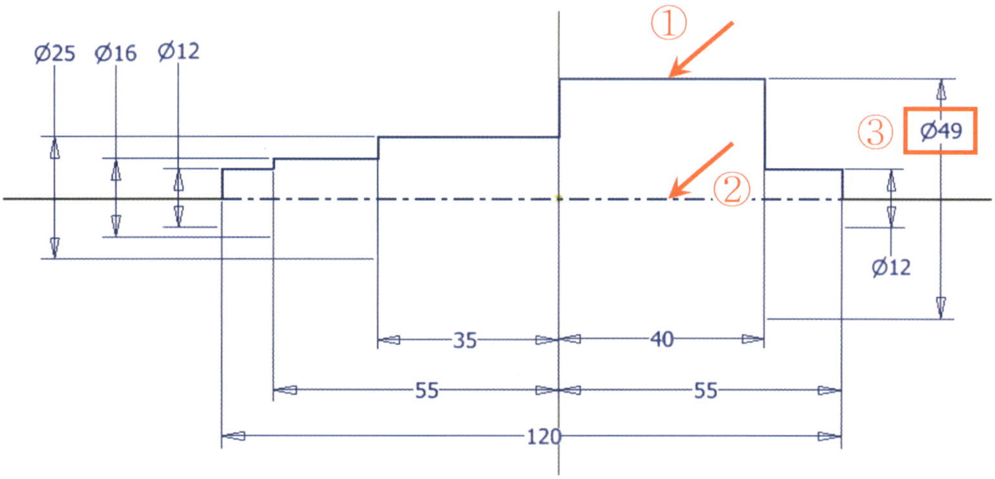

## 8.4.2 3D 모델링

[회전] 아이콘을 눌러 솔리드를 생성한다.

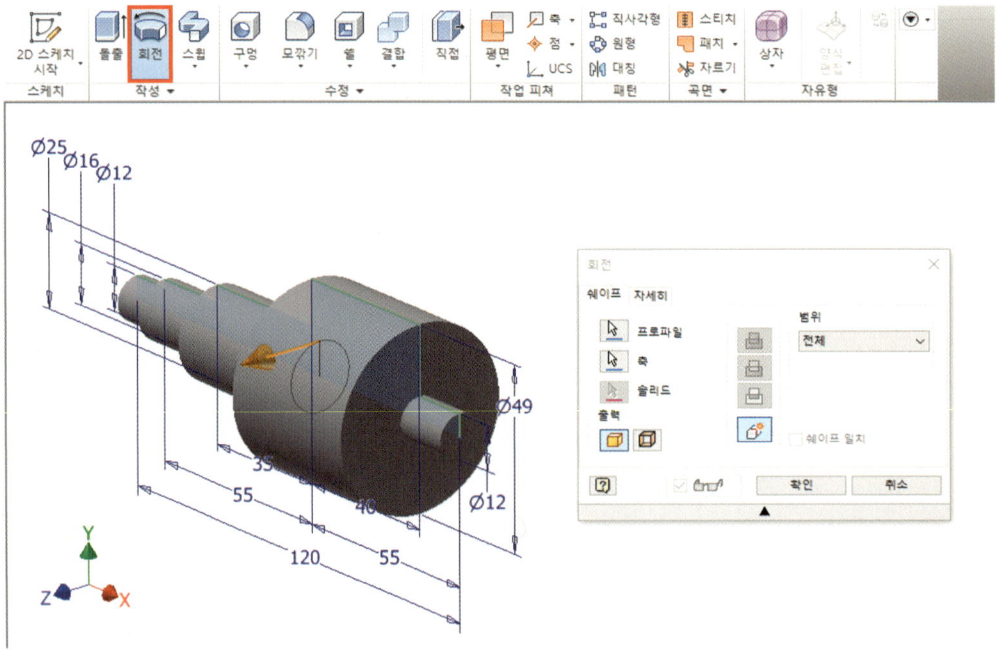


다음 면을 선택하고 그 위에 스케치를 한다.

중심이 같은 세 개의 원을 그려준다. ❶ 이뿌리원, ❷ 이끝원, ❸ 이끝원

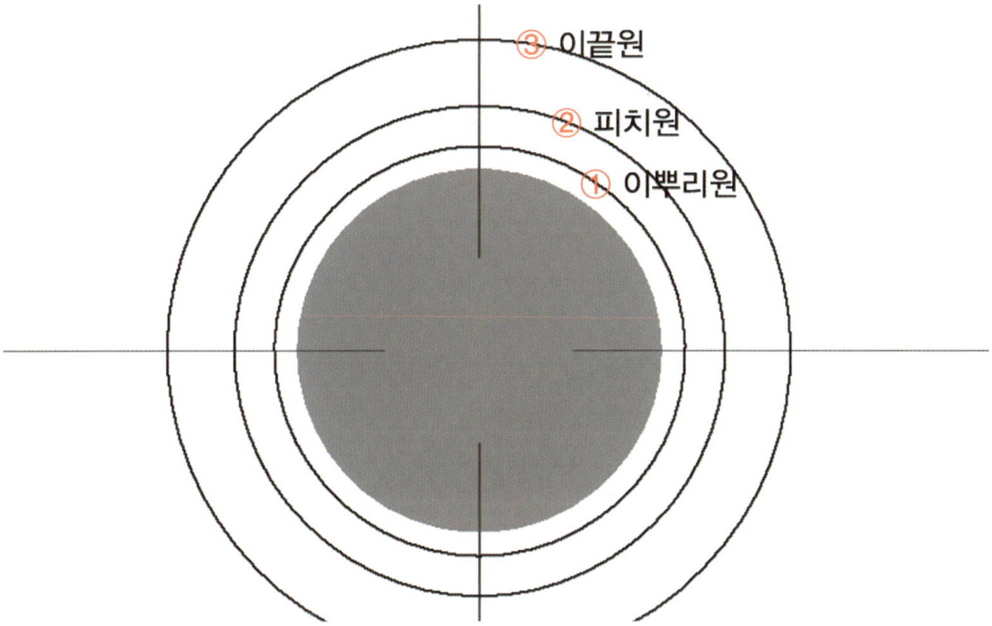


※ 참고

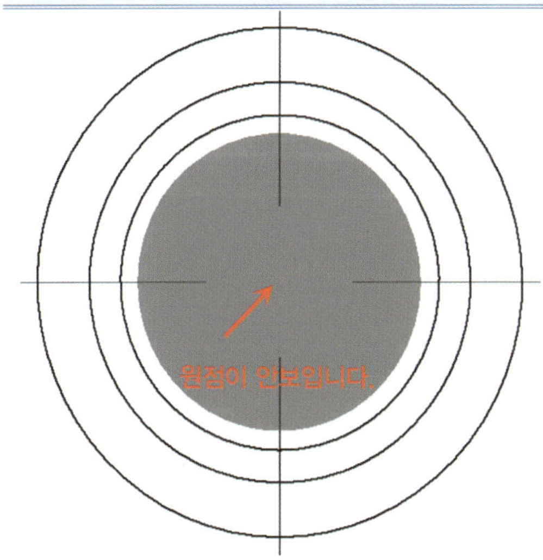


그래픽슬라이스 off

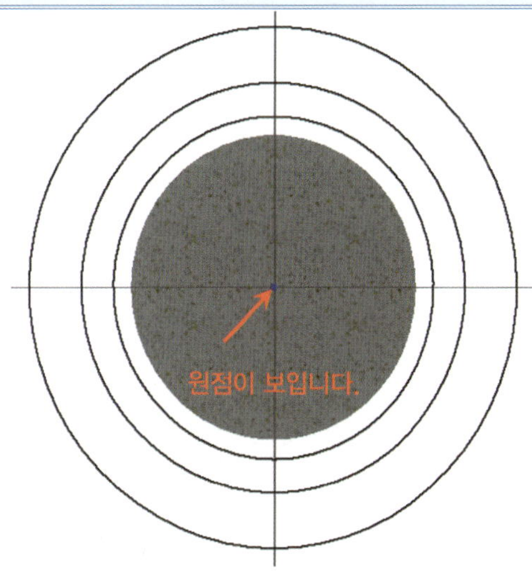


그래픽슬라이스 on

[그래픽슬라이스]를 이용하면 솔리드 형상에 가려진 스케치를 볼 수 있다. 단축키 F7

치형을 그리는 과정은 스퍼기어 설명과 동일하다. 자세한 설명은 참고하길 바란다.

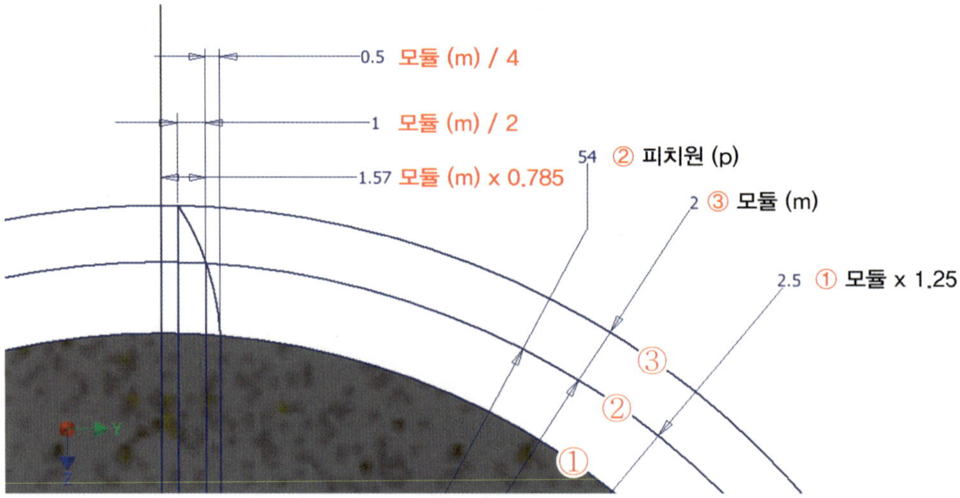


선 ❶, ❷, ❸을 선택하고 대칭선을 선 ❹로 선택한다.

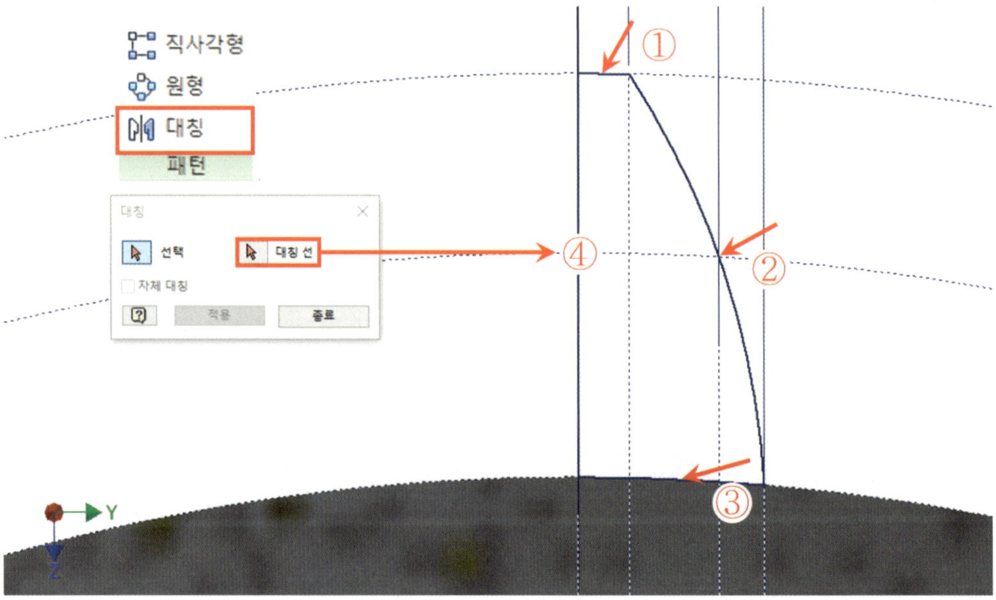

대칭 선을 중심으로 선이 복사되었다. 치형 스케치를 마무리한다.

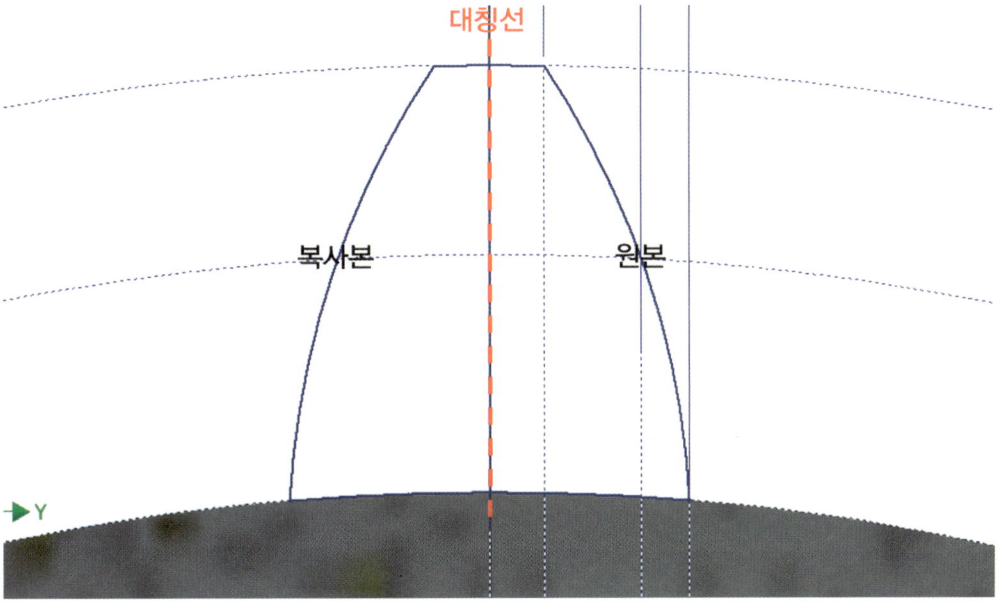


[돌출] 아이콘으로 치형을 만들어준다.

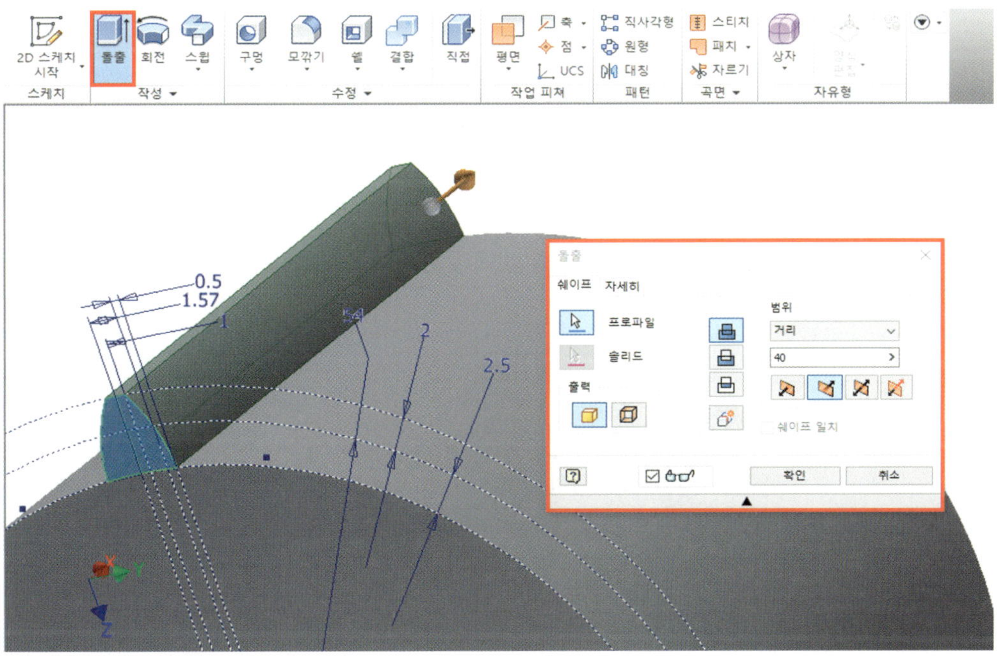

이의 양쪽에 거리 1 mm 모따기를 한다.

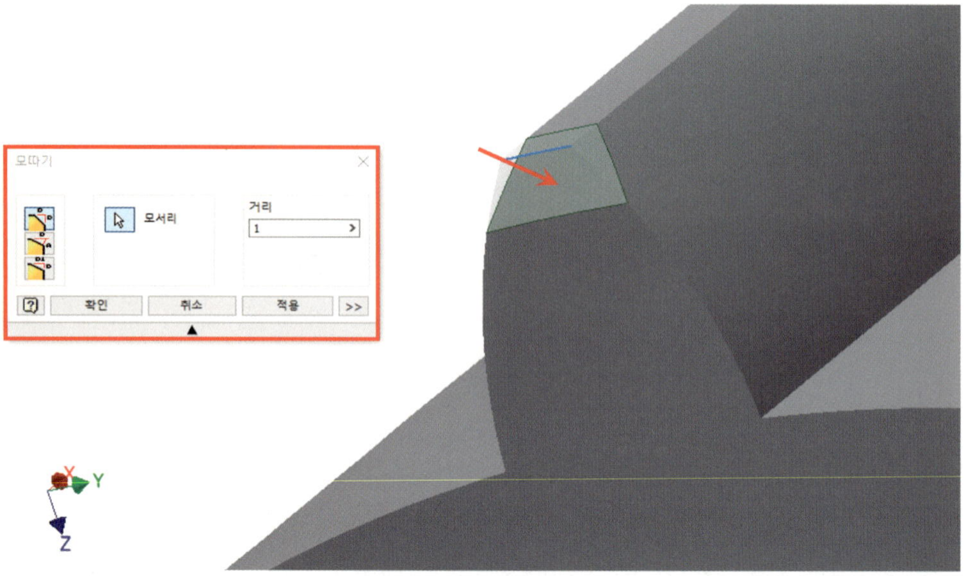


[원형패턴] 아이콘으로 기어를 만들어준다. 잇수는 27개다.

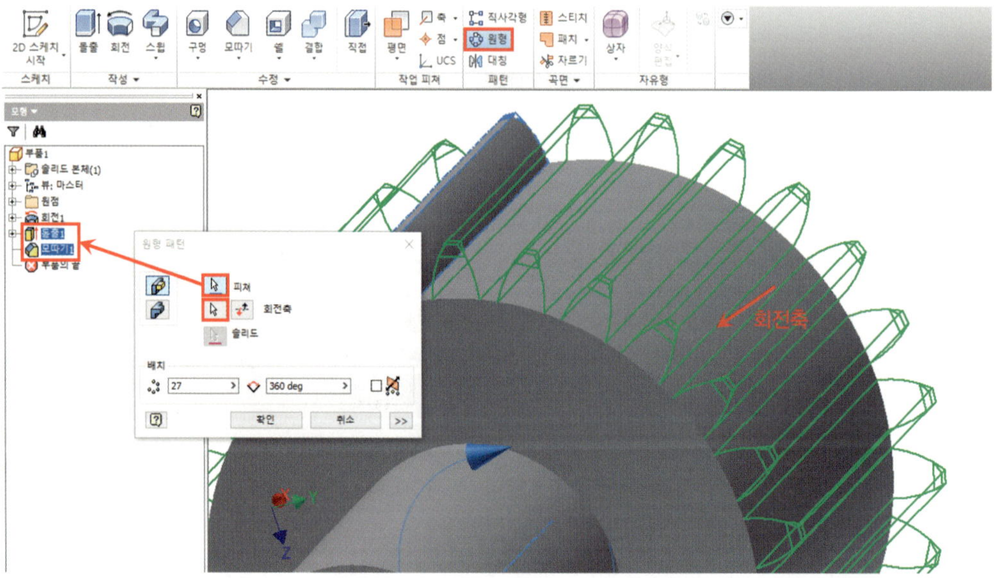

키 홈을 만들어보자. 선택 순서에 유의하길 바란다.

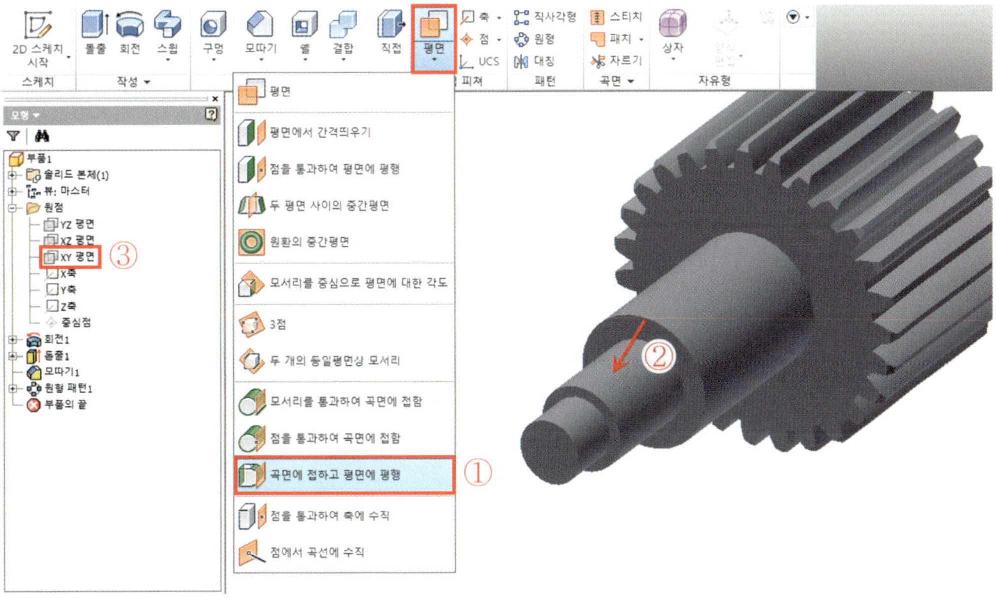


생성된 작업 평면에 스케치를 한다.

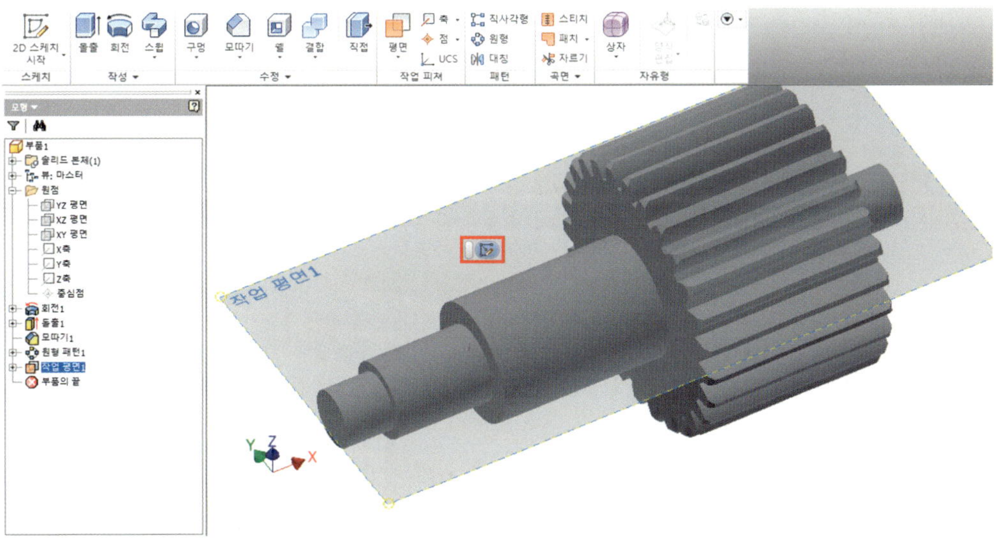

조립을 위해 정 치수보다 0.2 mm 더 크게 그려준다.

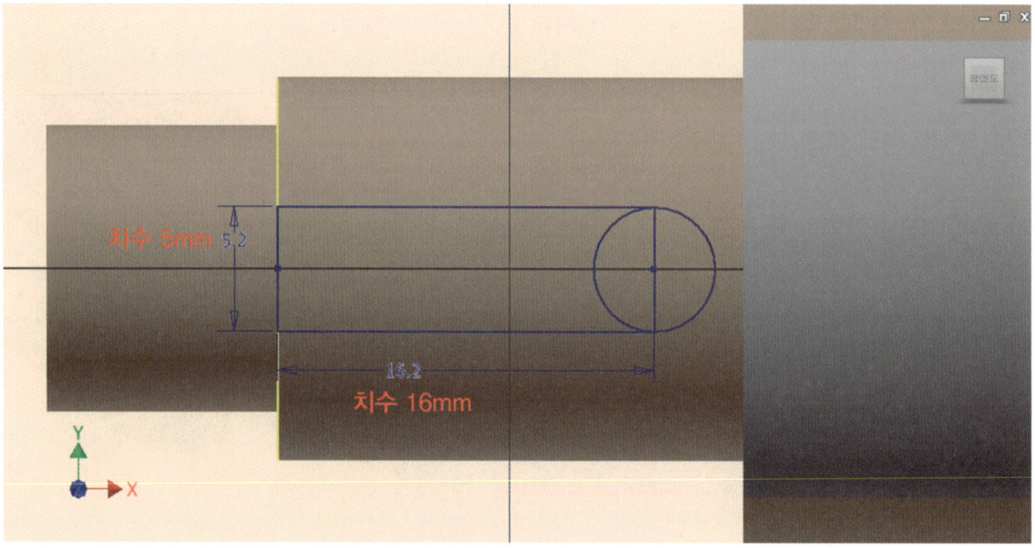


조립을 위해 깊이를 0.2 mm 더 파준다. (정 치수 2 mm)

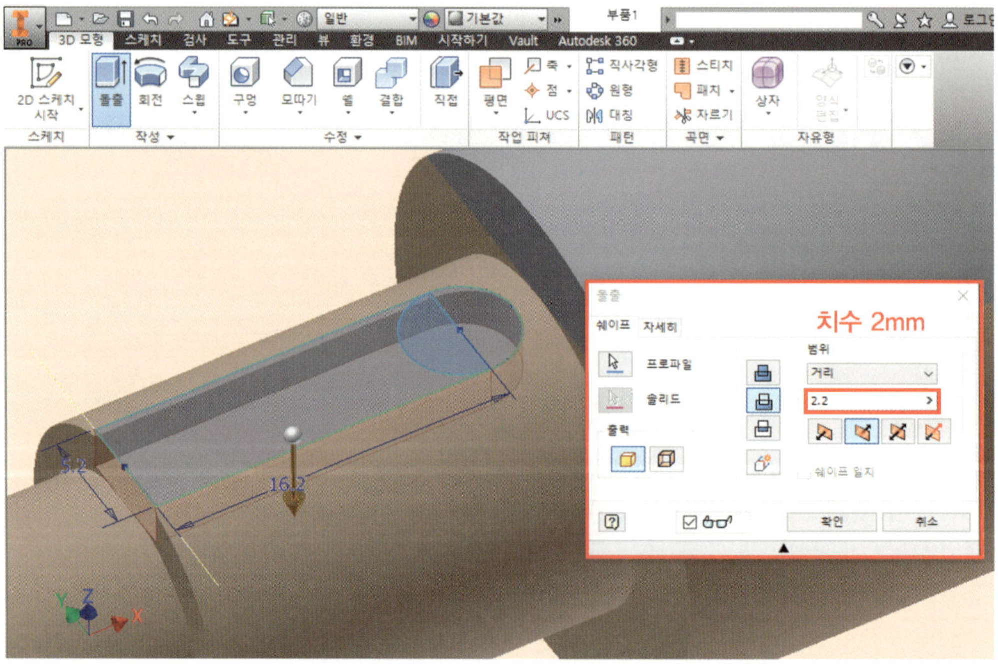

원활한 작업을 위해 작업 평면1의 가시성을 끈다. 다음 위치에 모깎이 0.5 mm를 준다.

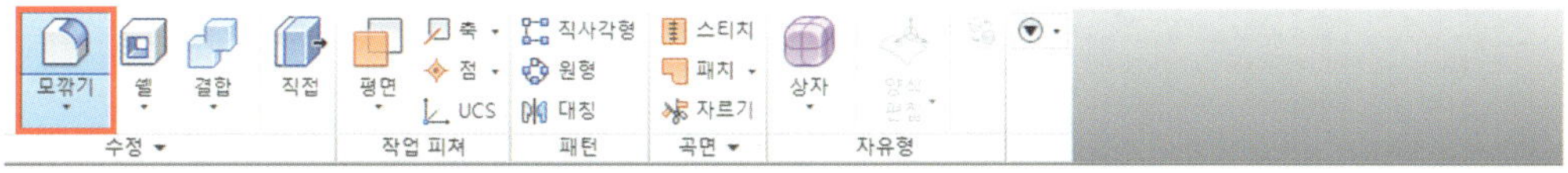

다음 위치에 모따기 1 mm를 준다.

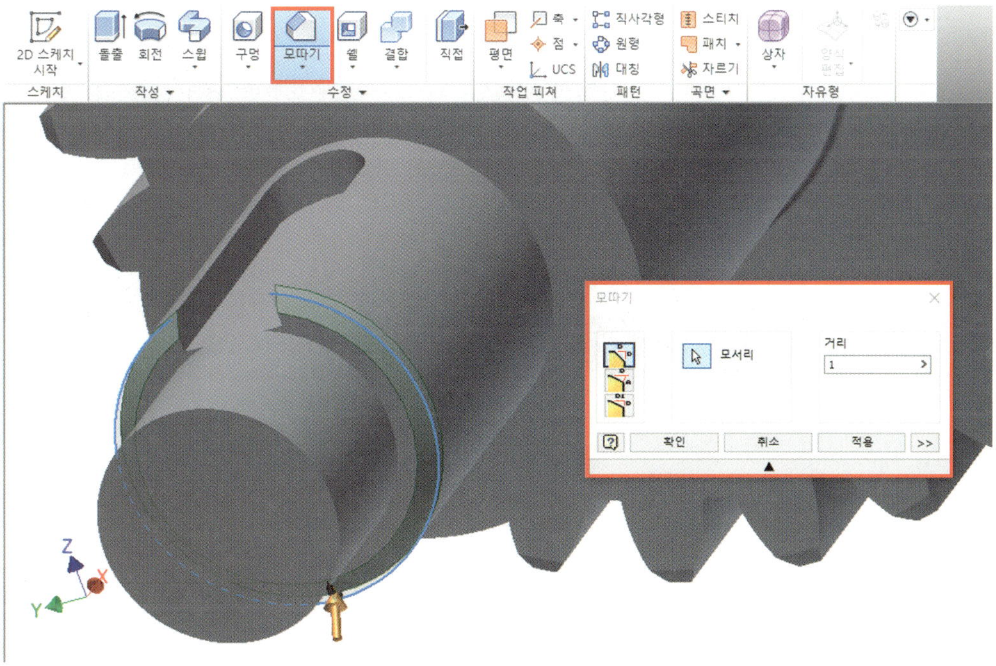

다음 위치에 모깍이 1 mm를 준다.

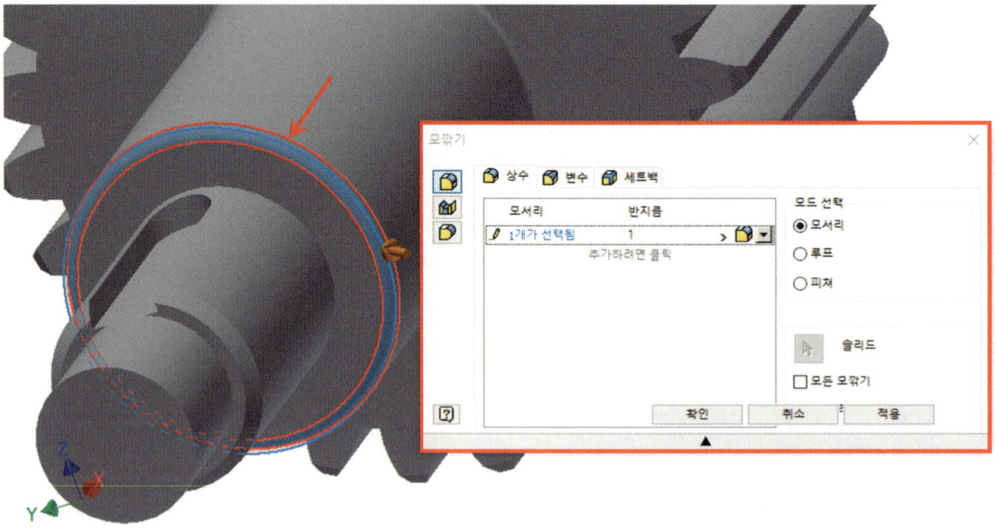


각도가 30° 인 모따기를 해준다.

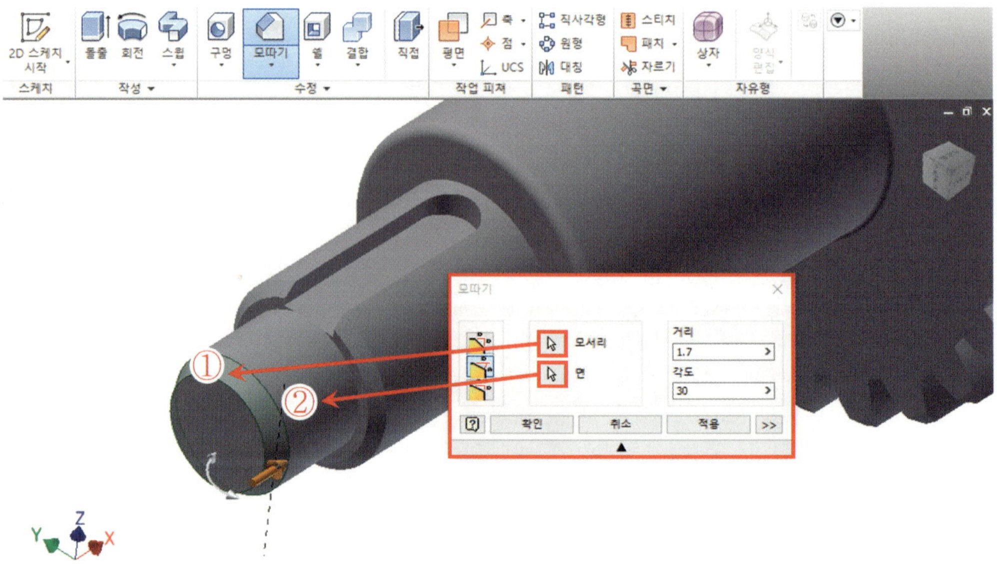

다음의 위치에 모깍이를 준다.

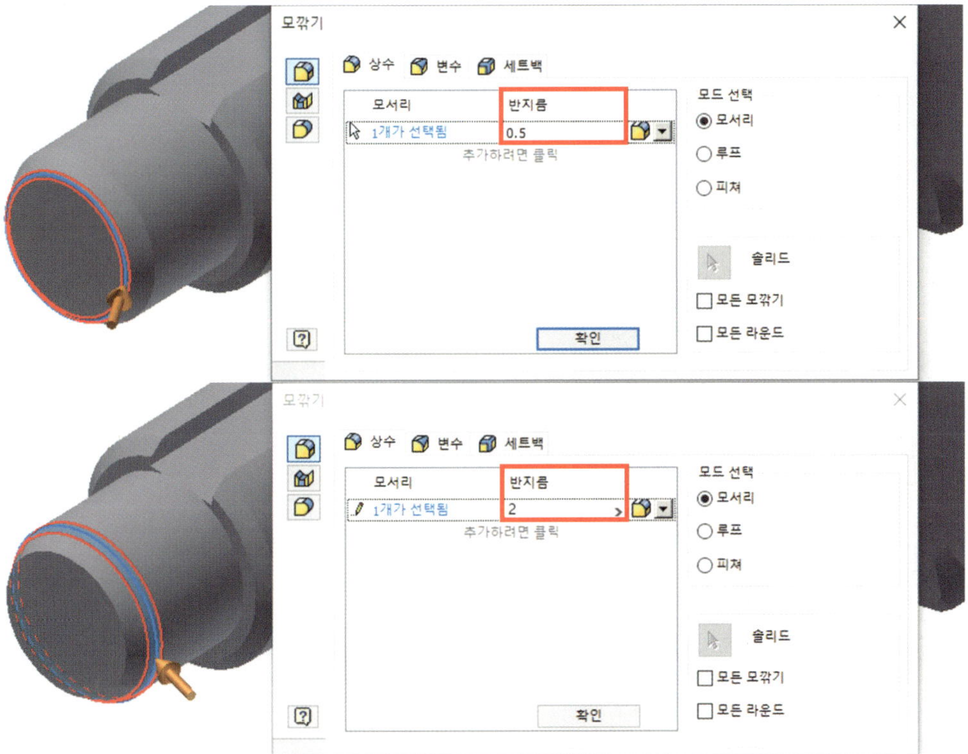


다음의 위치에 각도 30° 모따기를 한다.

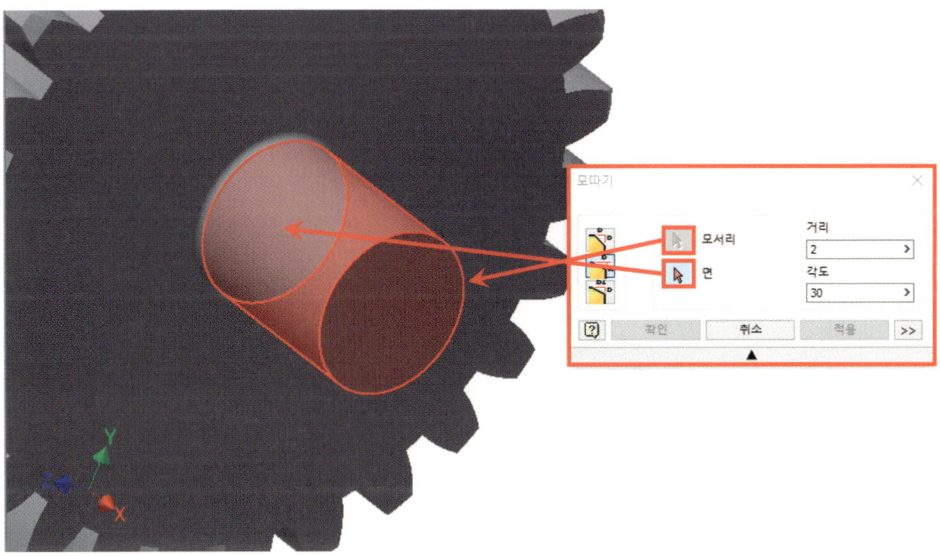

다음의 위치에 모깎이를 한다.

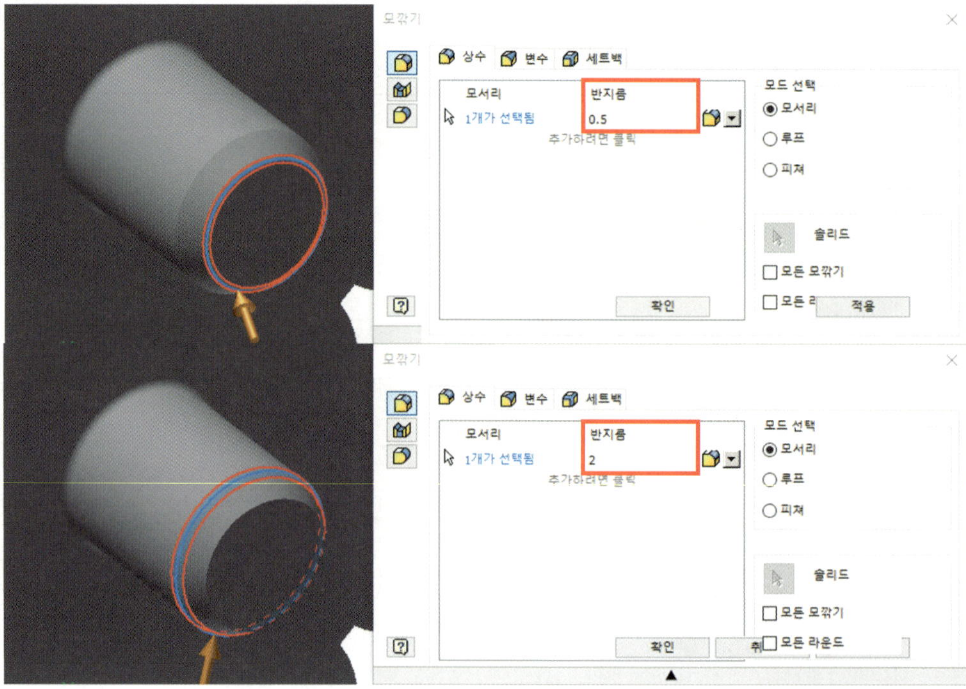


피니언 기어 축이 완성되었다.

# 8.5 축 모델링

※ 참고 도면 [축 1]

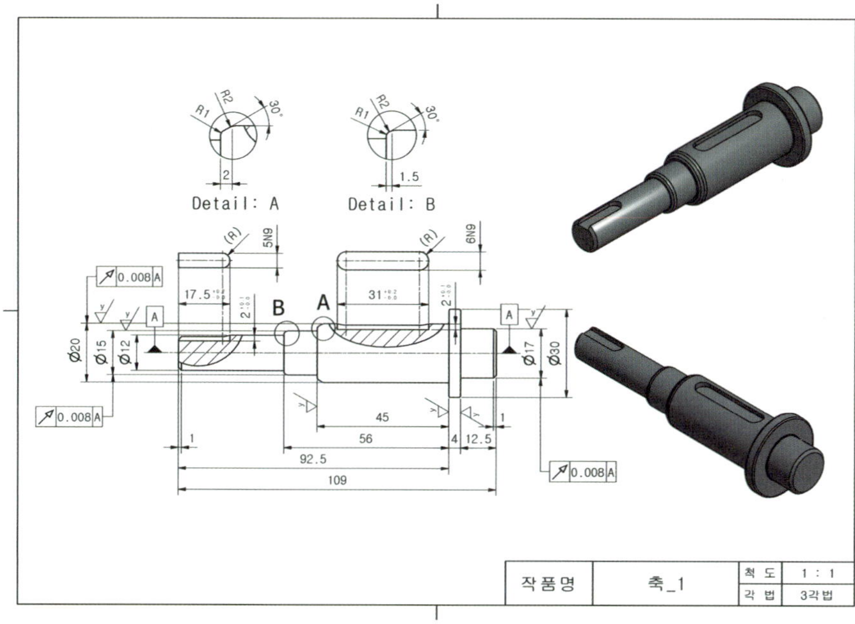


※ 참고 도면 [축 2]

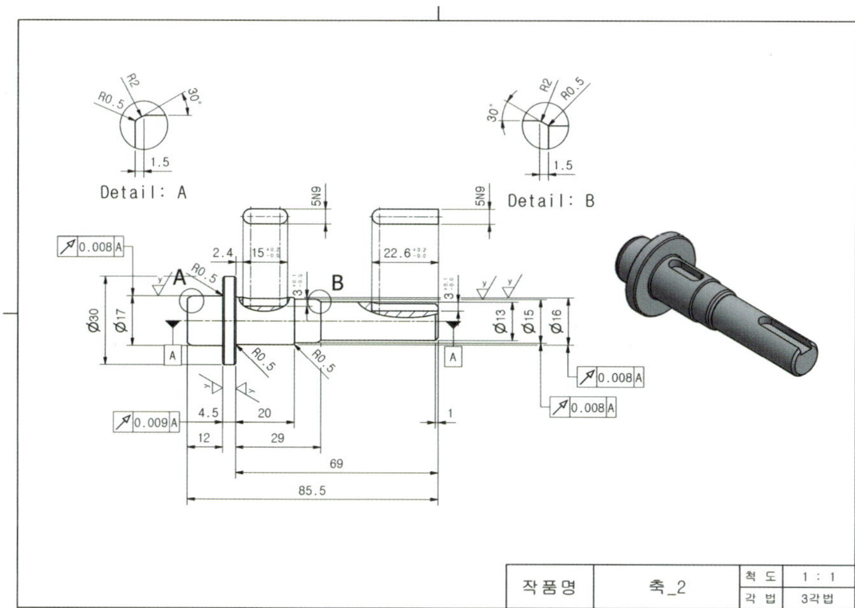

### 8.5.1 예시 (축 1)

❶

❷

❸

❹

❺

❻

### 8.5.2 예시 (축 2)

❶

❷

❸

❹

❺

❻

# 8.6 본체 모델링

※ 참고 도면 (본체)

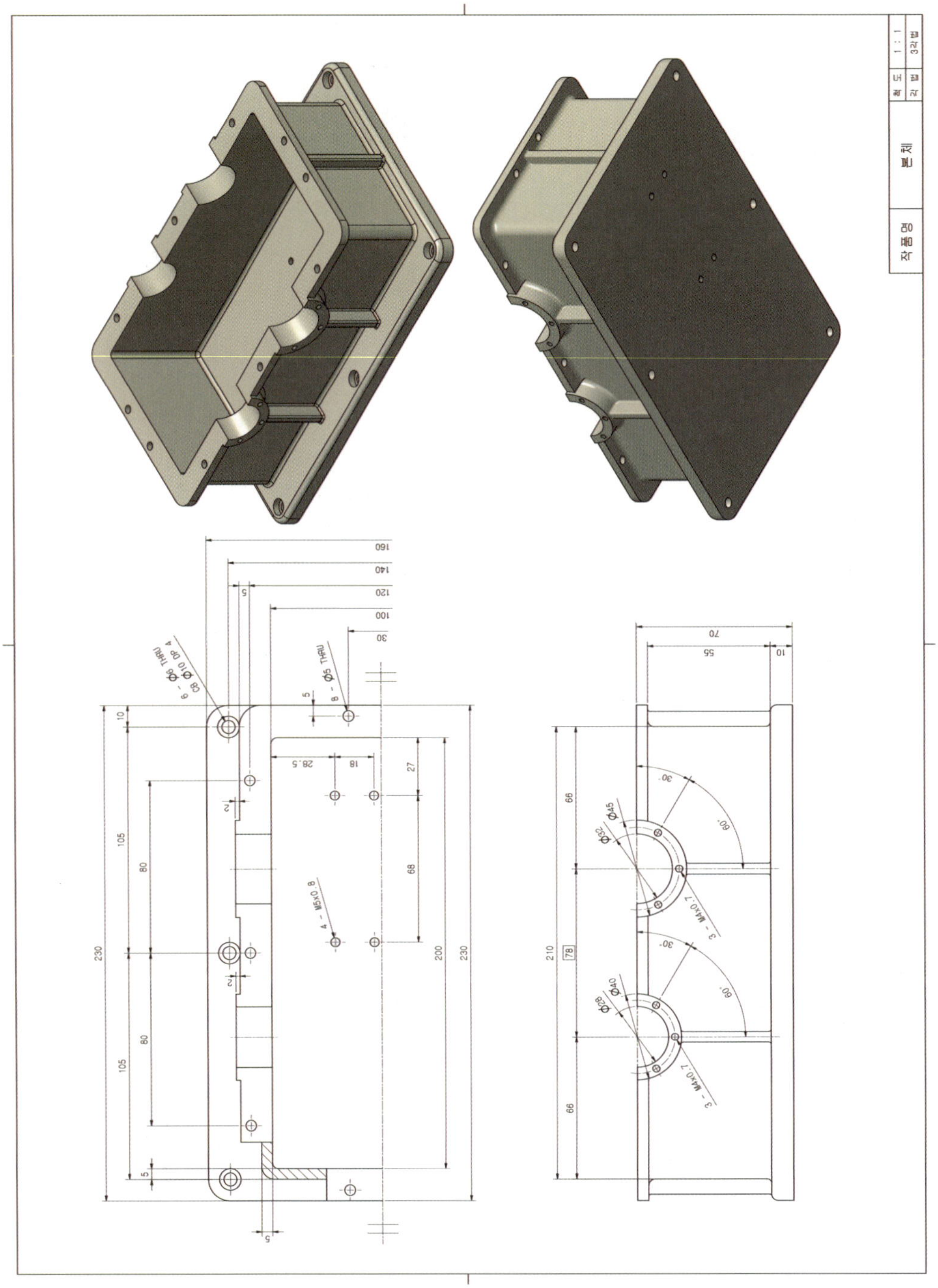

### 8.6.1 2D 스케치

2D 스케치를 먼저 시작한다. X-Y 평면을 선택해준다.

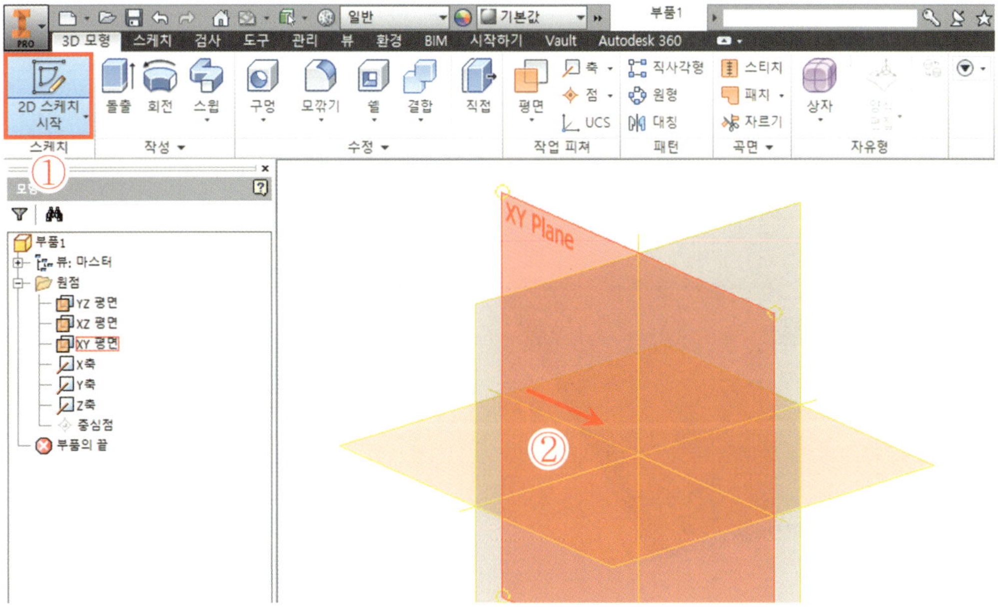


직사각형을 그려준다. (230 mm X 160 mm)

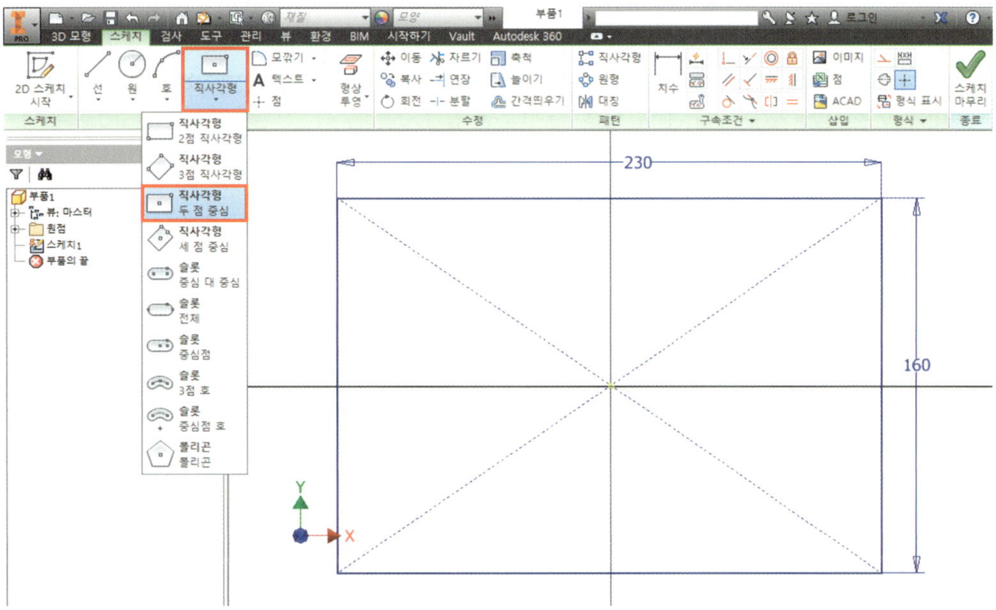

## 8.6.2 3D 모델링

[돌출] 아이콘으로 10 mm 돌출시킨다.

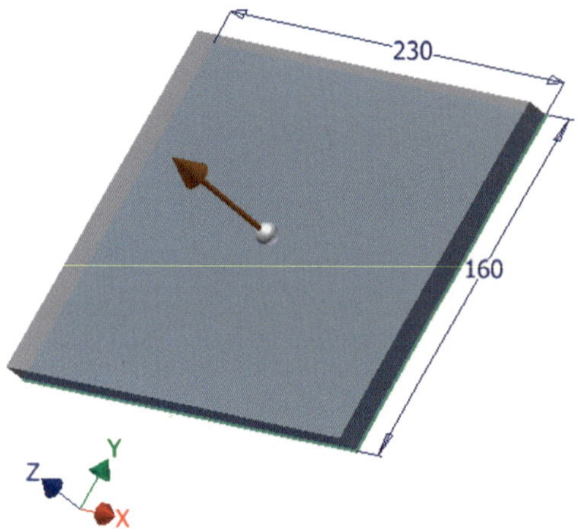


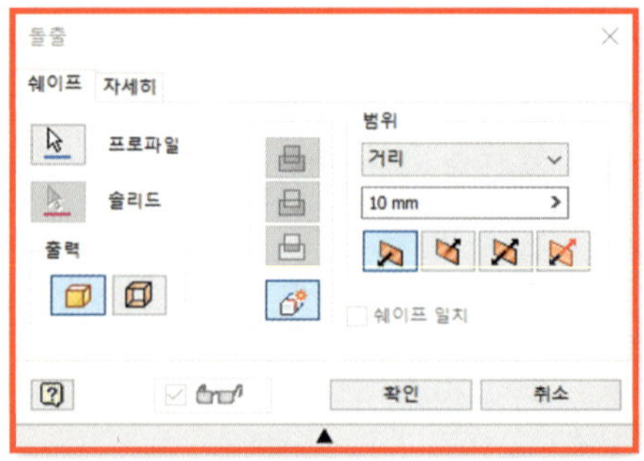


면을 우클릭하고 면 위에 스케치를 한다.

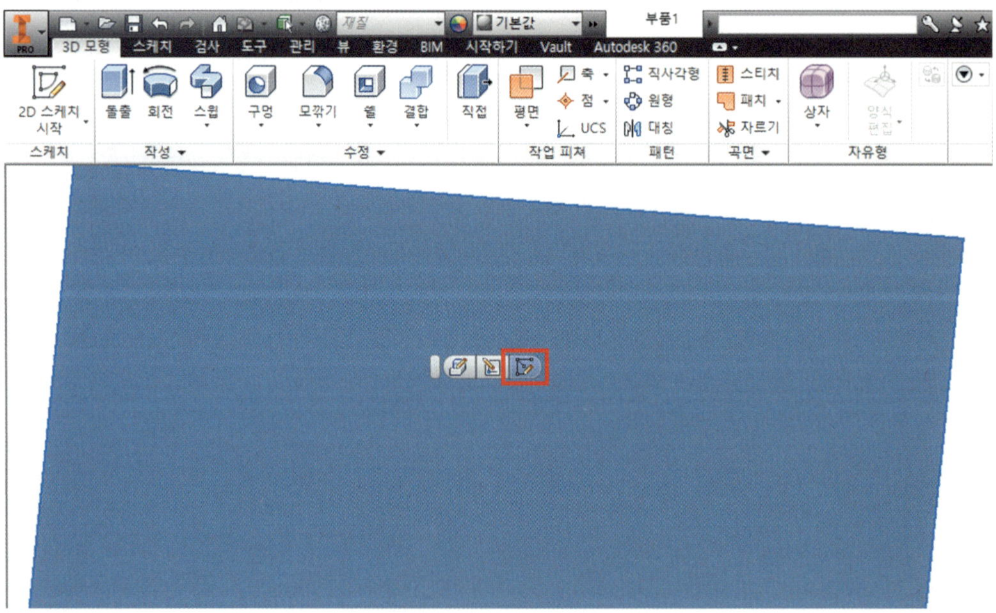

면위에 직사각형을 스케치한다. (210 mm X 110 mm)

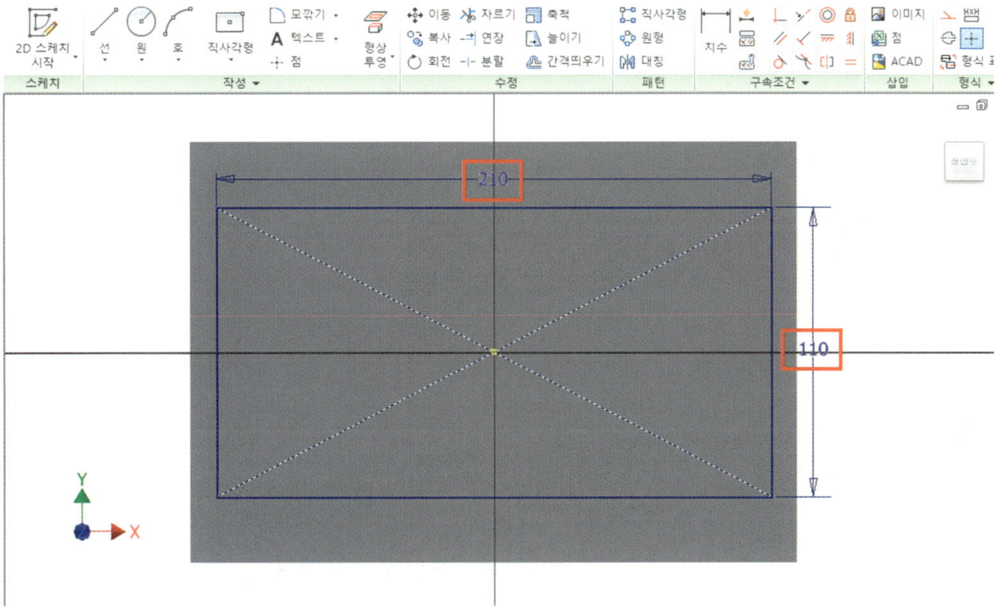


[간격 띄우기] 아이콘으로 5 mm 작은 원을 안쪽에 작성하고 스케치를 마무리한다.

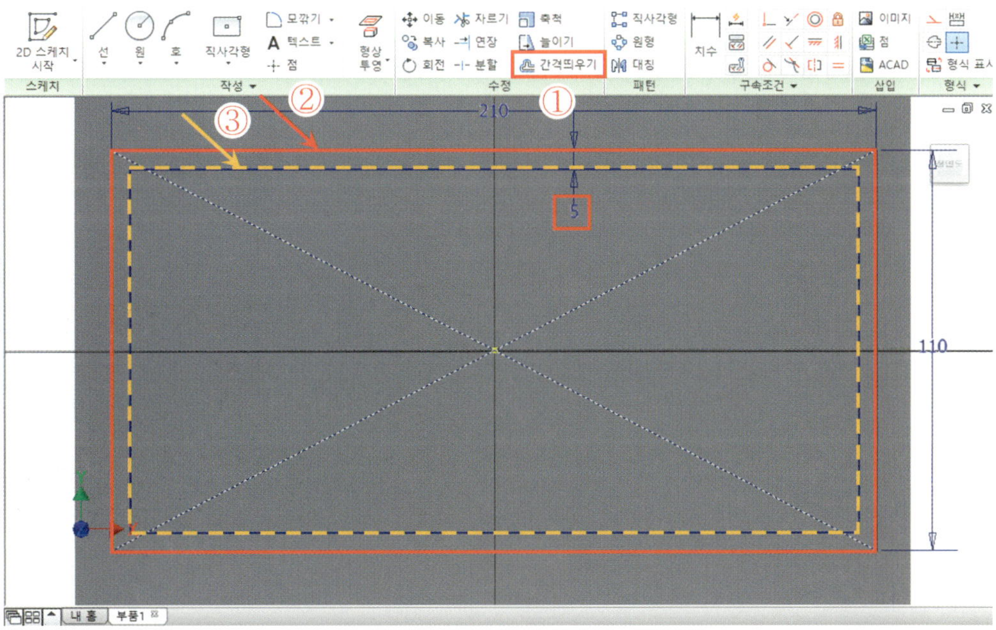

[돌출] 아이콘으로 55 mm 만큼 본체 벽을 만들어준다.

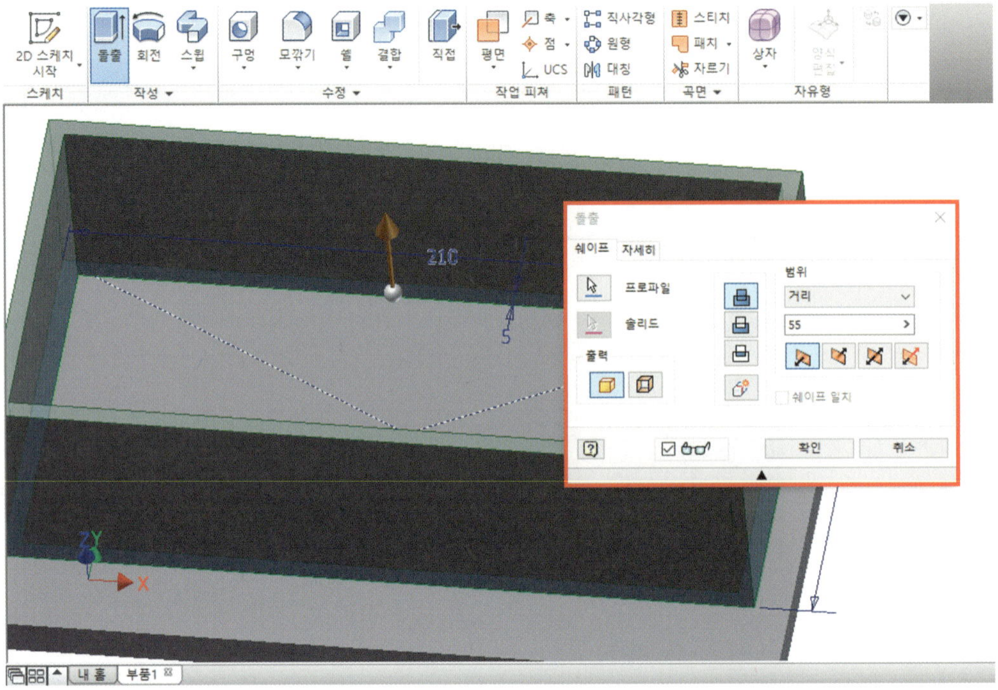

다음의 면 위에 스케치를 하자.

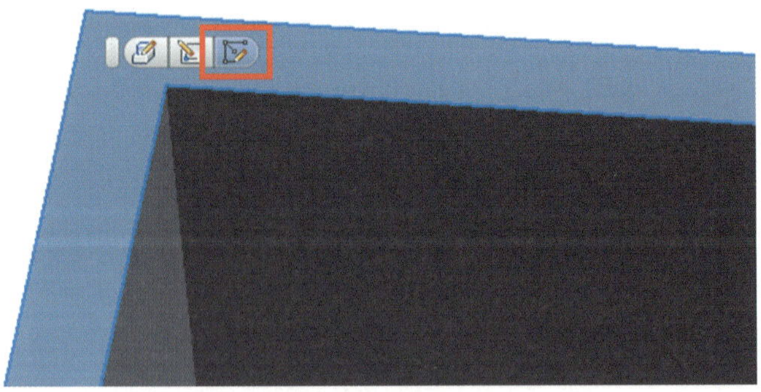

[그래픽슬라이스] F7을 눌러 형상을 확인한 뒤, 내벽과 동일한 직사각형을 그려주고 [간격 띄우기] 아이콘으로 간격 15 mm인 사각형을 하나 더 그려준다.

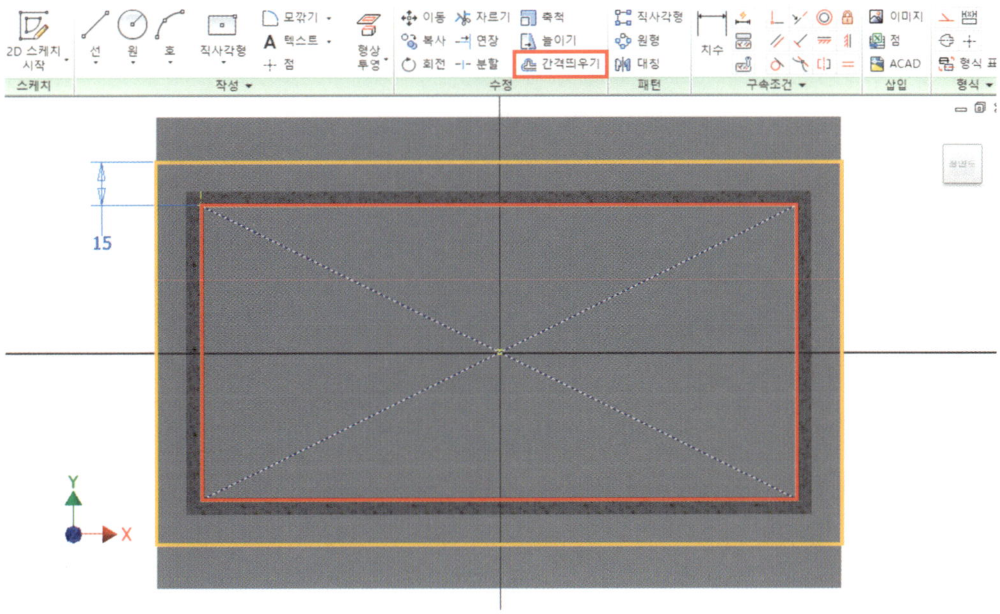


다음과 같이 5 mm [돌출] 시킨다.

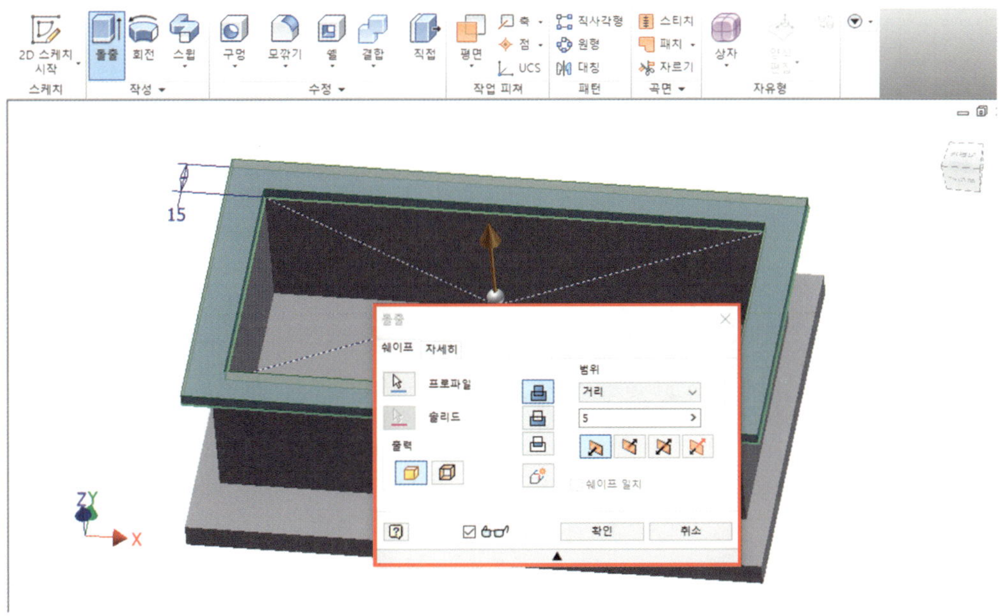

다음 면을 선택하고 스케치에 들어간다.

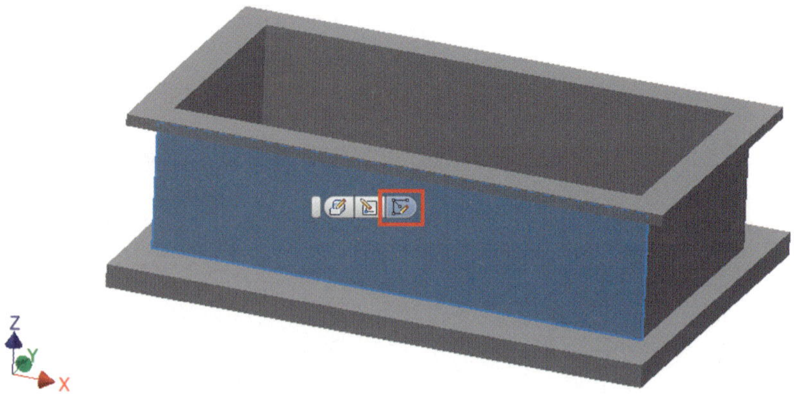


아래의 그림처럼 원을 그리고 치수를 준다. 네모박스 안의 78 mm는 기어 중심 간의 거리이므로 중요한 치수다.

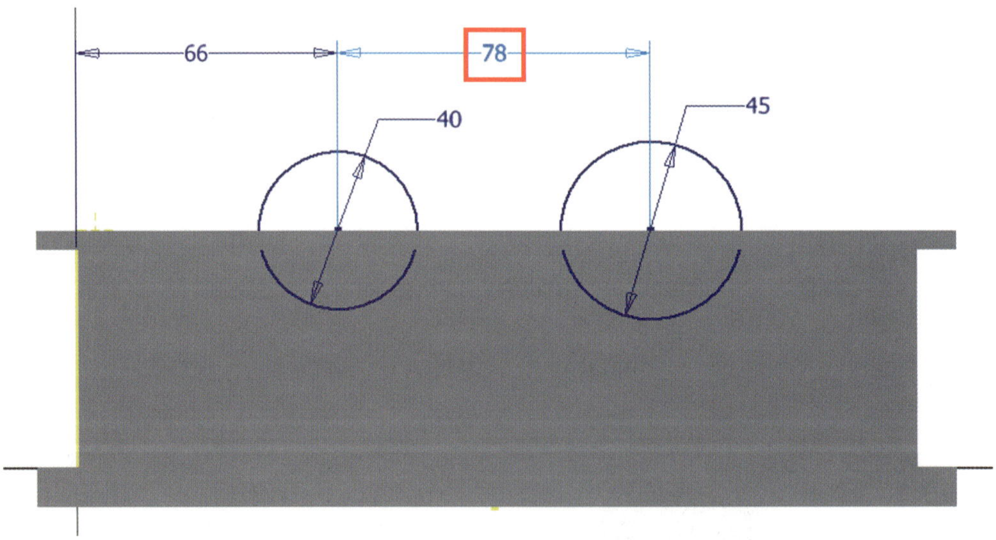

선을 그려주고 원의 중심과 선을 일치시킨다. 그래픽슬라이스(F7)를 사용하면 형상을 쉽게 파악할 수 있다.

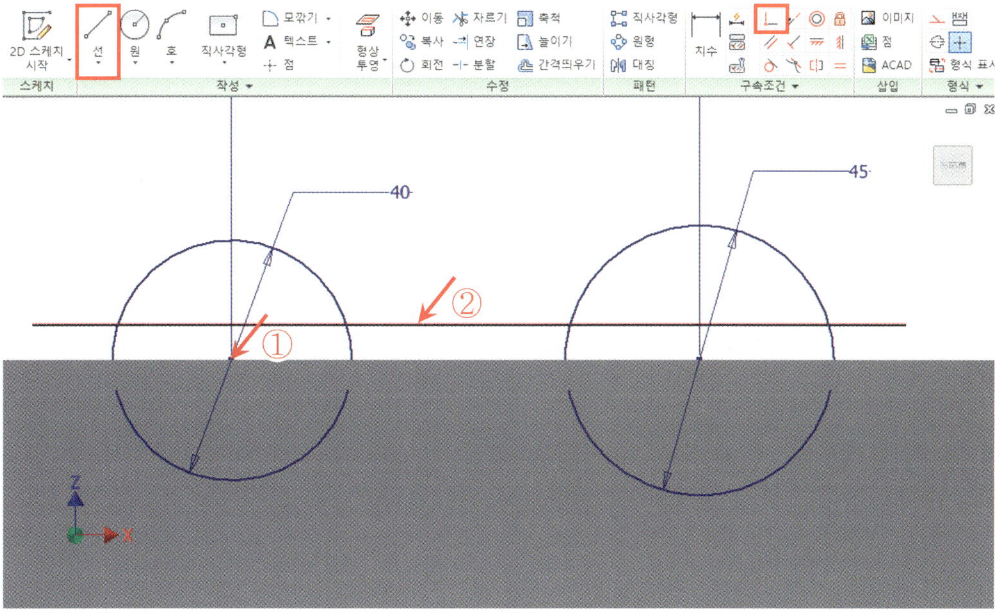

[자르기] 아이콘으로 다음의 순서로 선을 잘라준다.

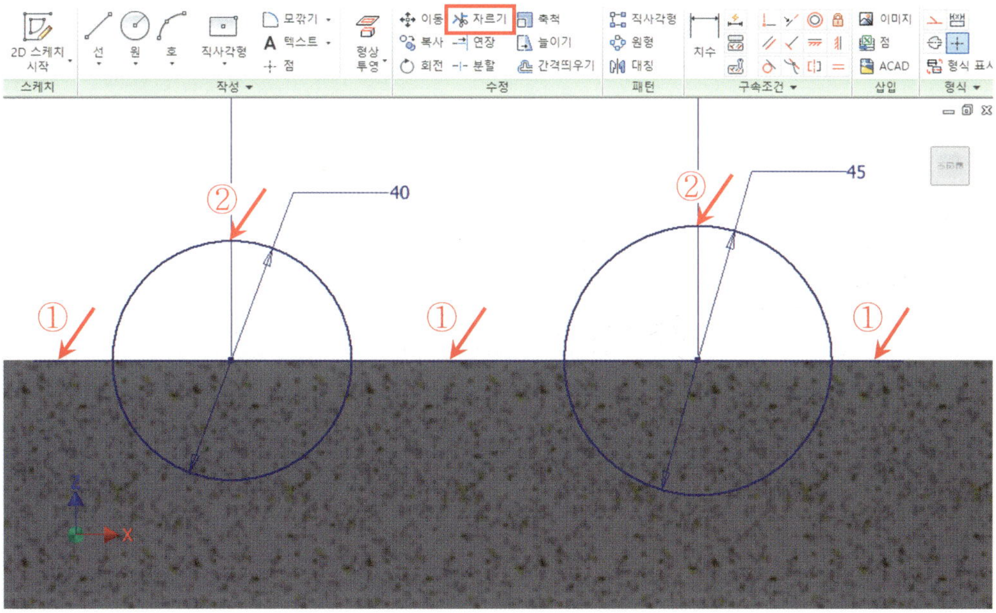

반원 형상으로 스케치를 작성하고 마무리한다.

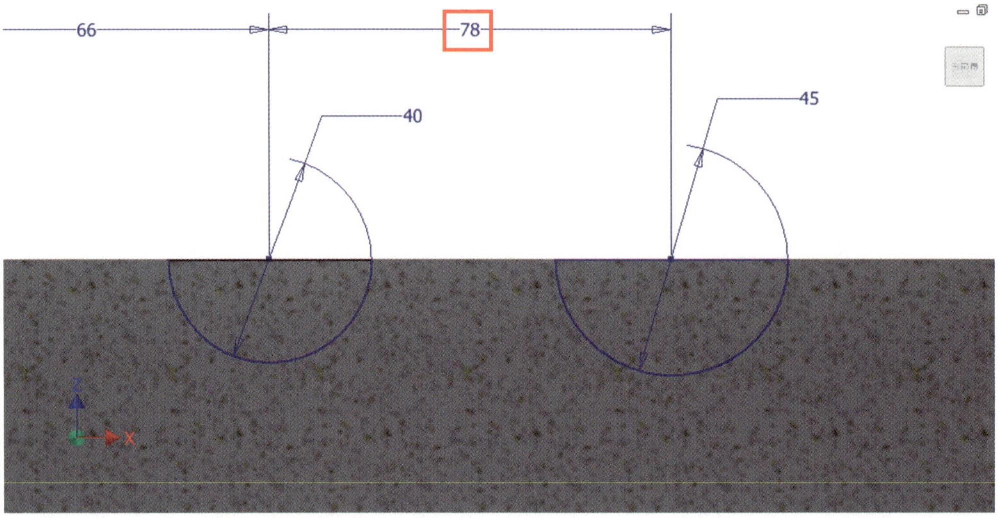


스케치한 형상을 돌출시킨다.

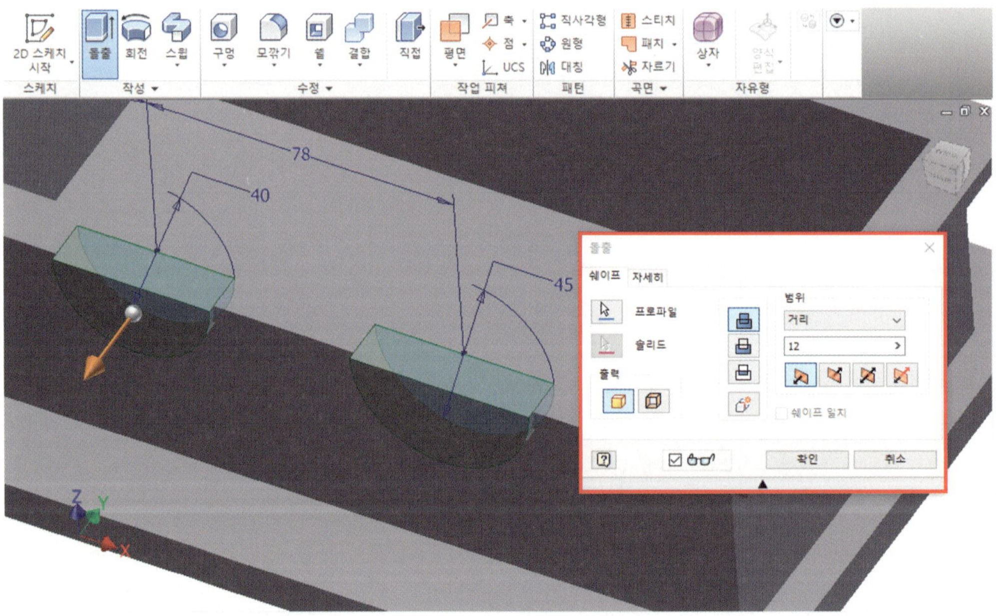

돌출한 면에 스케치를 한다.

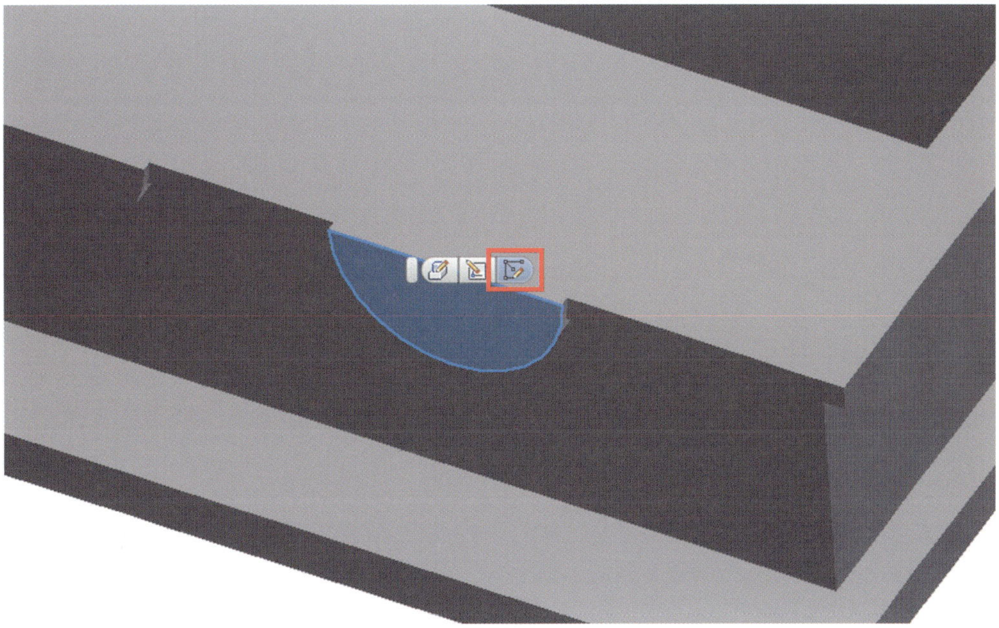

[형상투영] 아이콘으로 돌출한 반원의 중심을 확인한다.

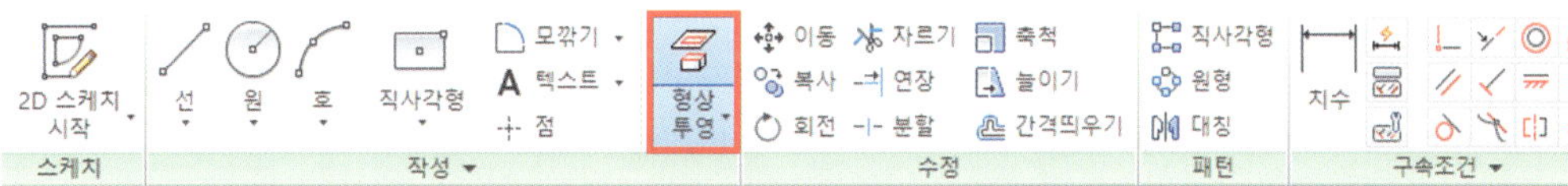


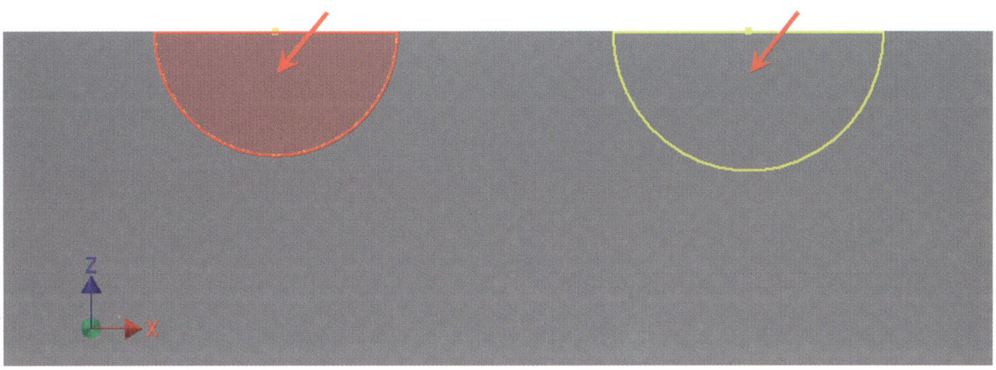

다음과 같이 원 두 개를 스케치하고 마무리한다.

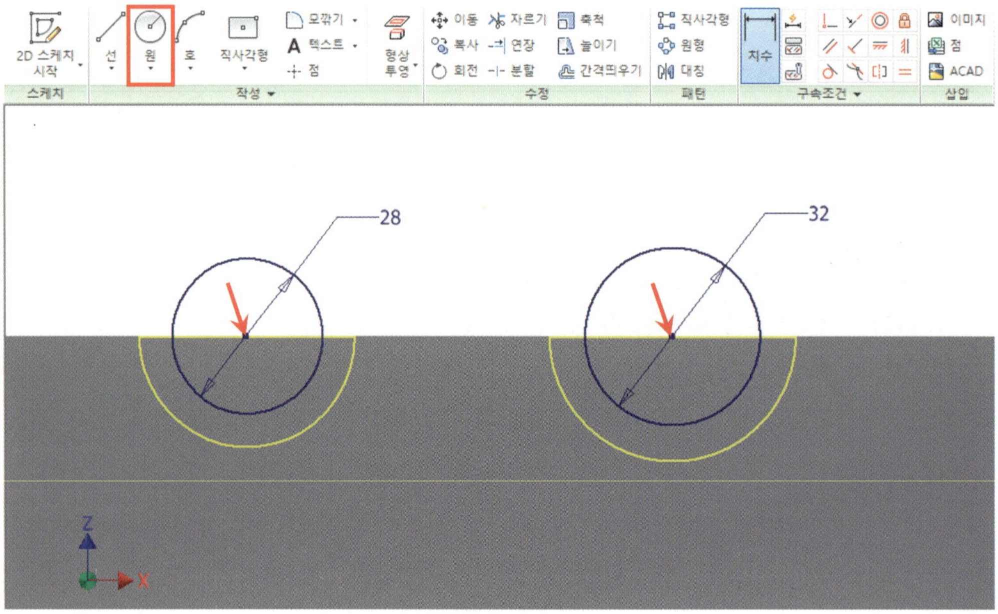


돌출 아이콘으로 거리 17 mm만큼 제거한다.

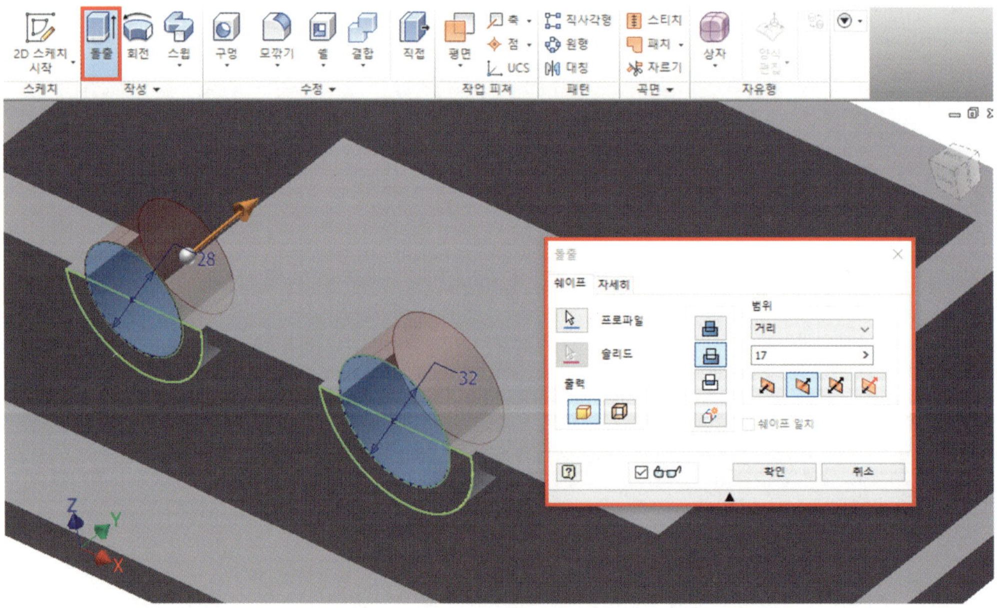

[대칭]을 통해 반대쪽에도 동일한 형상을 만들어준다.

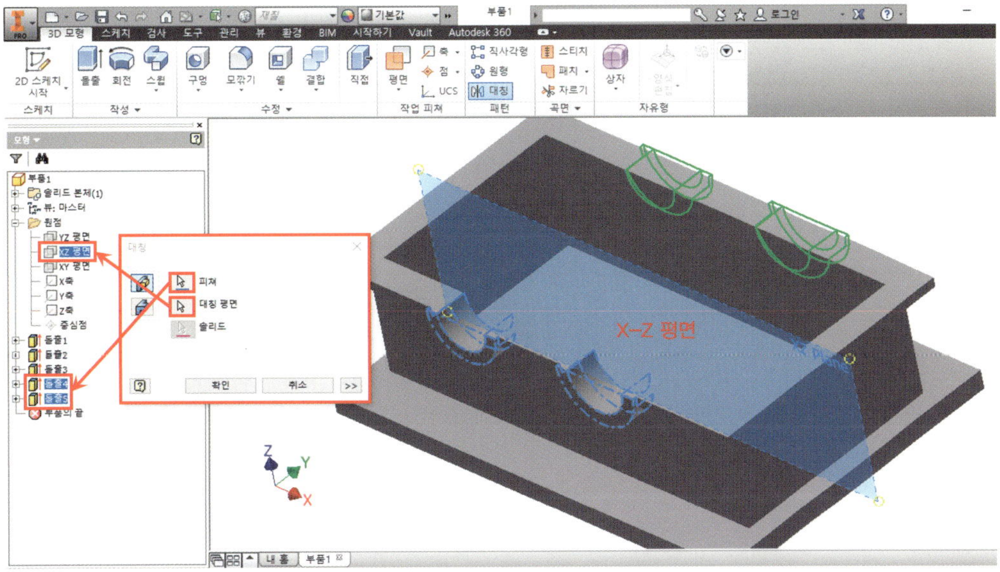


카운터 보어를 만들어보자. 카운터 보어를 만들어 줄 면을 선택하고 스케치한다.

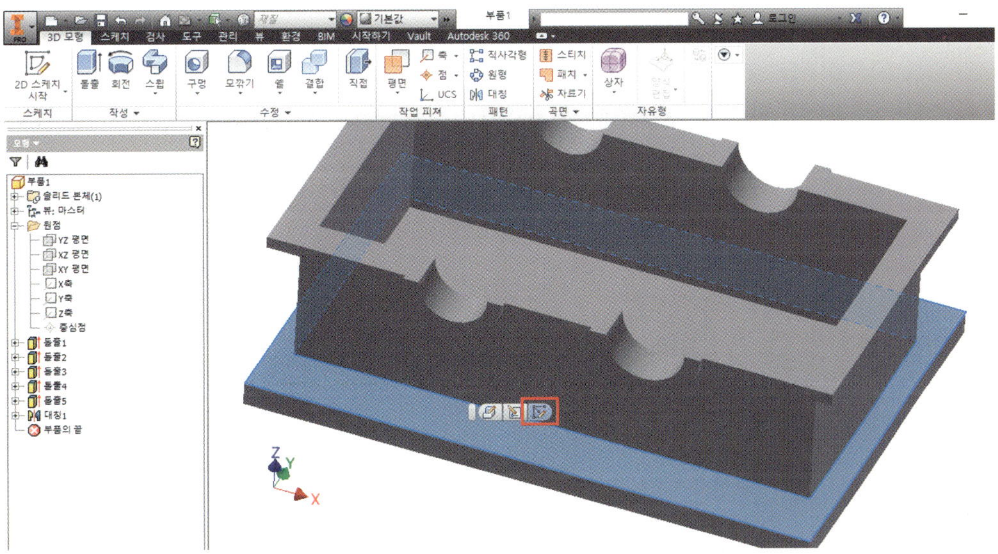

다음의 위치에 6개의 점을 찍고 치수를 준다. 형상구속 아이콘을 통해서 간편하게 구속시켜 준다. 스케치 완료를 한다.

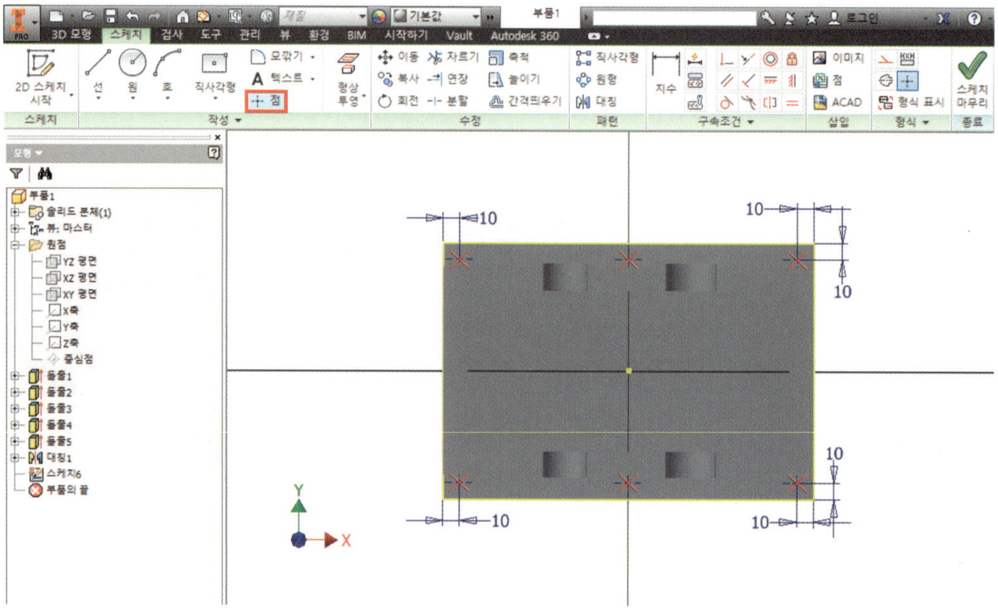


[구멍] 아이콘을 누르고 다음과 같이 카운터 보어 치수를 입력한다.

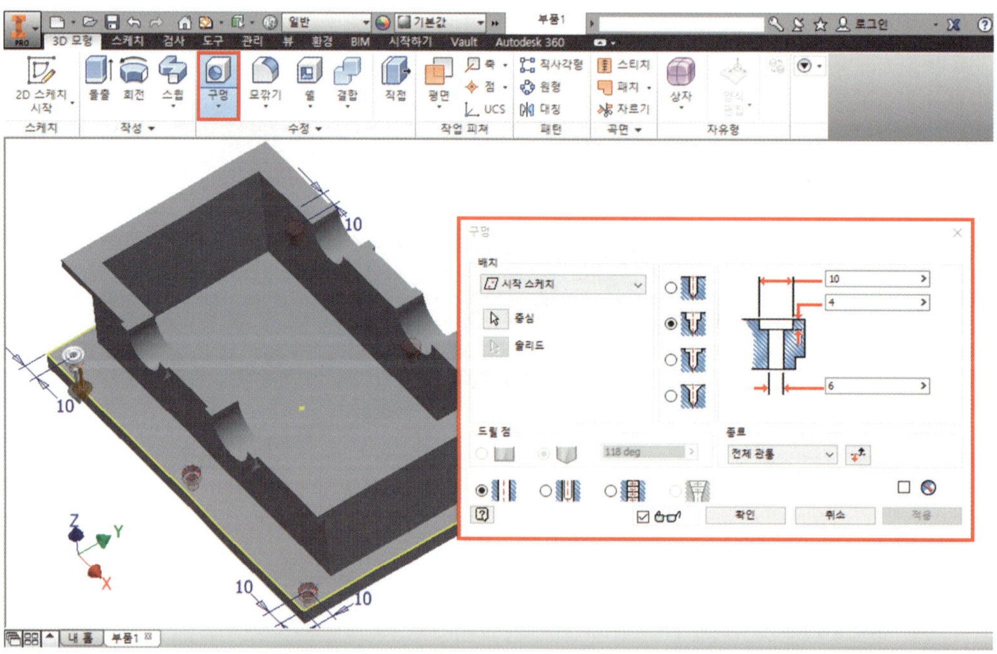

다음 면에 스케치를 한다.

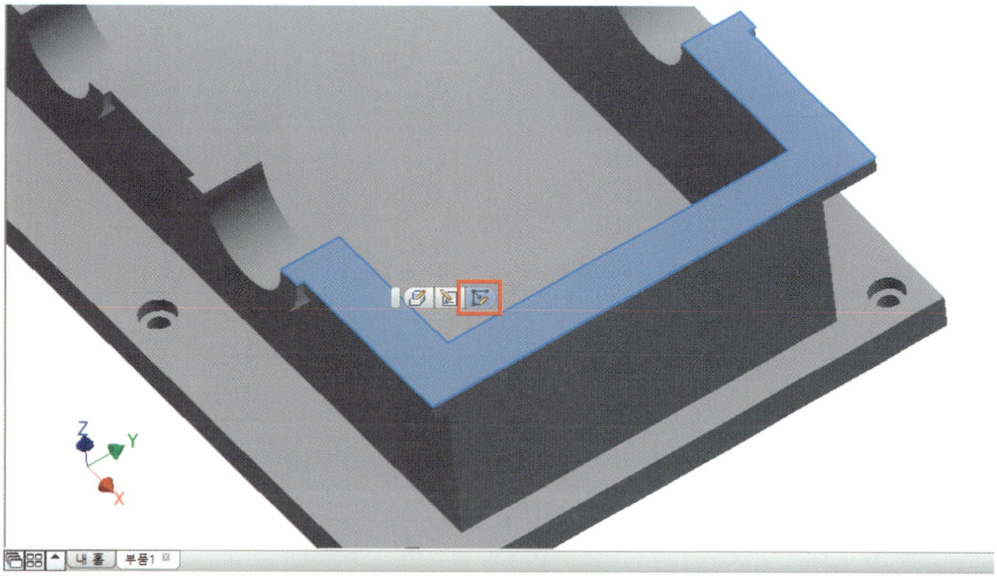


작업의 편의를 위해서 다음과 같이 형상투영을 해준다.

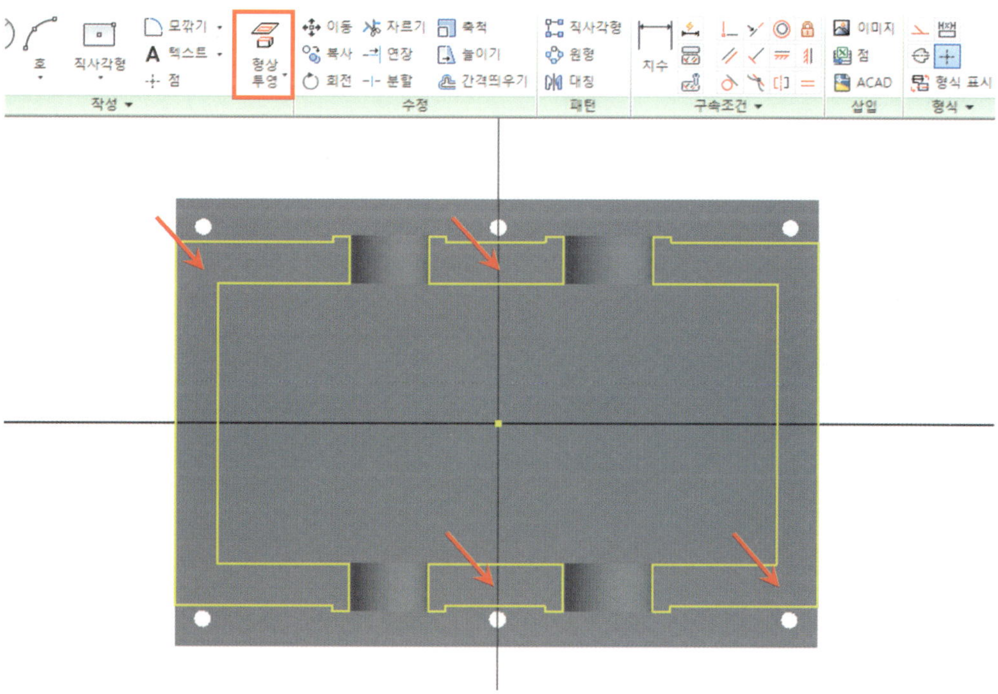

다음과 같이 점 10개를 스케치하고 마무리한다.

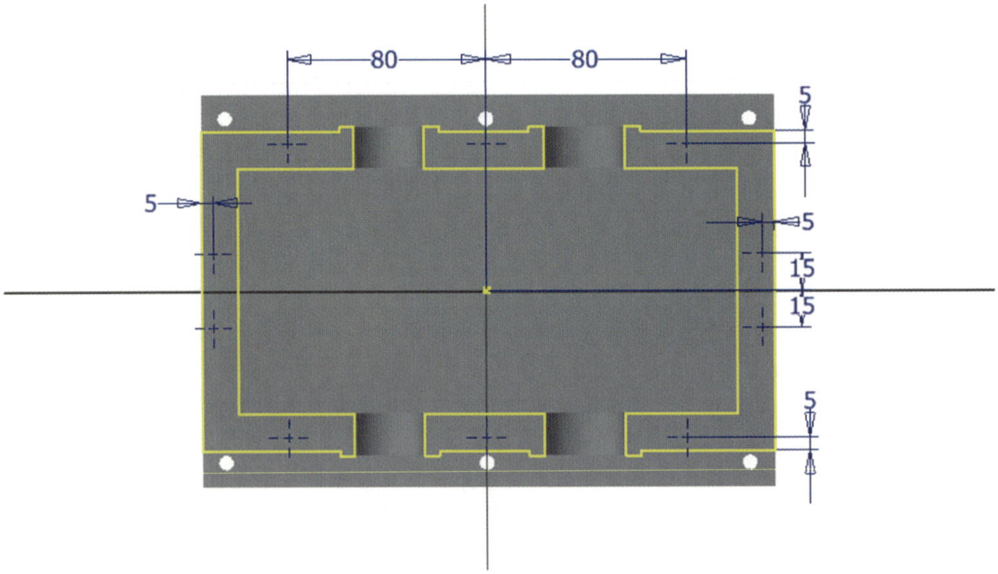


[구멍] 아이콘으로 M5 X 0.8 스레드 구멍을 뚫어준다.

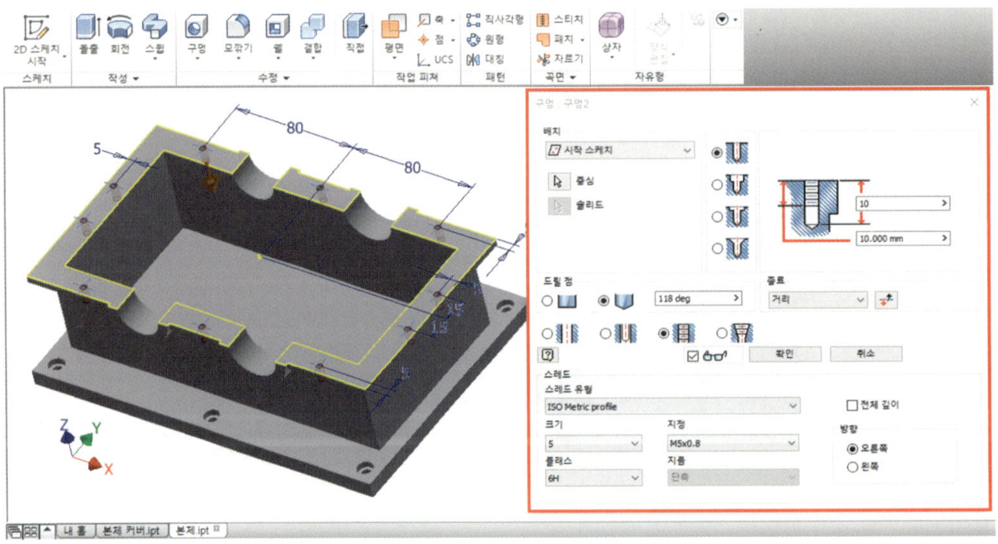

바닥 면에 스케치를 한다.

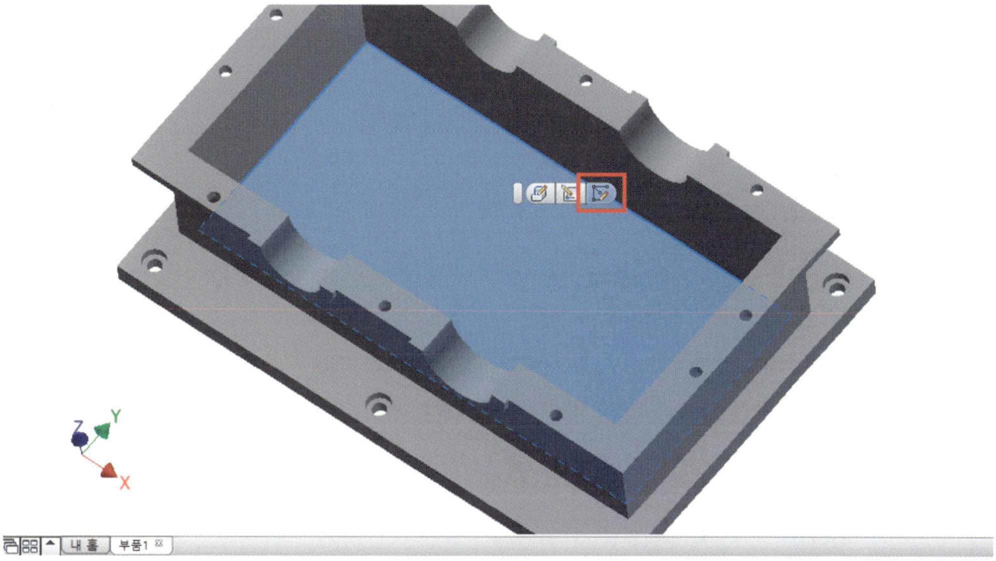


다음과 같이 점을 4개 찍고 치수를 주어 구속시킨다.

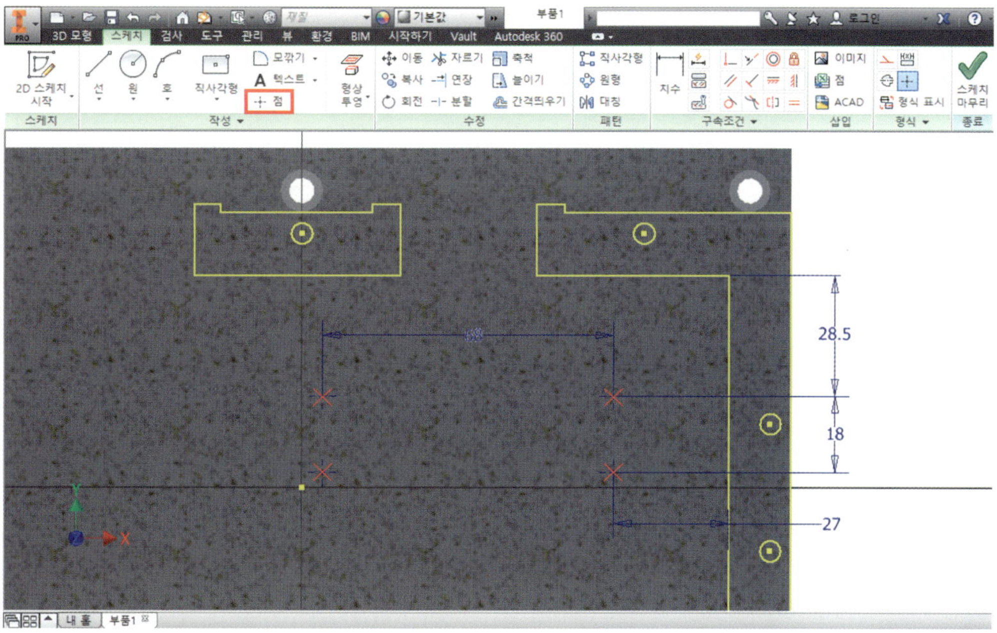

바닥 면에 4개의 홀을 만들어준다. (M5 x 0.8)

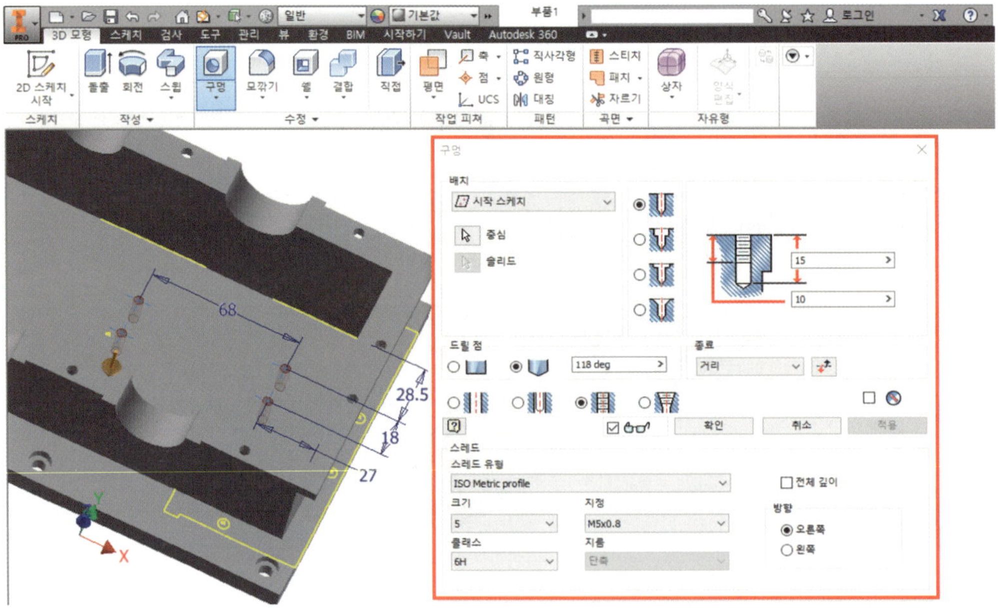


X-Z 평면에 스케치한다.

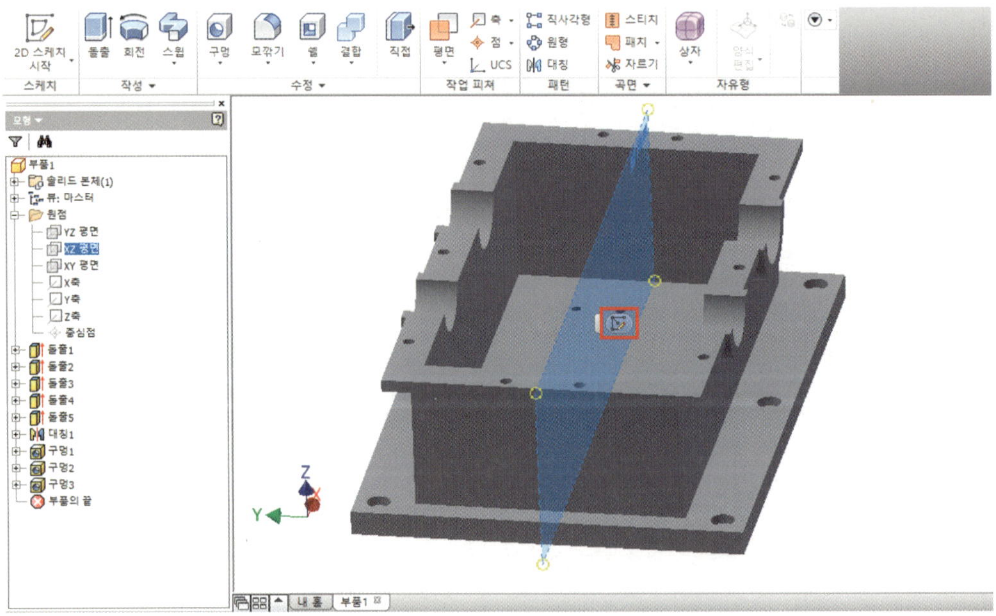

리브를 만들기 위한 가이드 선을 그려준다.

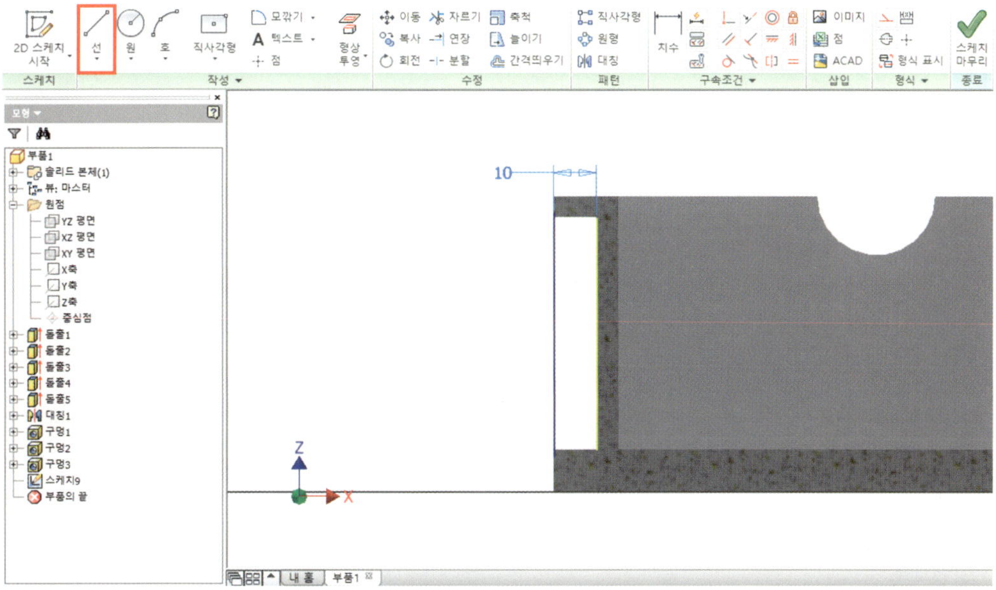


[리브] 아이콘으로 다음과 같이 리브를 만들어준다.

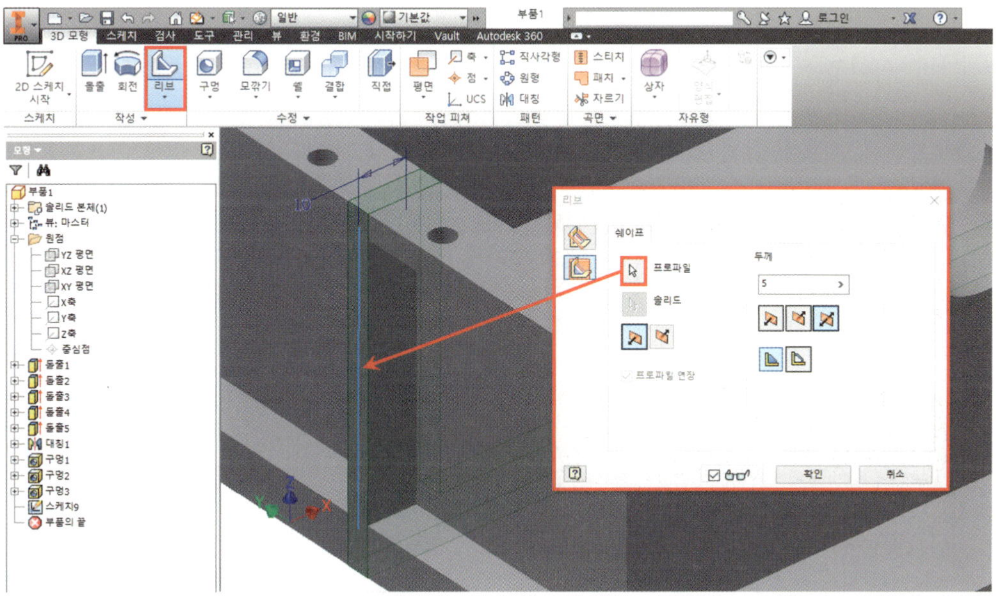

리브를 Y-Z 평면을 중심으로 대칭시킨다.

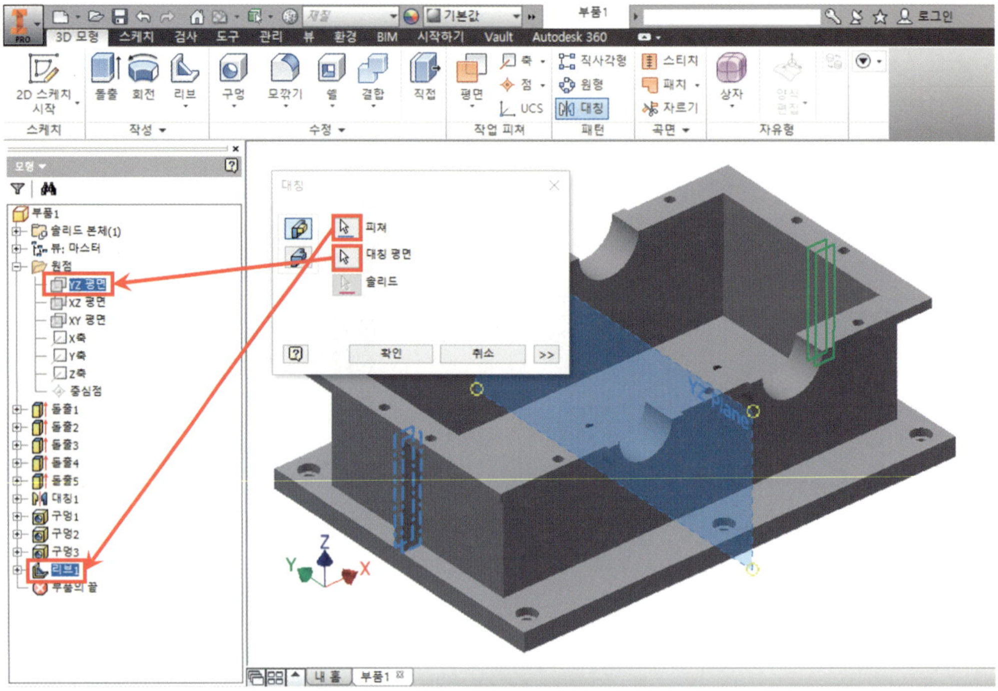


[평면] 아이콘을 누르고 다음과 같이 작업 평면을 생성한다.

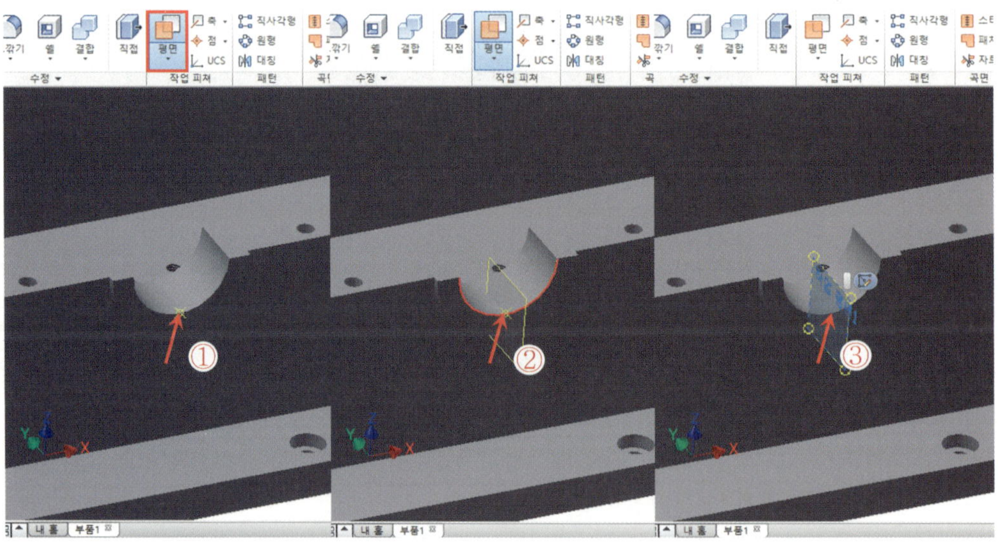

리브를 만들기 위한 가이드 선을 그려준다.

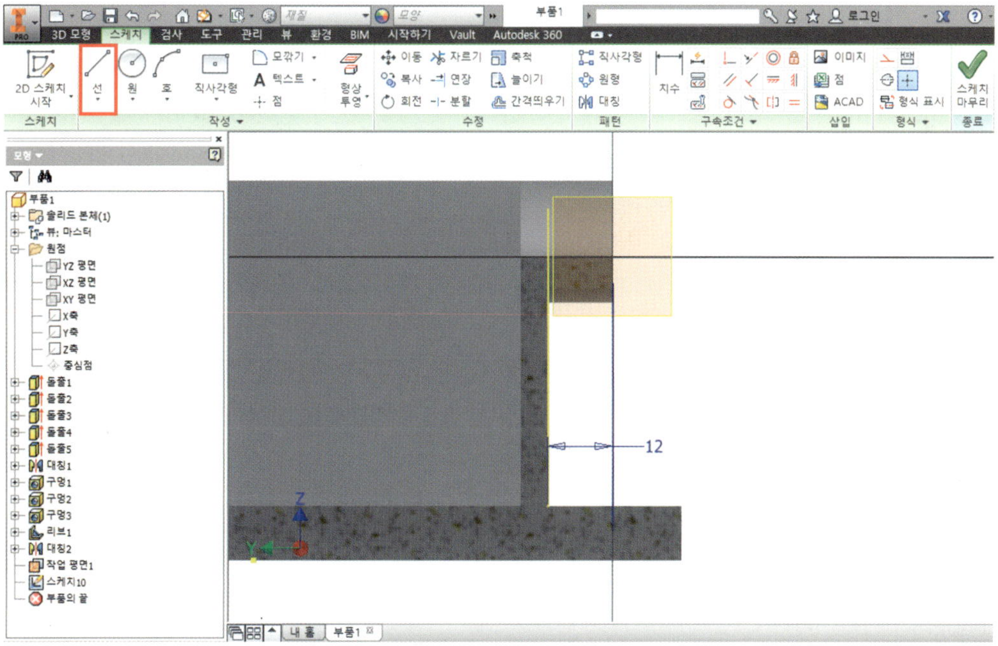


[리브] 아이콘으로 다음과 같이 리브를 만들어준다.

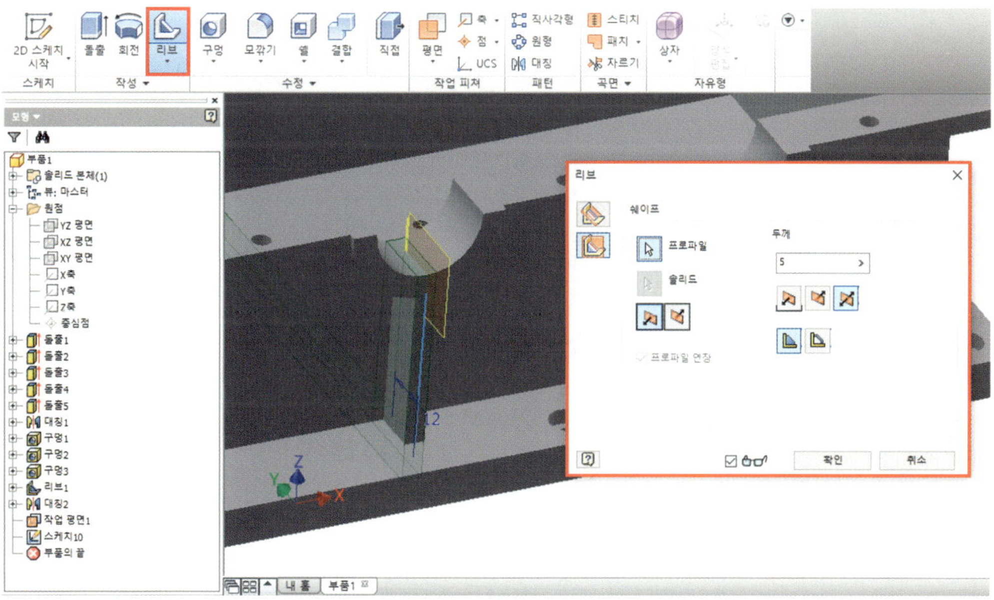

만든 리브를 X-Z 평면을 중심으로 대칭시킨다. 작업 평면의 가시성을 끈다.

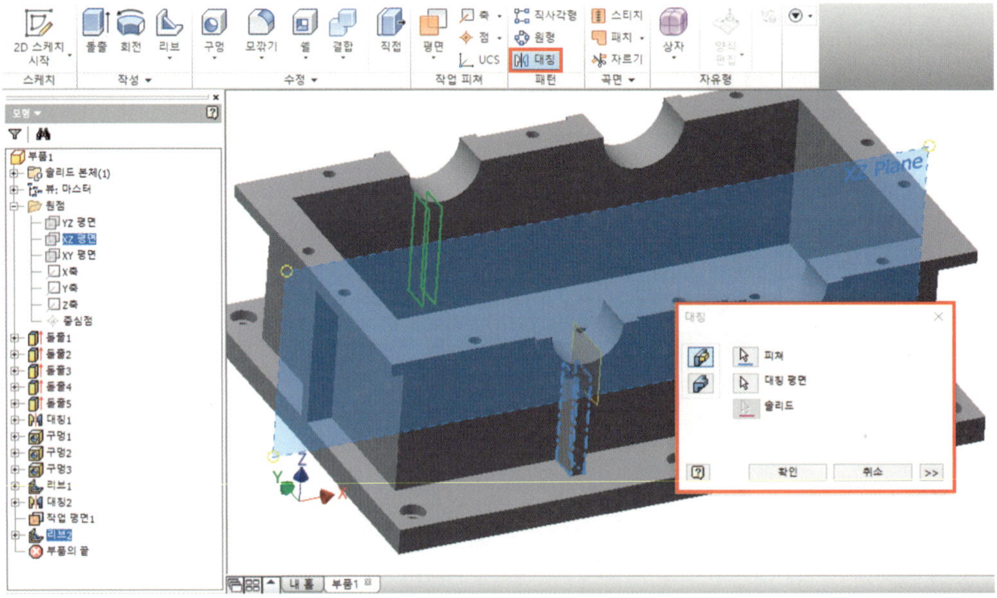

만든 리브를 Y-Z 평면을 중심으로 대칭시킨다.

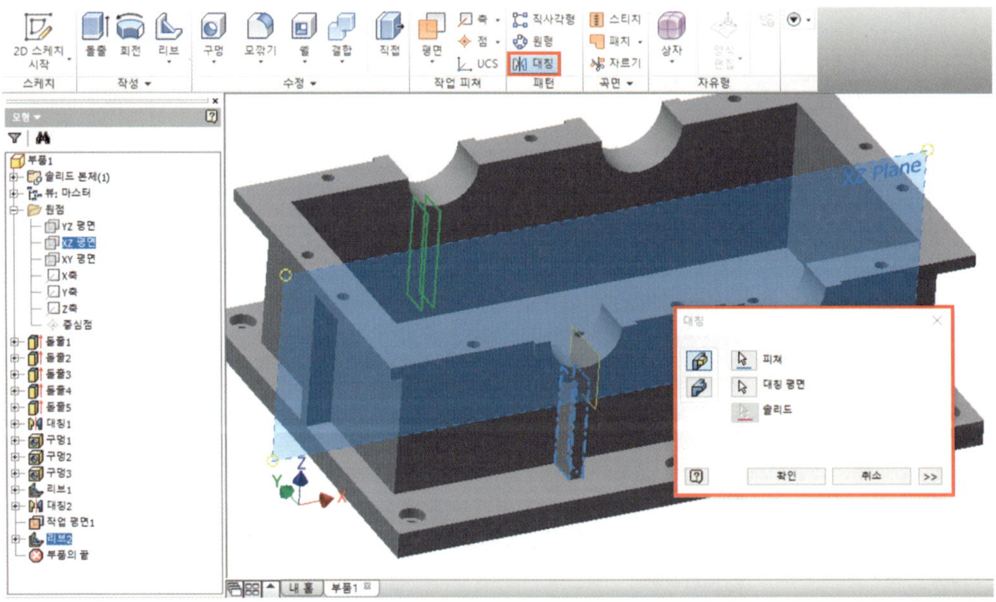

[모깎이] 작업으로 마무리 해보자. 거리 10 mm 모깎이를 다음 위치에 한다.

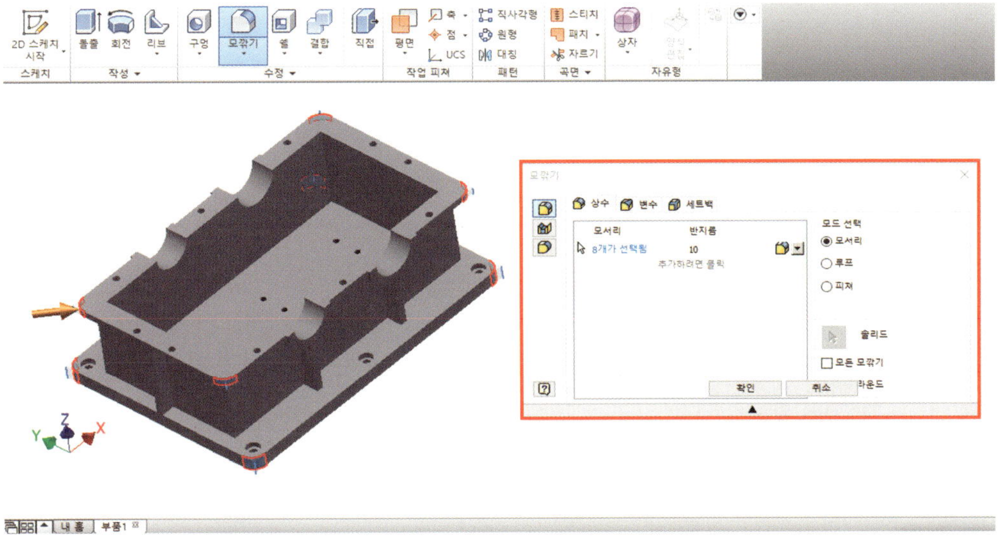


거리 8 mm 모깎이를 다음 위치에 한다.

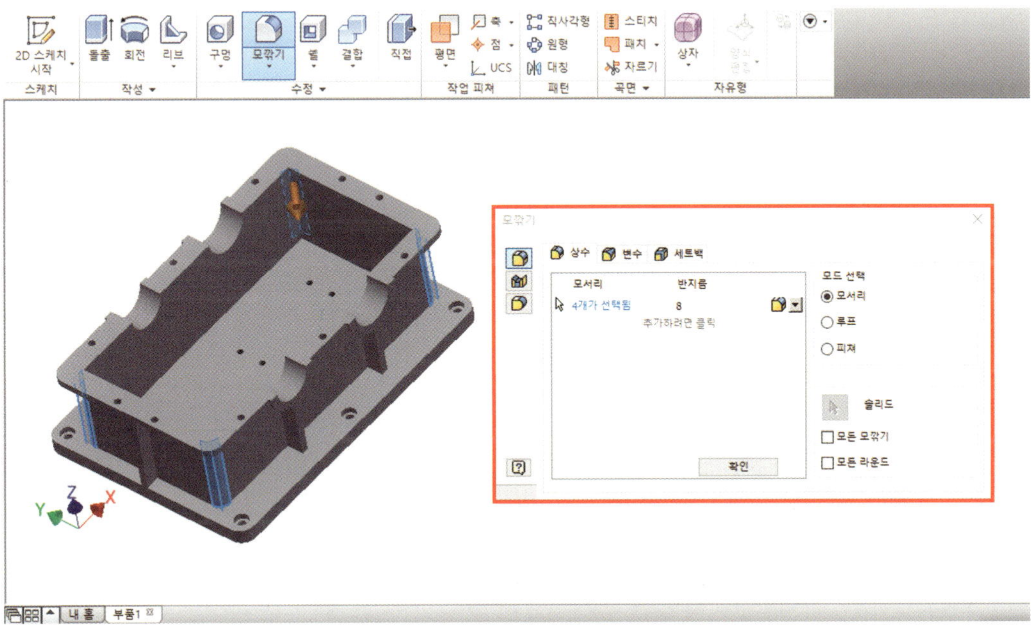

거리 3 mm 모깎이를 다음 위치에 한다.

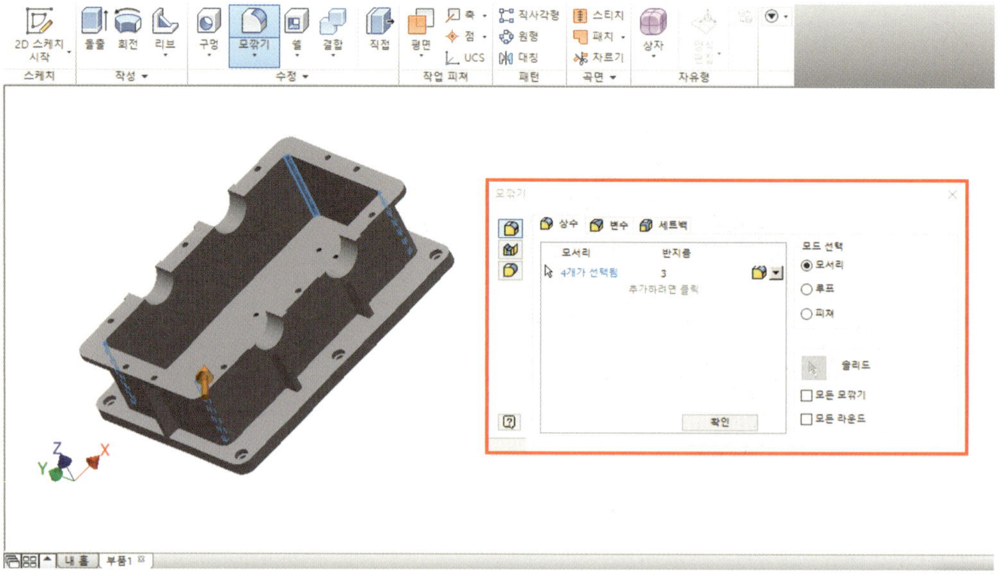


남은 모서리는 거리 2 mm 또는 1 mm의 모깎이를 하고 완성한다.

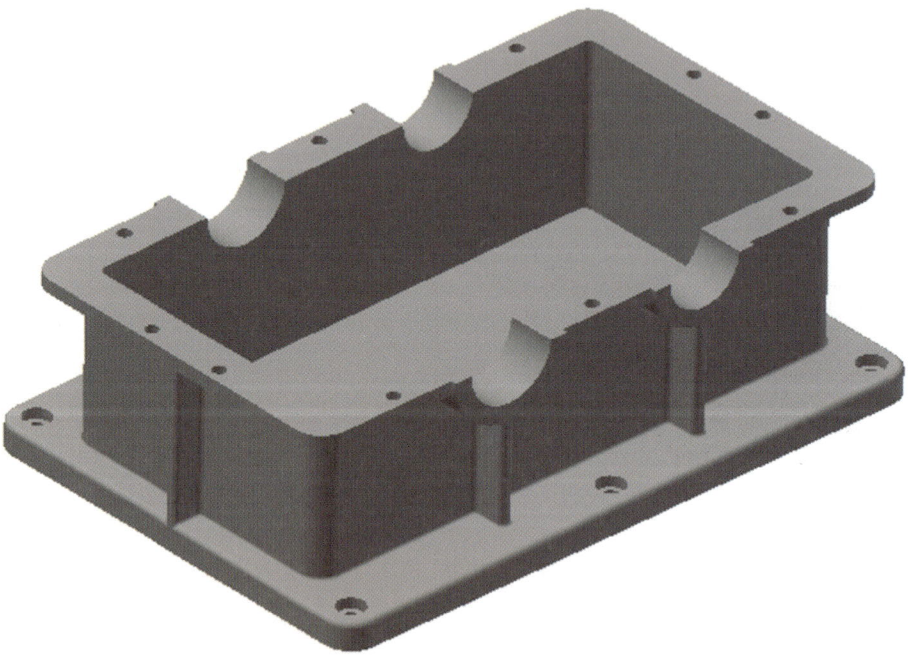

# 8.7 본체 커버 모델링

※ 참고 도면 [본체 커버]

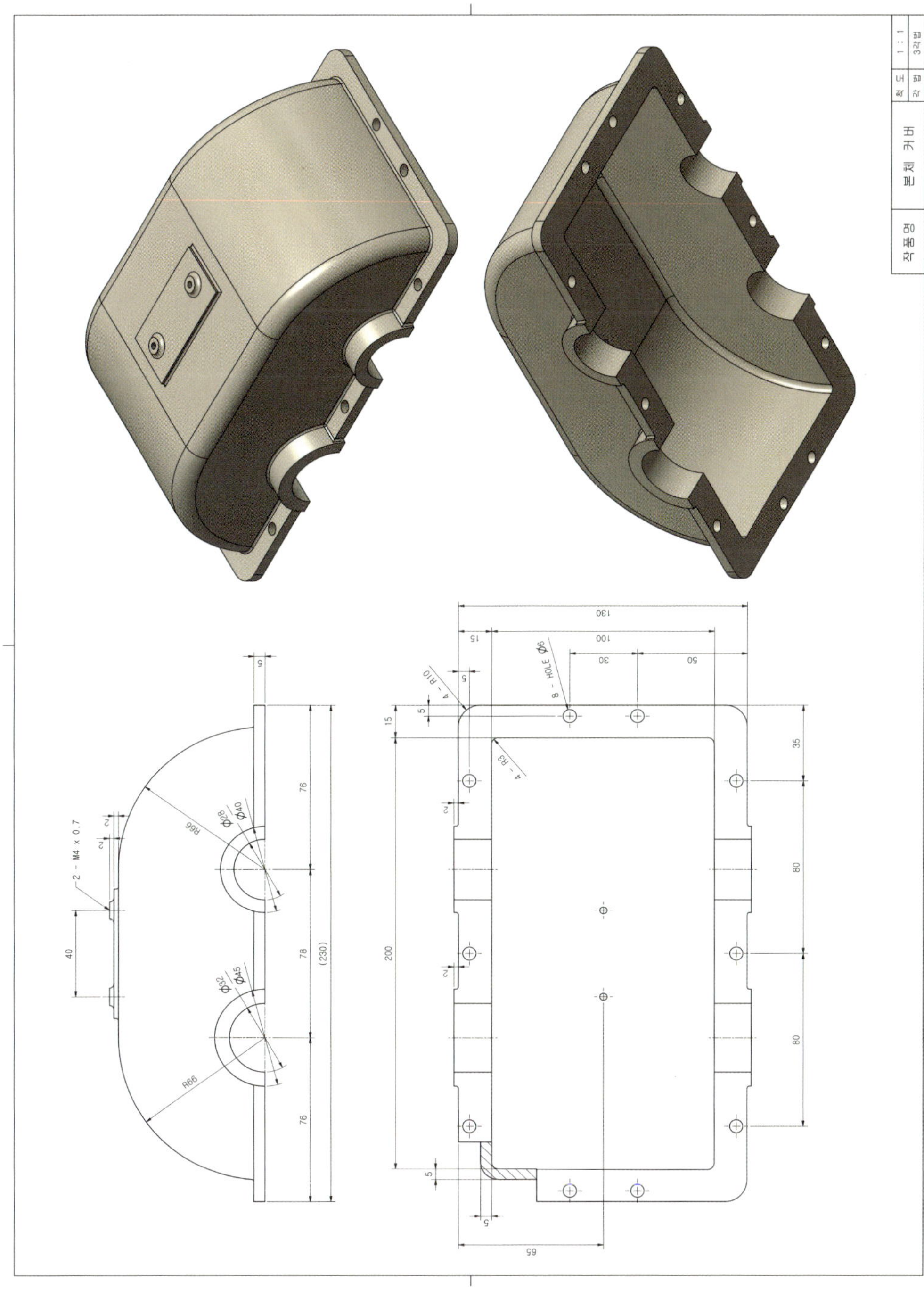

※ 예시 (본체 커버)

❶

❷

❸

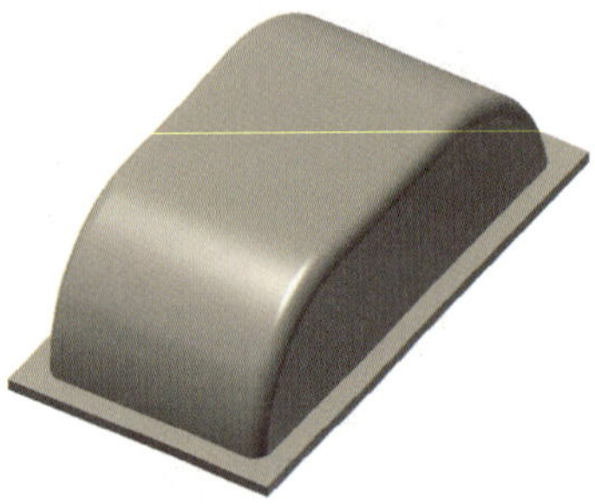

❹

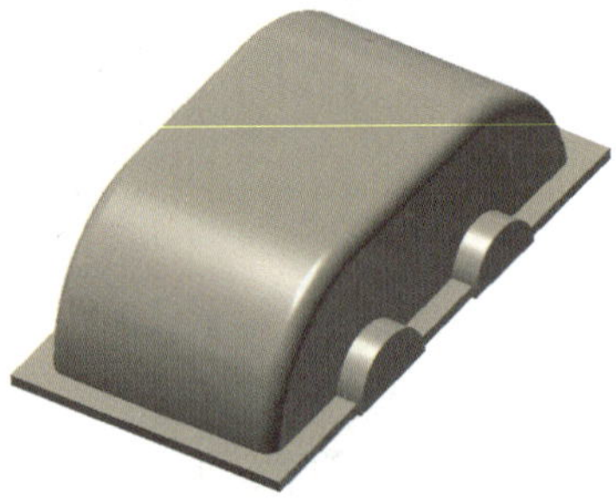

❺

❻

❼

❽

# 8.8 축 지지대 모델링

※ 참고 도면 (축 지지대)

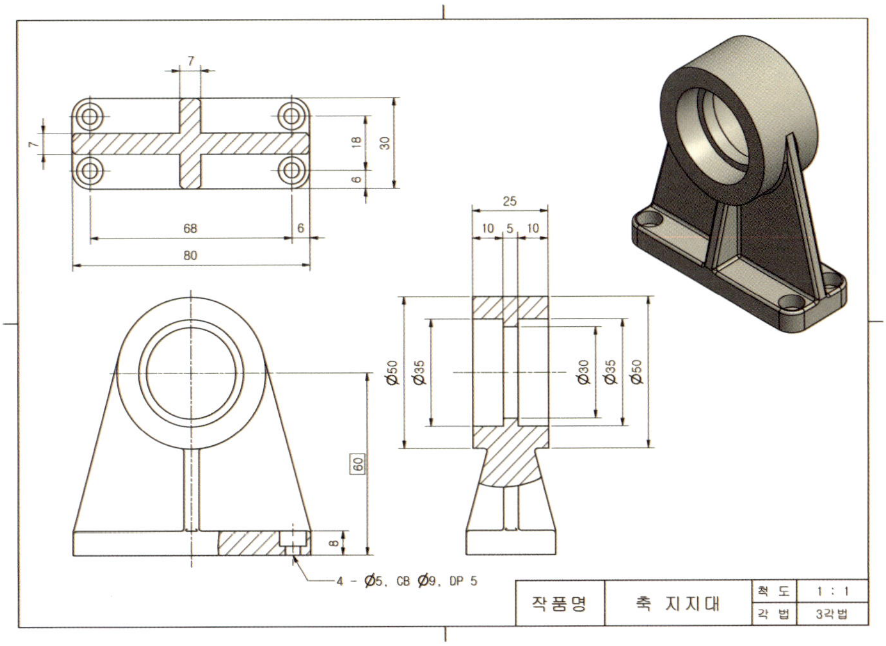


※ 예시 (축 지지대)

❶

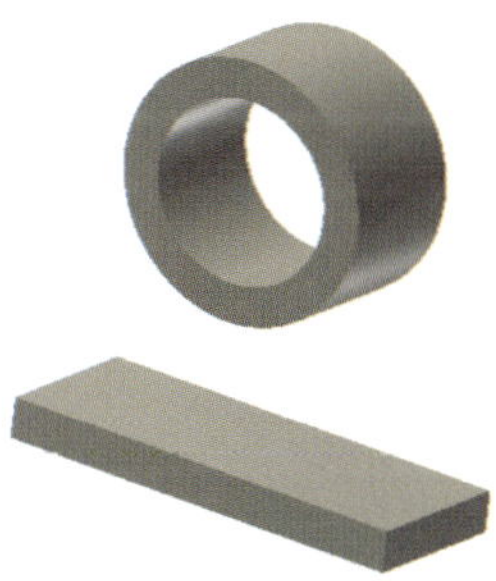

❷

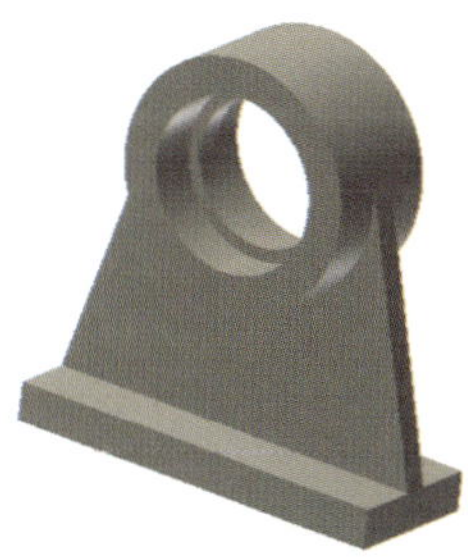

❸

❹

PART 4.

# 인벤터 어셈블리

# Chapter 9. 인벤터 어셈블리 - 구속조건(조립품)

## 9.1. 구속조건(조립품) 기본

### 9.1.1 예제로 배우기

예제를 통해 자주 사용하게 될 기능들을 연습해 보자.

[시작하기] 탭에서 [새로 만들기] 아이콘을 선택한다.

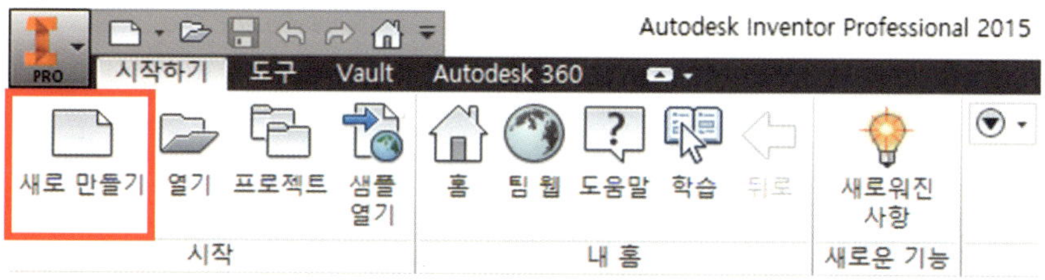


예제는 Standard(mm).iam 환경에서 작업한다.

❶ 패널 도구 바: 어셈블리 관련 작업에 필요한 명령 아이콘 세트이다.

❷ 검색기 패널 바: 현재 어셈블리 작업 중인 부품의 리스트를 보여준다.

❸ 작업공간: 어셈블리 작업이 이루어지는 공간이다.

예제를 통해 구속조건을 연습해 보자. 연습을 위해 예제를 적용할 수 있는 모델링 파일을 불러온다.

상단의 아이콘 중 [배치  ]를 선택하여 예제 모델링 파일을 선택한다.

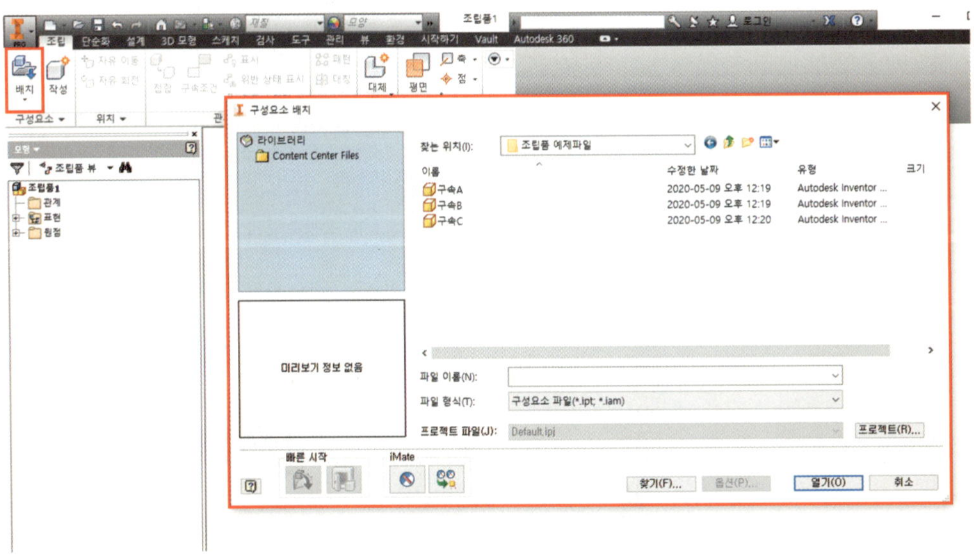

작업공간에 클릭하여 모델링 파일을 배치한다.

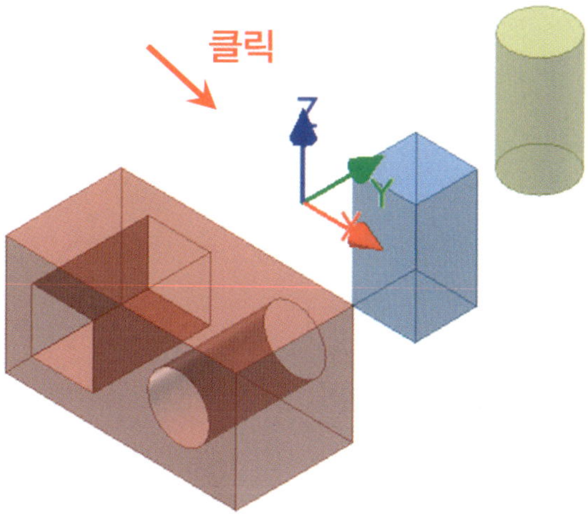


상단의 구속조건 아이콘을 선택하고 구속을 이용한 어셈블리 연습을 해 보자.

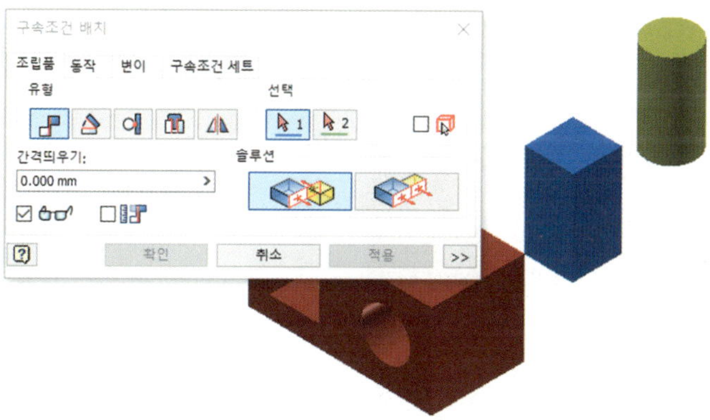

먼저 원통을 홀에 구속하는 연습을 하겠다.

[메이트 ] 아이콘을 선택하고 원통과 홀의 중심을 순서대로 선택한다.

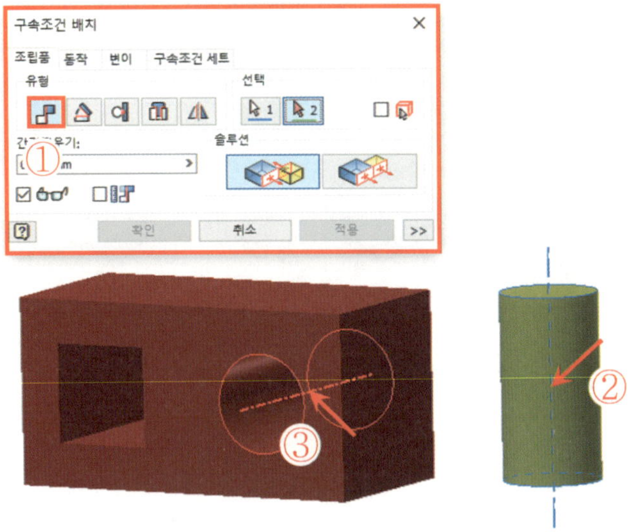


다음처럼 원통의 중심과 홀의 중심이 일치되었다.

다음은 원통의 아랫면과 직육면체의 아랫면을 동일 선상에 구속한다.

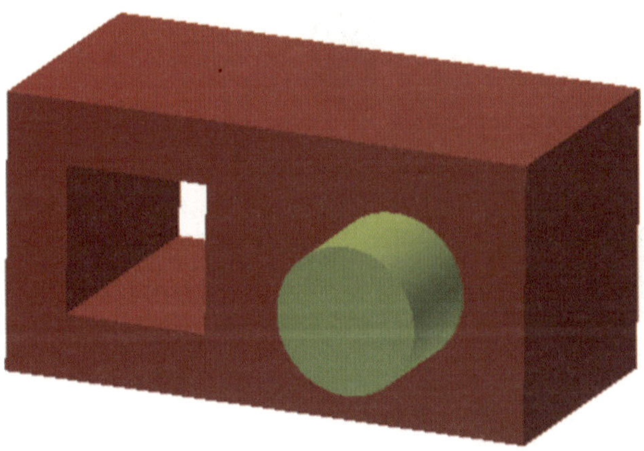

솔루션에서 [플러쉬  ] 버튼을 선택하고 다음의 순서로 면을 선택한다.

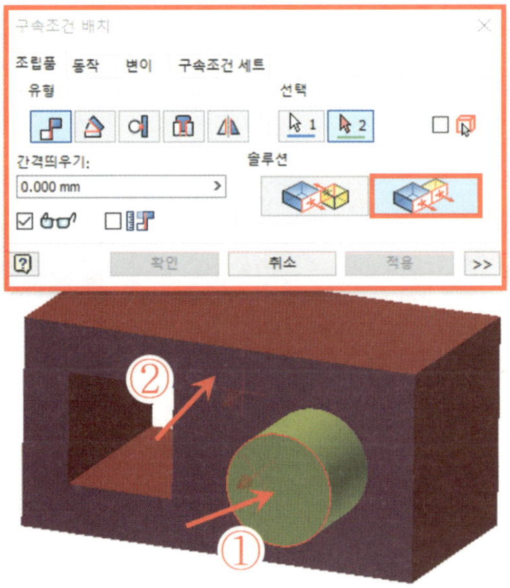


다음과 같이 조립되었다.

사각 바 조립을 시작하자.

사각 바의 아랫면과 직육면체 아랫면을 먼저 구속한다.

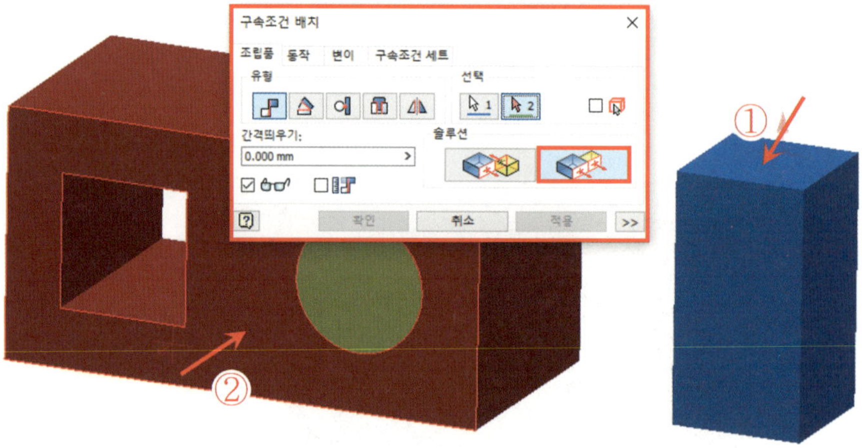


솔루션에서 [메이트  ] 버튼을 선택하고 다음의 순서로 면을 선택한다.

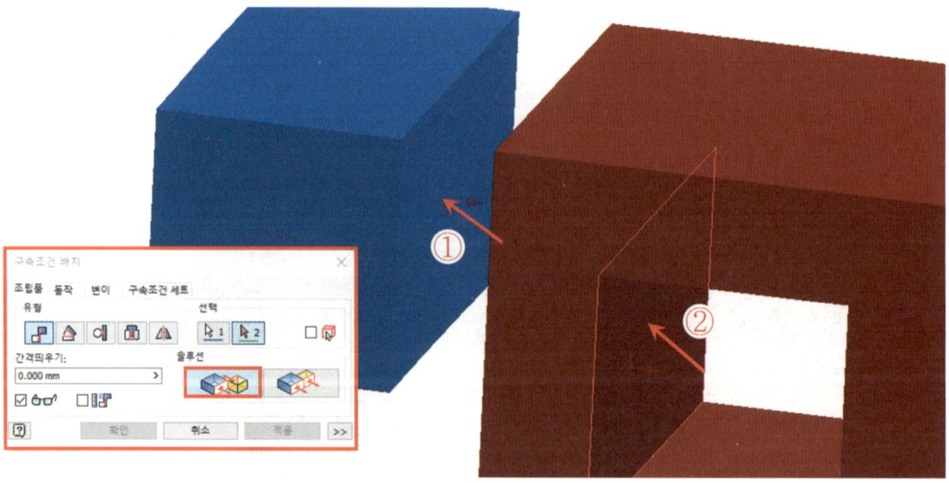

다음처럼 두 개의 면이 구속되었다.

구속을 하지 않은 마지막 면도 동일하게 일치시켜준다.

구속이 완료되었다.

## 9.2 인벤터 부품 어셈블리 - 구속조건(조립품)

모델링한 각 부품들을 조립하기 위해 어셈블리 환경으로 들어가 보자.

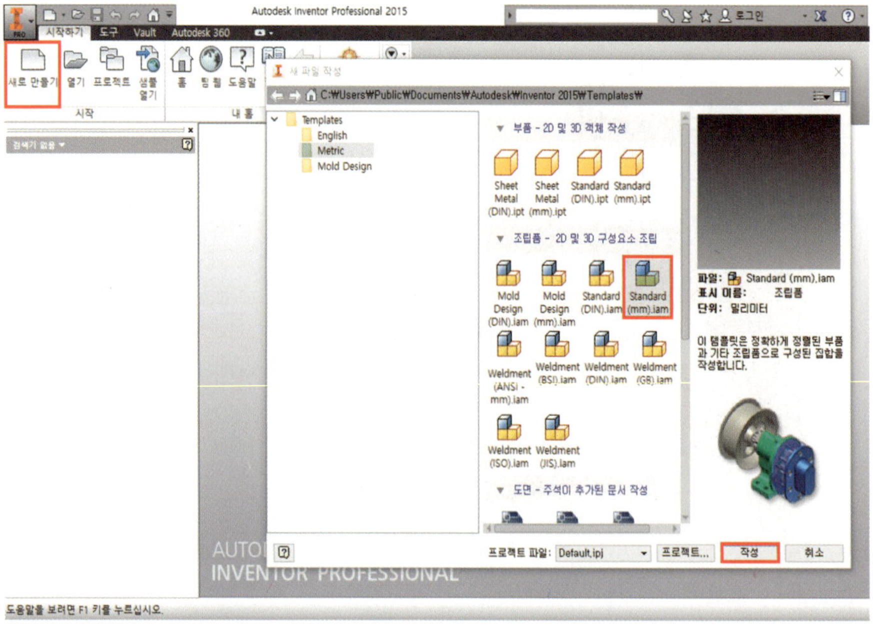


배치 아이콘을 누르고 불러올 모델링 파일을 선택한 뒤 열기 버튼을 선택한다.

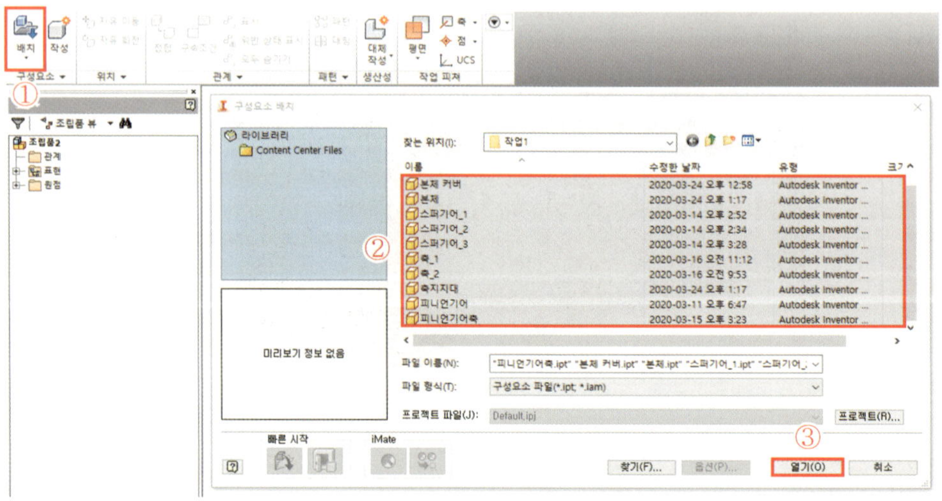

작업 화면에 부품을 불러온다.

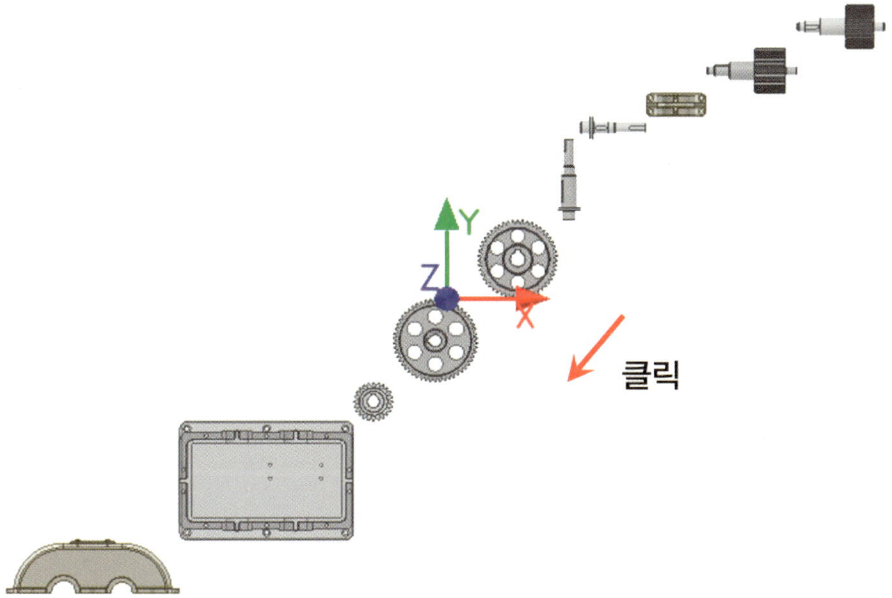


작업의 편의성을 위해 본체를 고정해 준다.

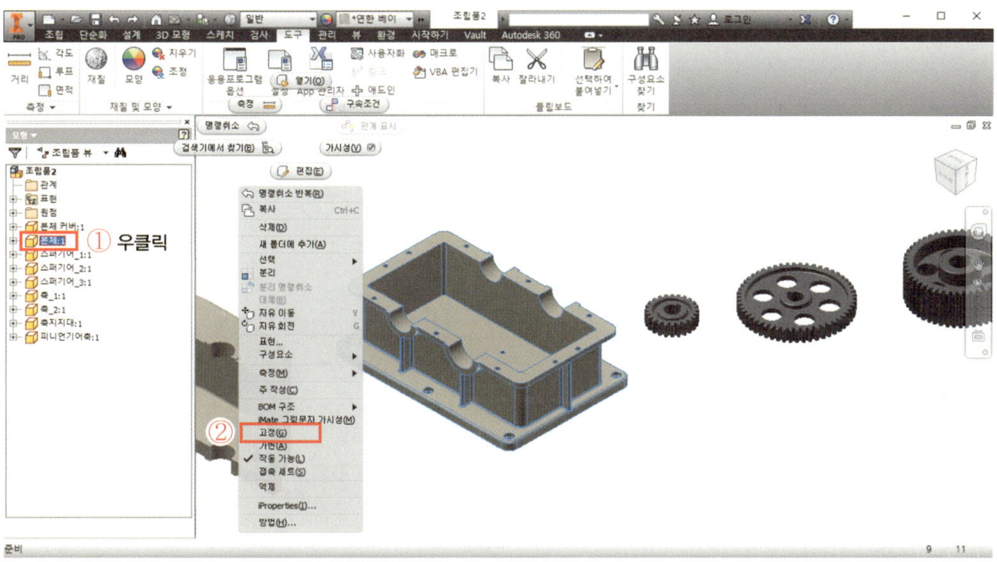

검색기 패널 본체 아이콘에 압정이 생긴 것을 볼 수 있다. 고정된 본체를 중심으로 조립을 시작해 보겠다.

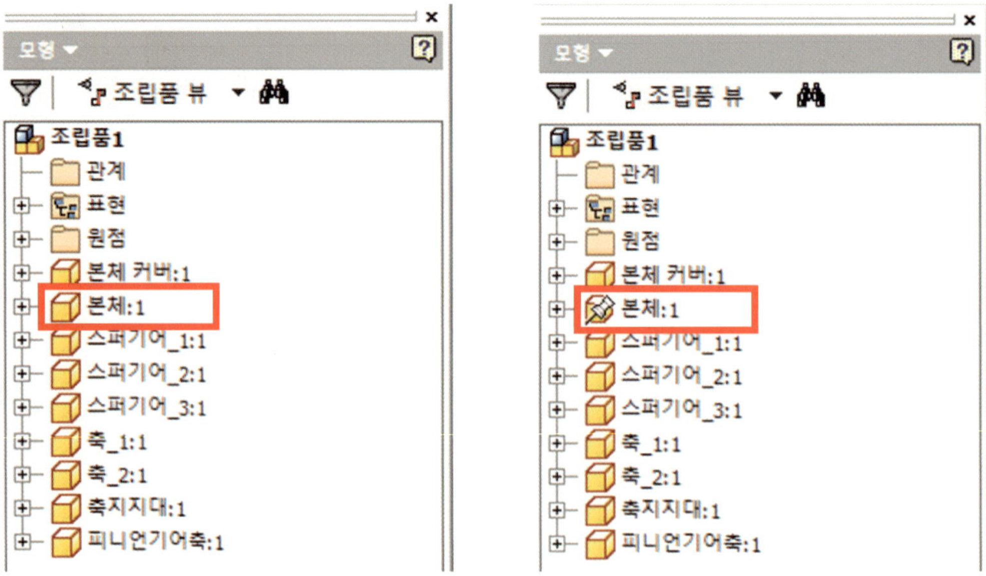


조립을 위해 구속조건을 주겠다. 본체의 바닥 윗면과 축 지지대 바닥면을 다음 순서로 구속한다.

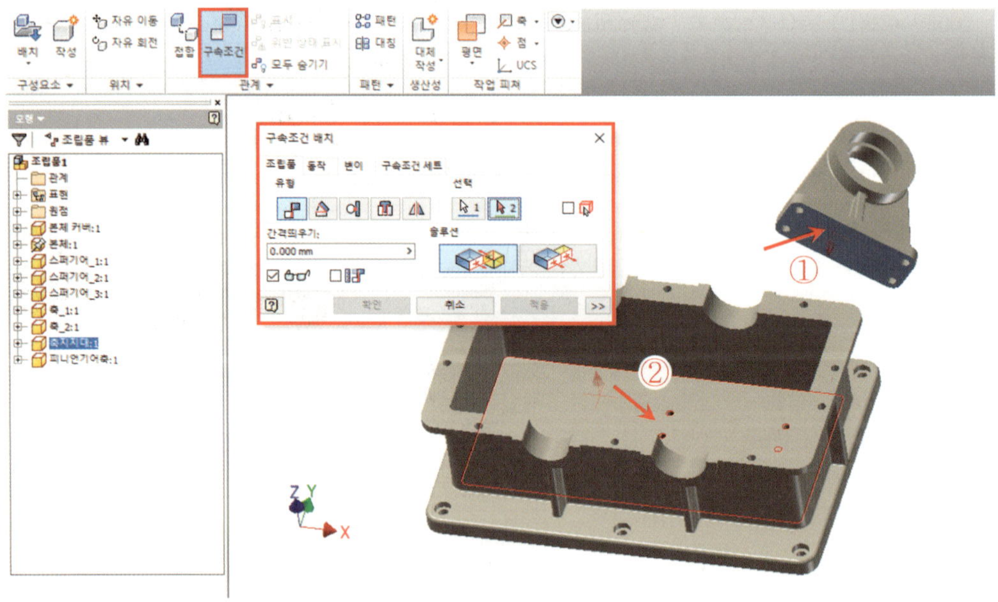

축 지지대를 다음처럼 구속시킨다.

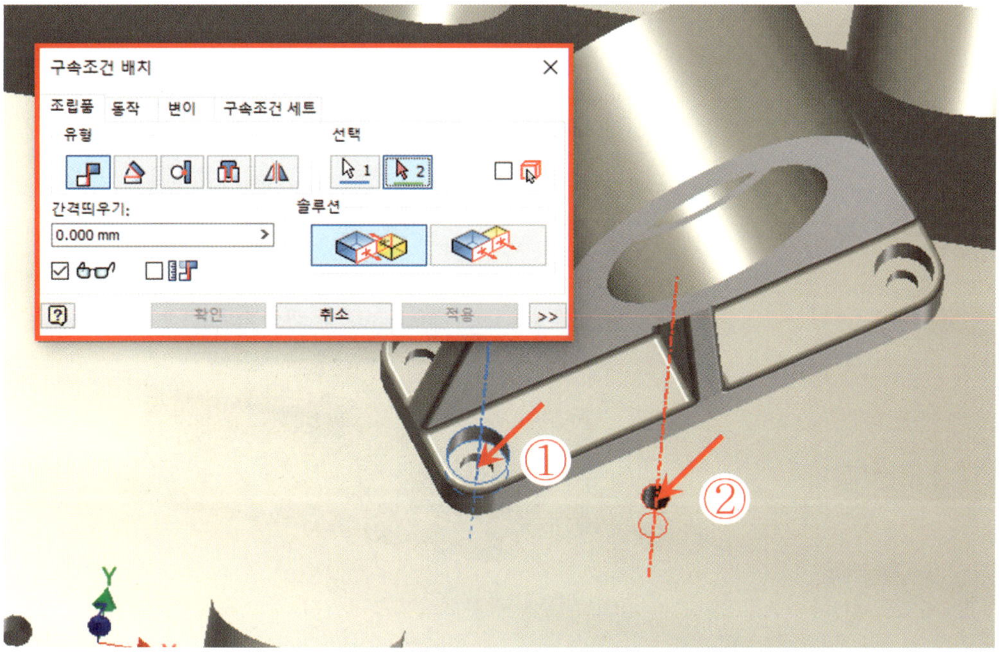


축 지지대를 다음처럼 구속시킨다.

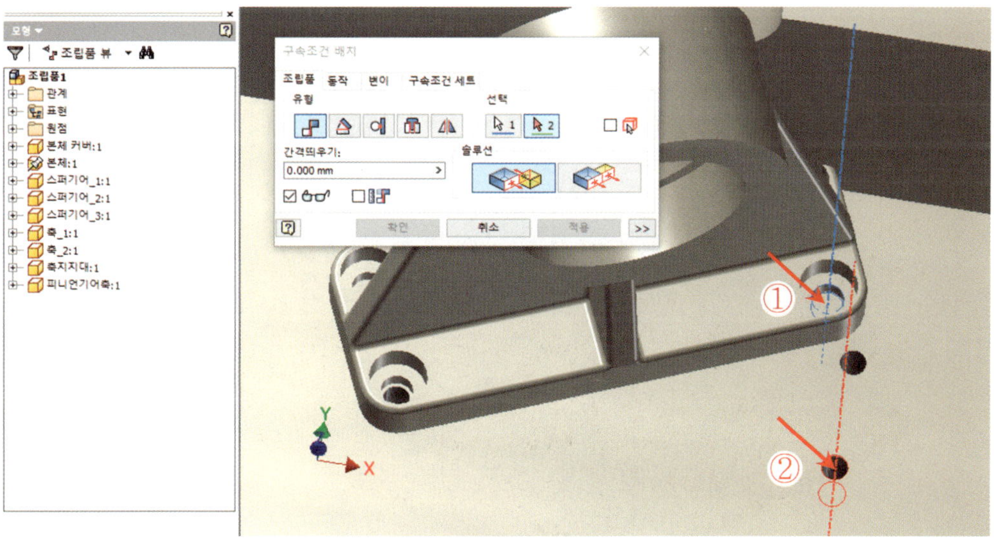

사용할 베어링을 불러오자. 베어링 모델링 파일은 베어링 판매업체 사이트에서 쉽게 구할 수가 있다. (사용할 베어링: 6001ZZ, 6002ZZ, 6003ZZ) 베어링의 색상은 구분을 위해 황동색으로 변형하겠다.

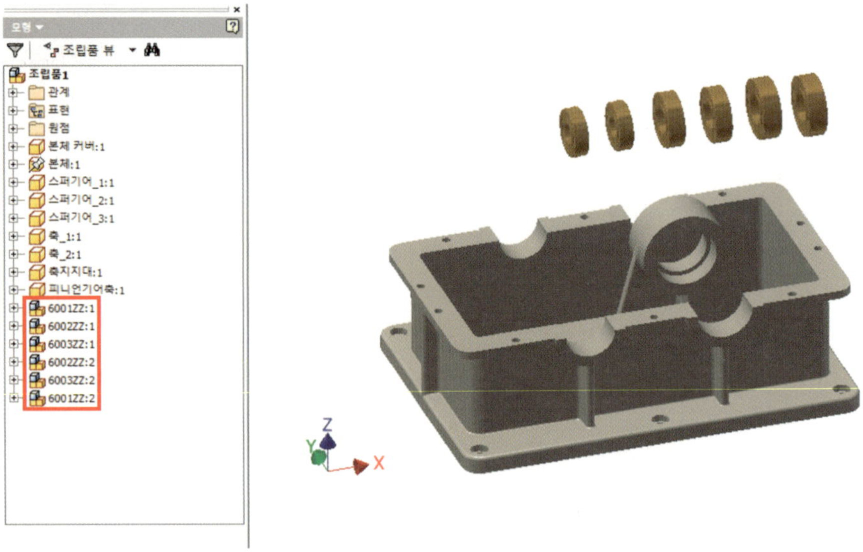


베어링을 아래의 형태로 구속시켜주겠다.

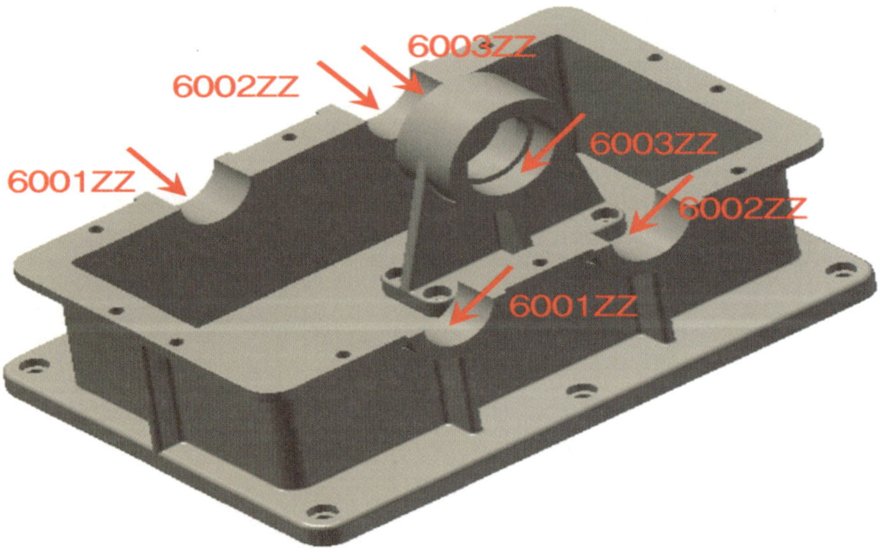

다음과 같이 동심원 구속을 시켜준다.

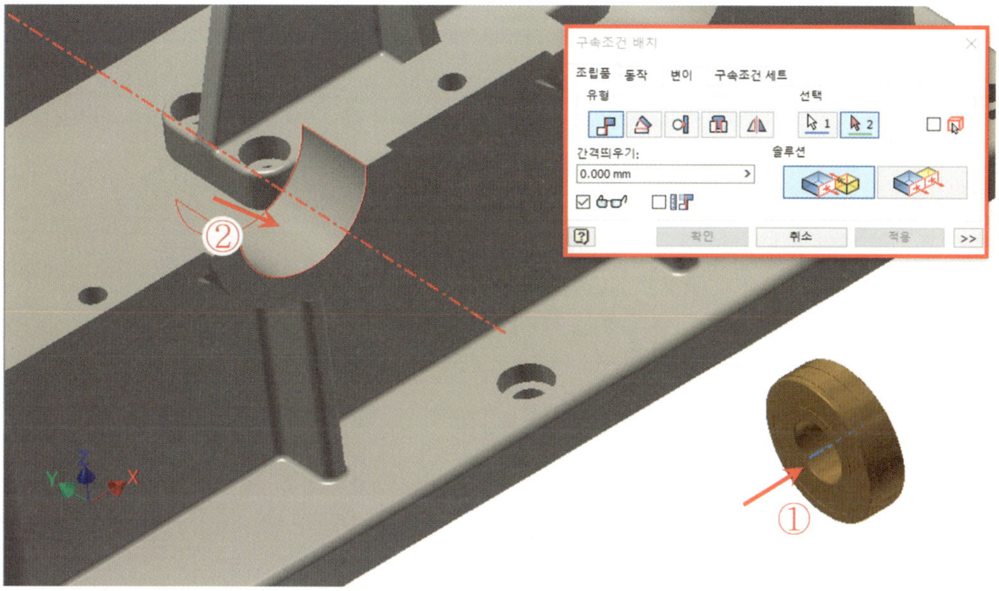


다음과 같이 플러쉬 구속을 시켜준다.

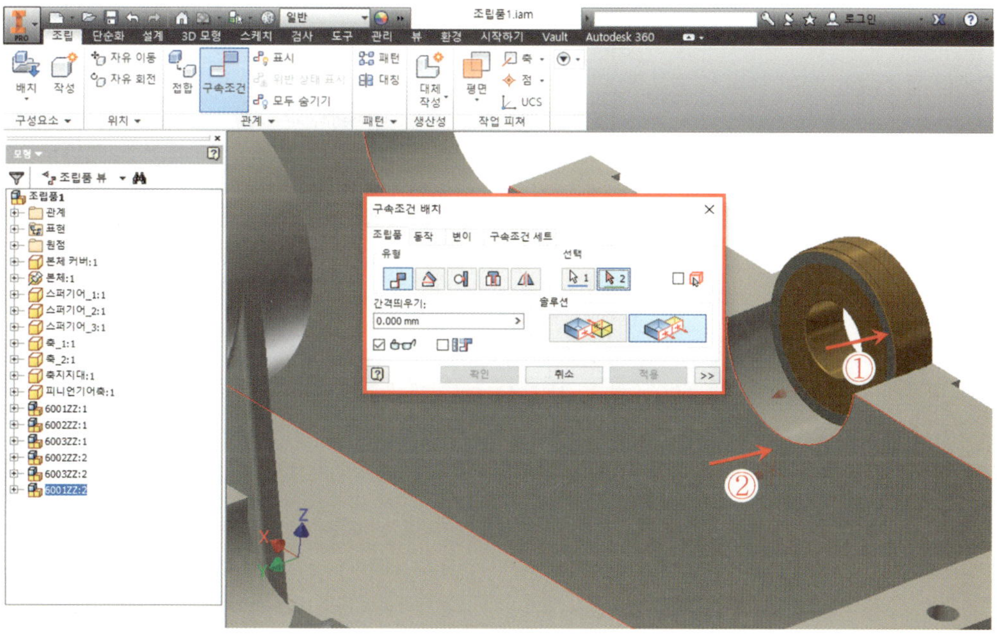

같은 방식으로 모든 베어링을 구속한다.

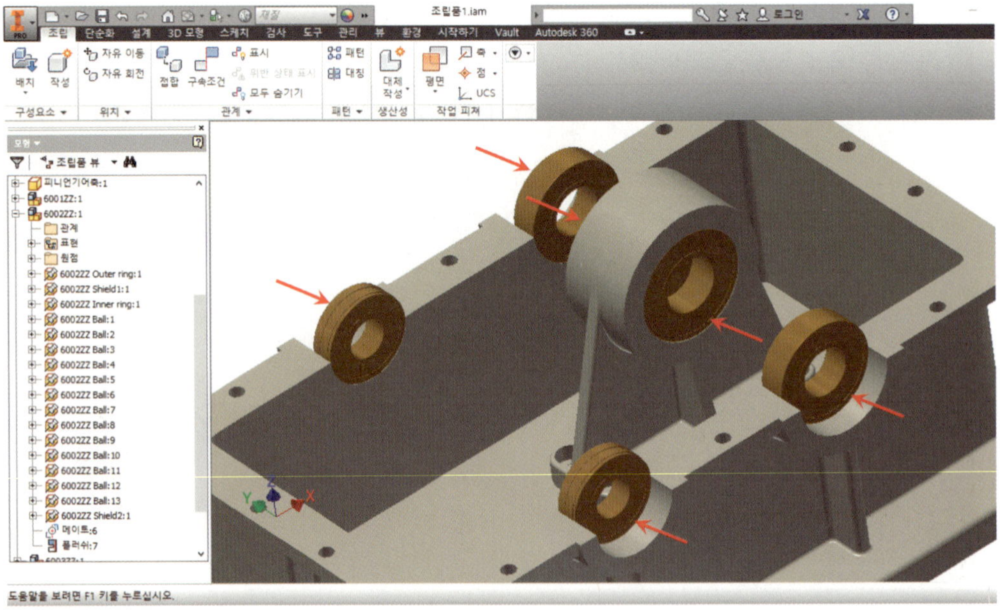


[축1] 을 구속시켜준다.

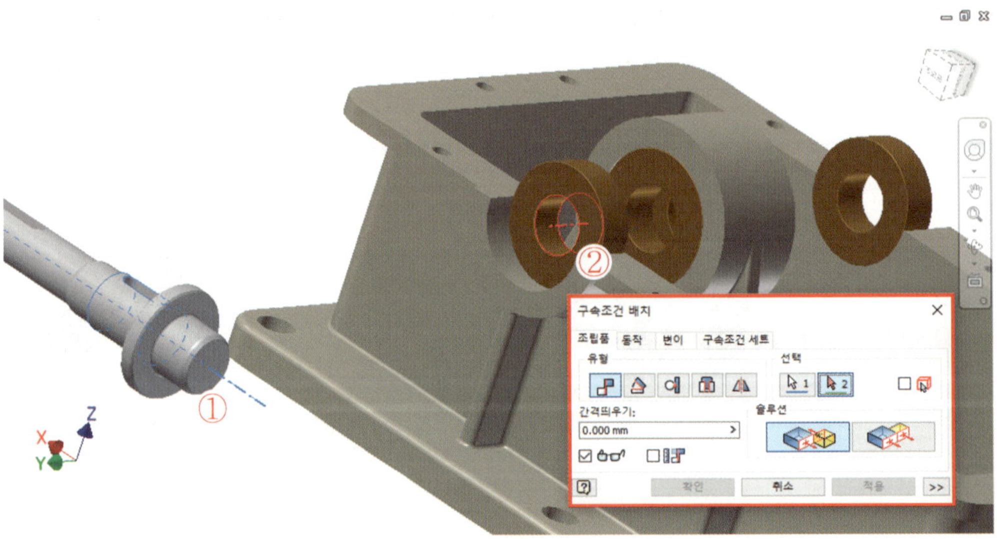

[축2] 을 고정한다.

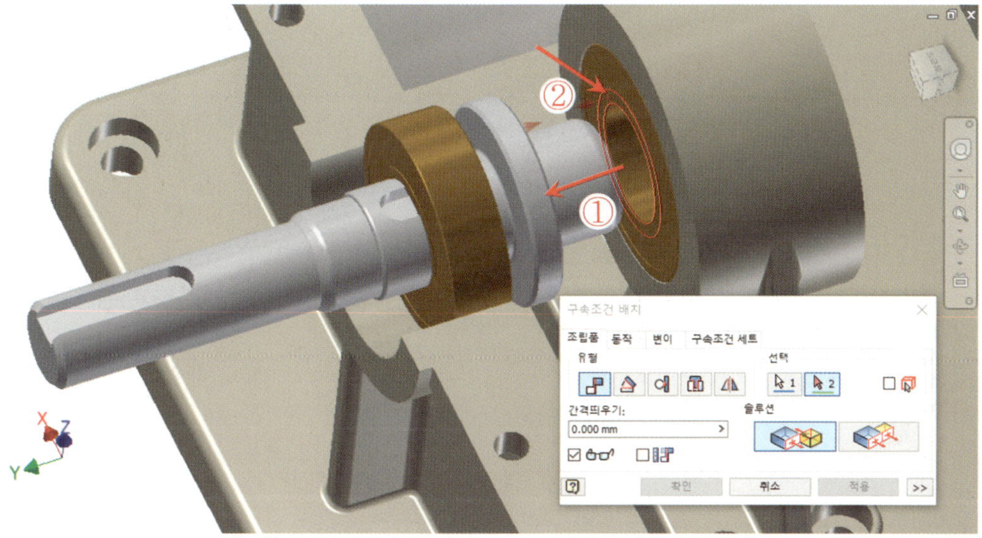


축에 기어를 구속한다.

기어를 고정한다.

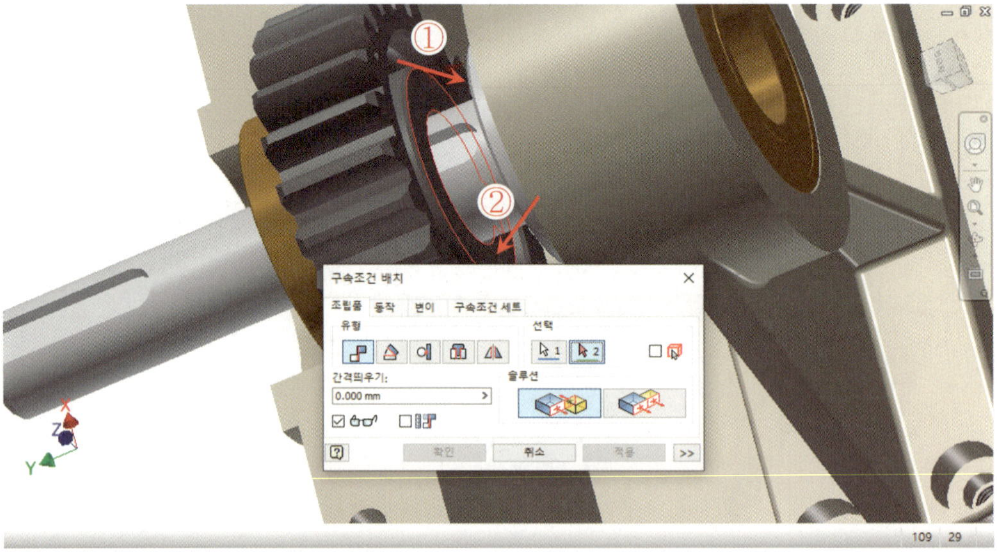


핀을 제작하여 기어를 축과 완전히 고정한다. (핀 5 mm x 10 mm x 5 mm)

같은 방식으로 반대편 축과 기어를 고정한다.

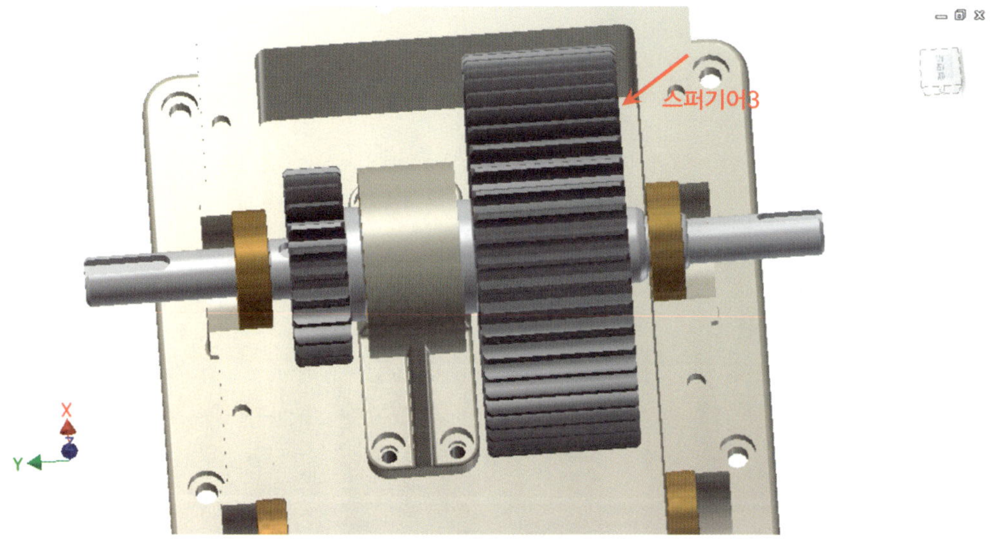


같은 방식으로 [축기어샤프트]와 [스퍼기어2]도 구속한다.

본체 커버를 구속하고 조립에 이상이 없는지 최종 확인한다.

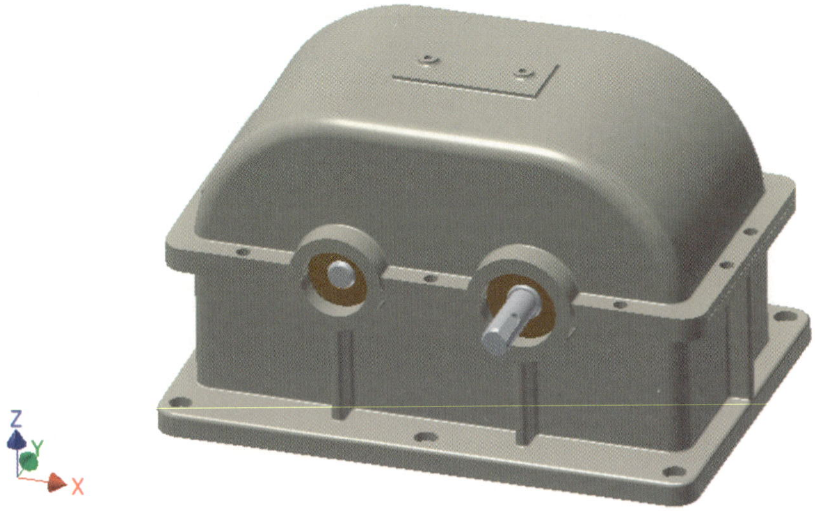


본체 커버는 내부 구동을 확인하기 위해 반으로 잘라주겠다. 작업을 위해 가시성을 꺼도 된다.

# Chapter 10. 인벤터 어셈블리
# - 구속조건 (동작)

감속비에 맞게 움직이도록 구속해주겠다. 구속조건 아이콘을 선택하고 동작탭으로 들어간다.

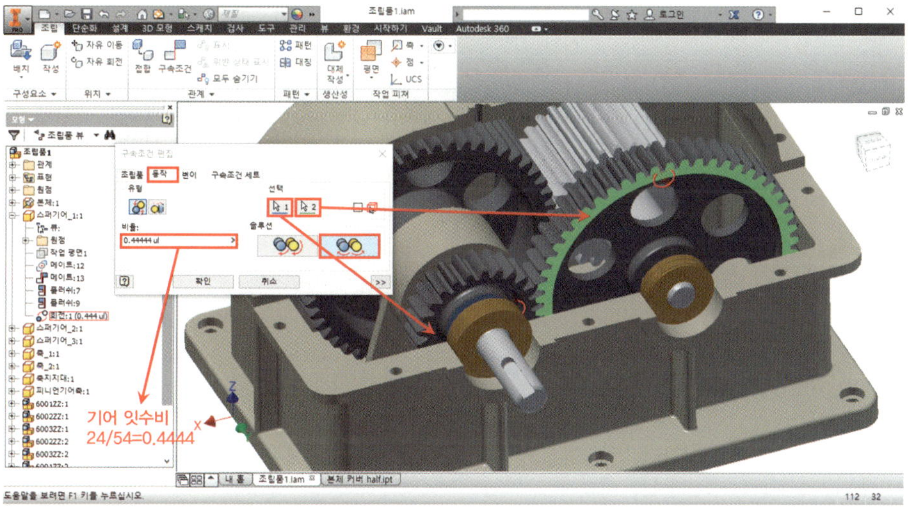


다음과 같이 이어 잇수비를 기반으로 비율을 조정한다.

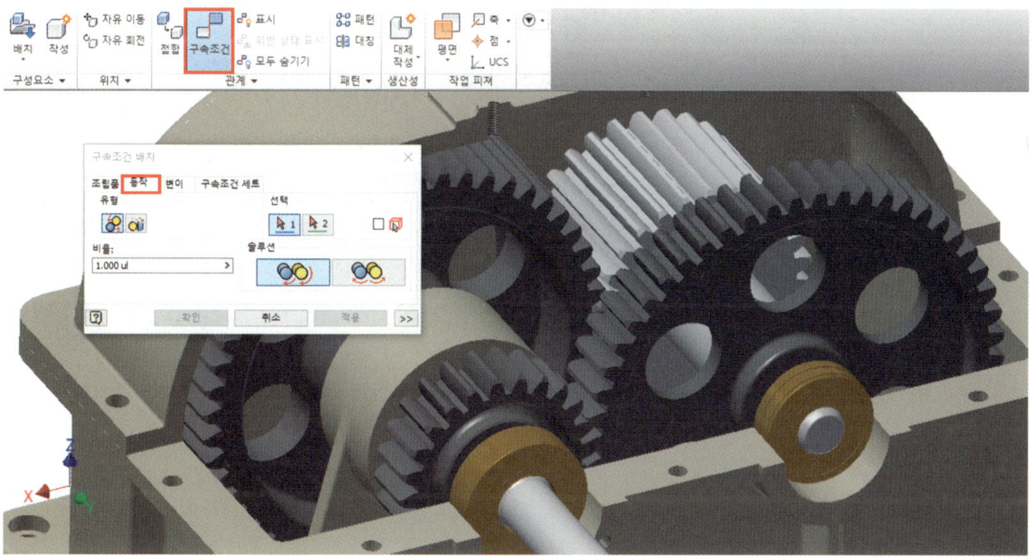

후단의 기어도 다음과 같이 동작 구속을 한다.

$$속도비\ (i) = \frac{Z_2}{Z_1} \times \frac{Z_4}{Z_3} = \frac{54}{24} \times \frac{51}{27} = 4.25$$

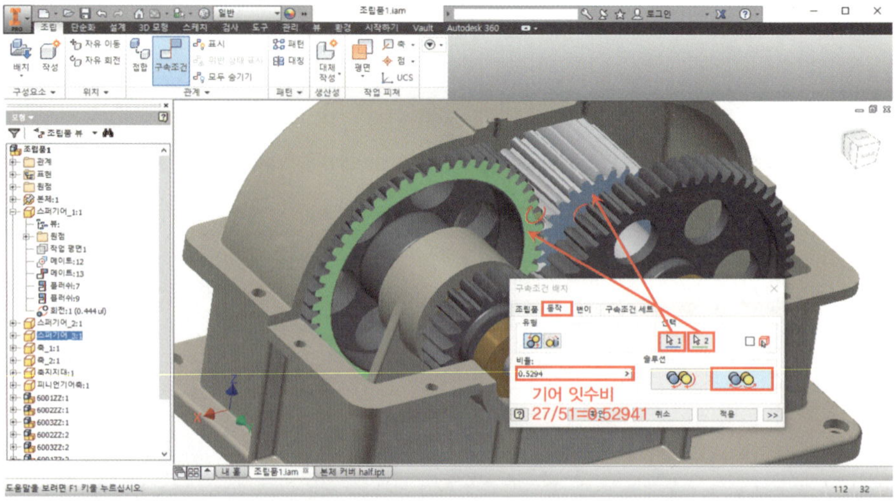


입력축 기어를 선택하고 움직이면 설정한 기어의 속도비대로 기어가 움직이는 것을 확인할 수 있다.

# Chapter 11. 인벤터 어셈블리 - 모델링

이제 마지막 부품인 [베어링 커버]를 조립품 상태에서 모델링 하겠다. 다음과 같이 입력축 가운데에 스케치할 평면을 미리 만들어준다.

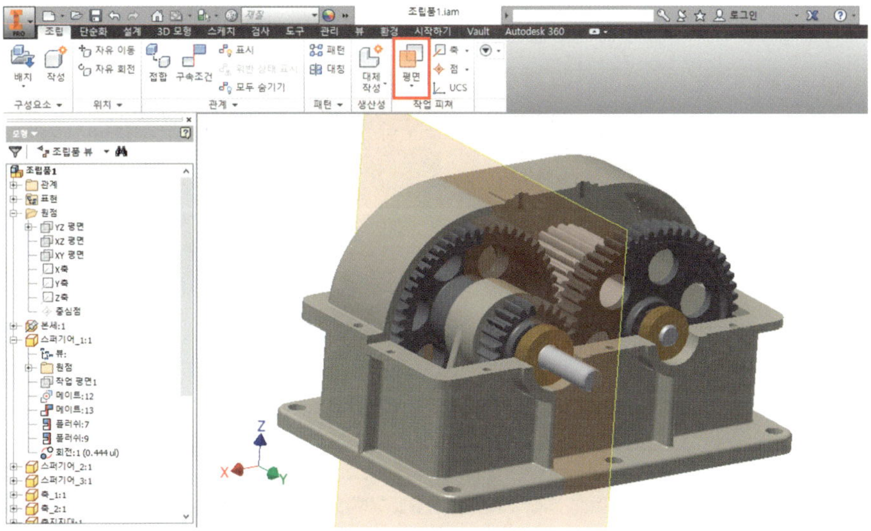

작성 아이콘을 누르고 새 구성요소 이름 [베어링 커버_1]을 넣어준다.

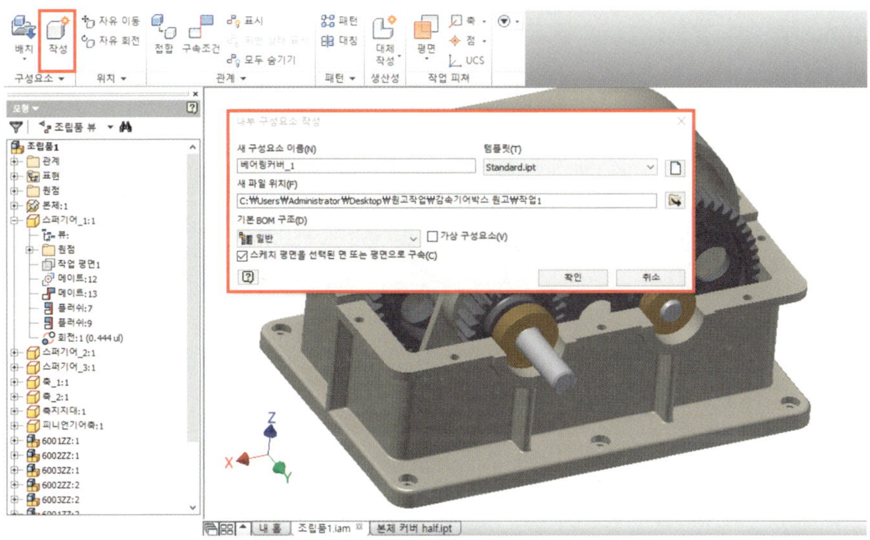

생성한 작업평면을 클릭한다.

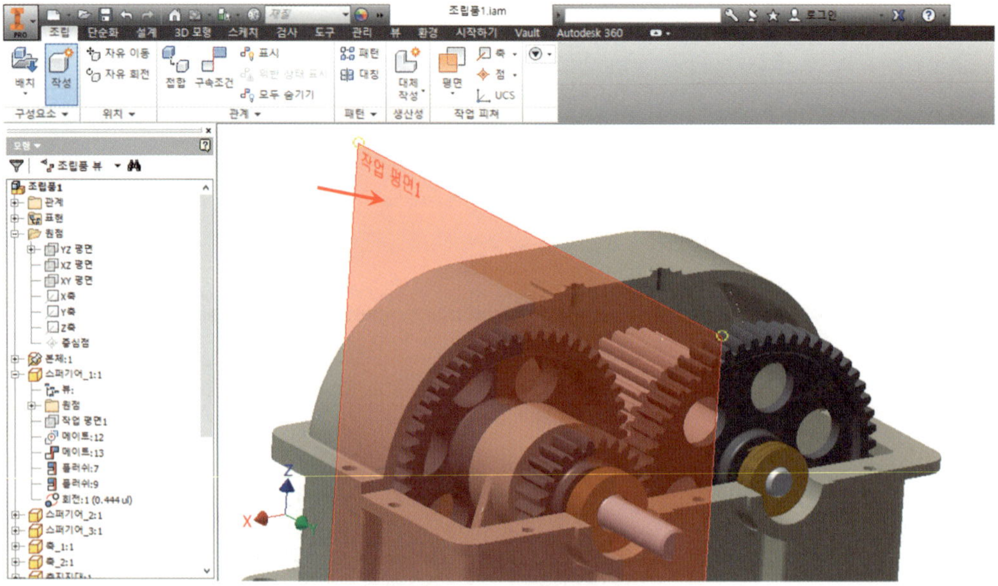


조립된 형상이 투명해지고 검색기 패널에 [베어링 커버_1]이 생성된 것을 확인할 수 있다. 생성한 작업평면 위에 스케치를 시작하겠다.

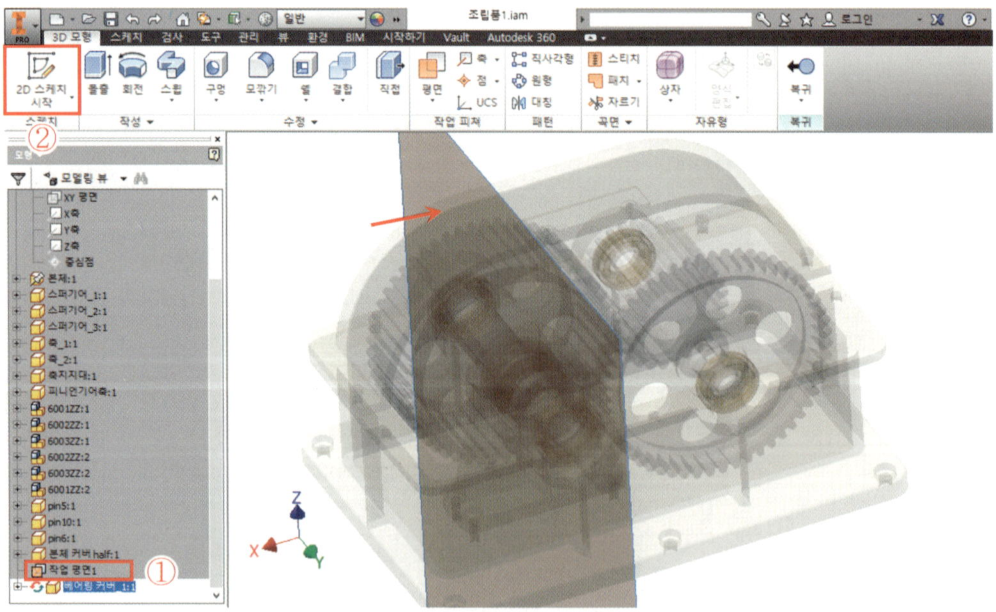

어셈블리 상태에서 모델링을 할 때에는 조립된 형상을 투영하여 쉽게 모델링을 하기 위함이다. 다음과 같이 베어링의 전면부와 본체가 끝나는 부분을 형상투영한다.

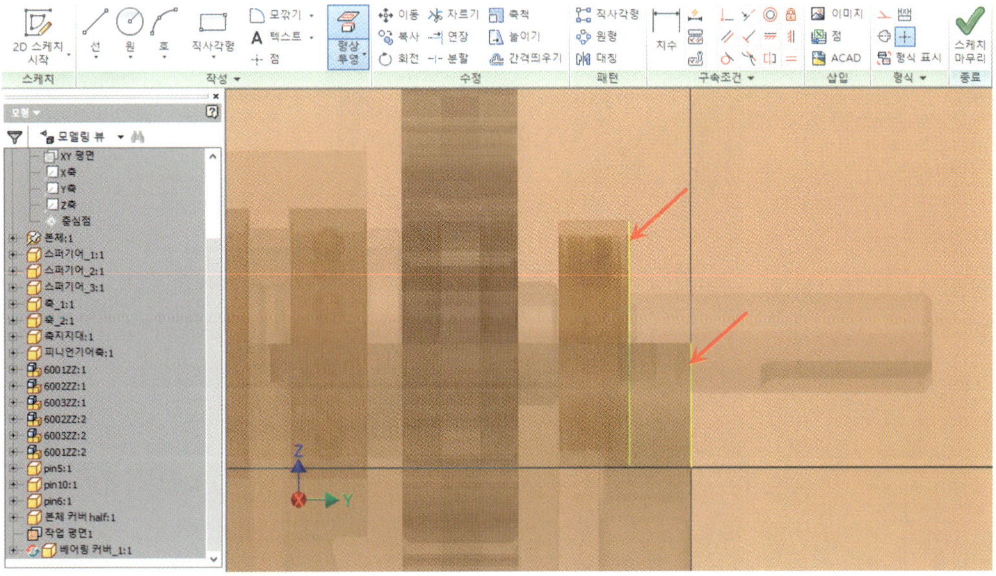


다음과 같이 스케치한다.

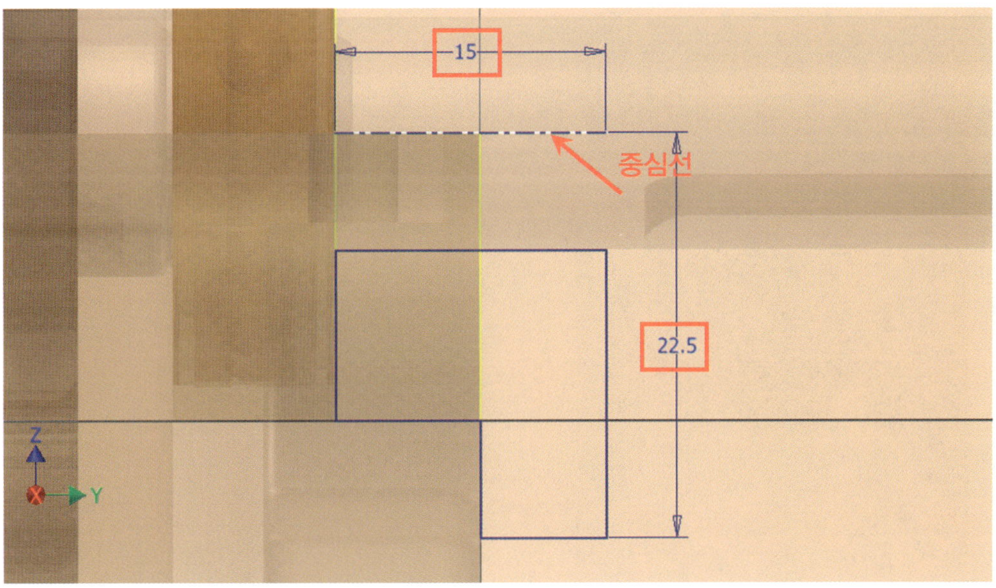

[회전] 아이콘으로 솔리드를 생성한다.

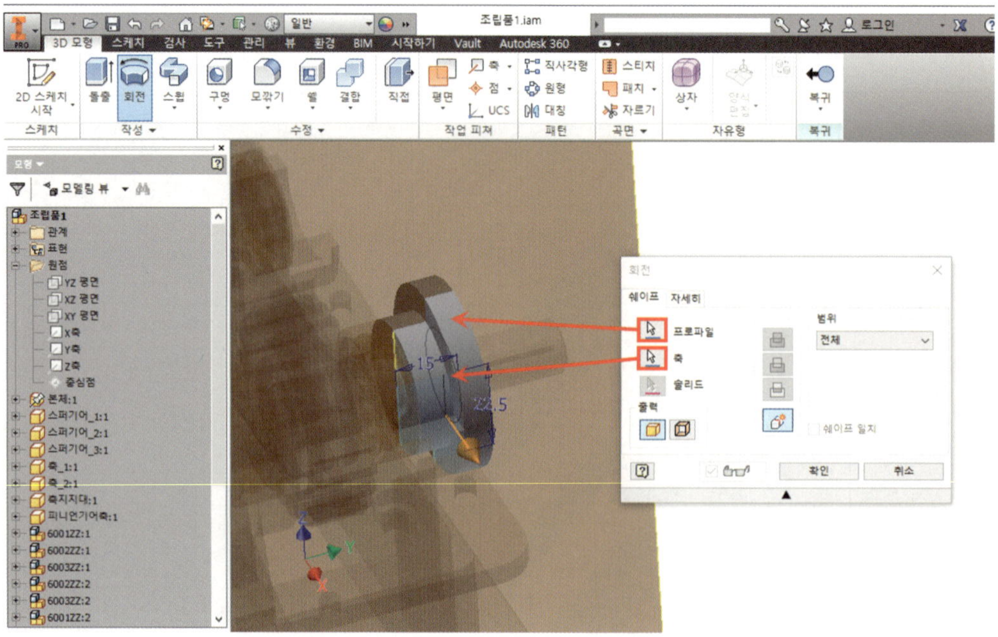


다음의 위치에 모깍이 거리 3 mm를 한다.

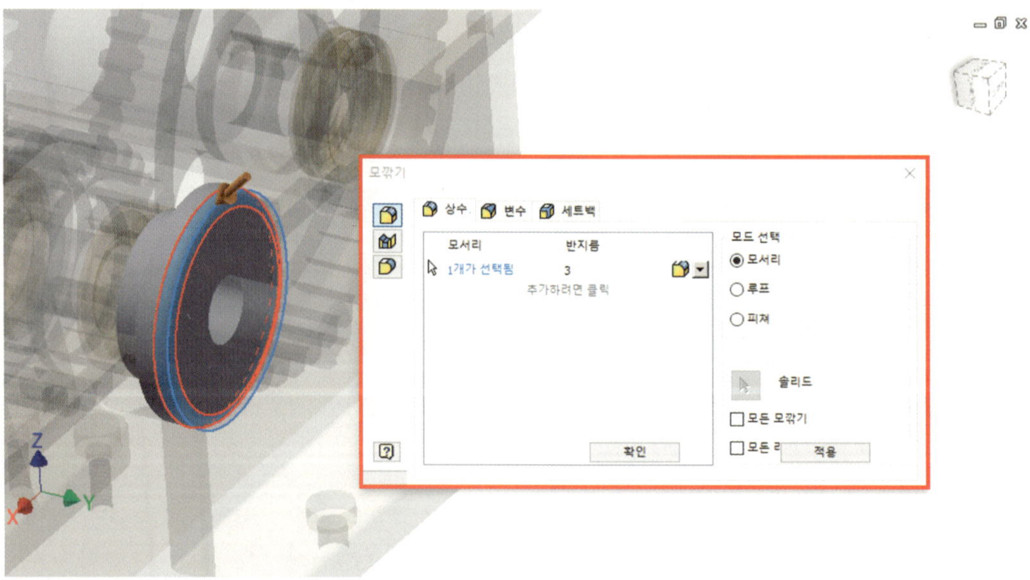

다음의 위치에 모따기 거리 1 mm를 한다.

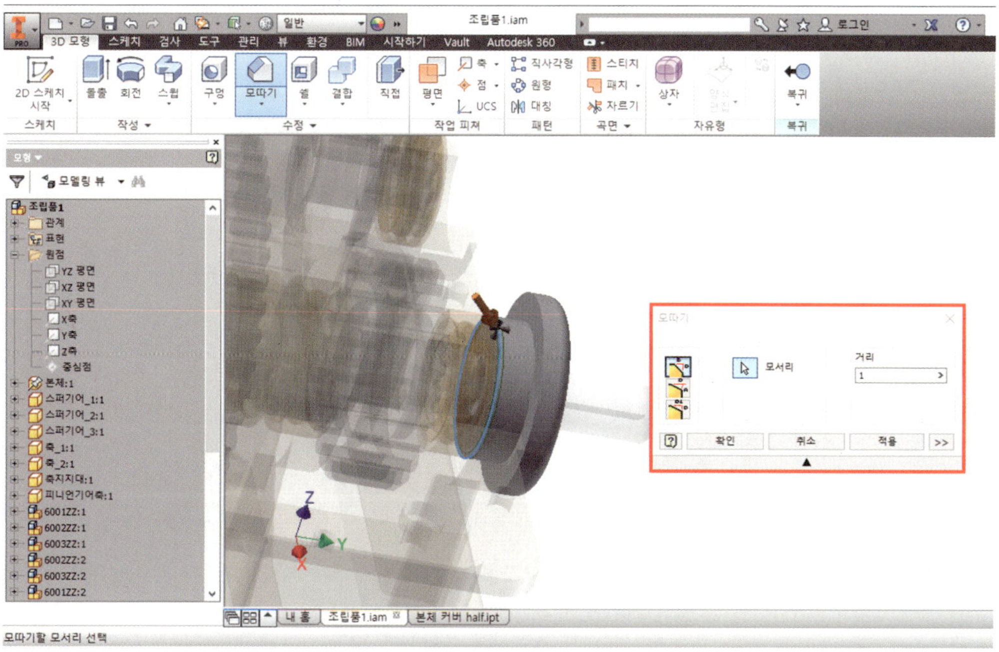

커버 상단에 스케치를 한다.

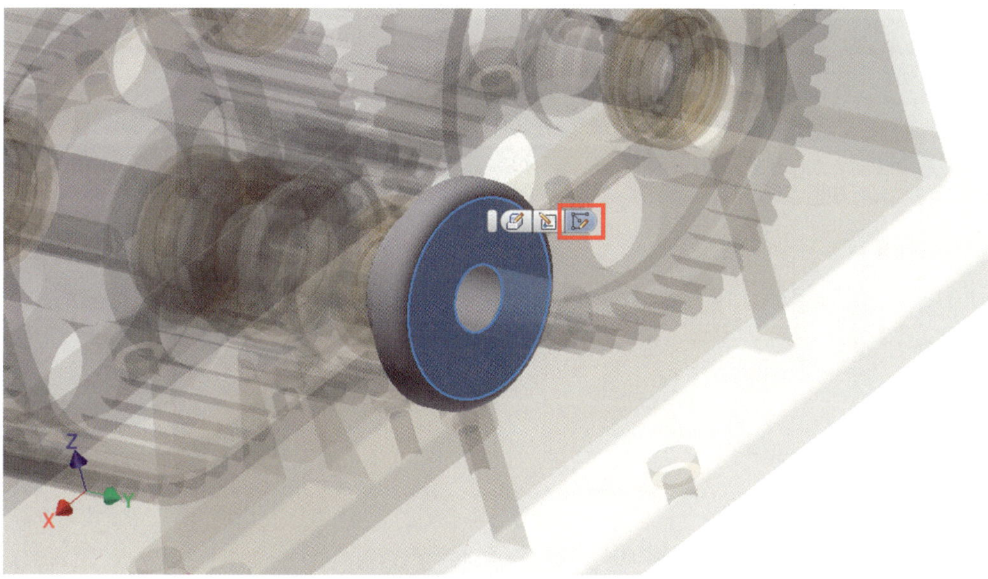

다음의 스케치처럼 점 6개를 찍어준다. 스케치 마무리를 한다.

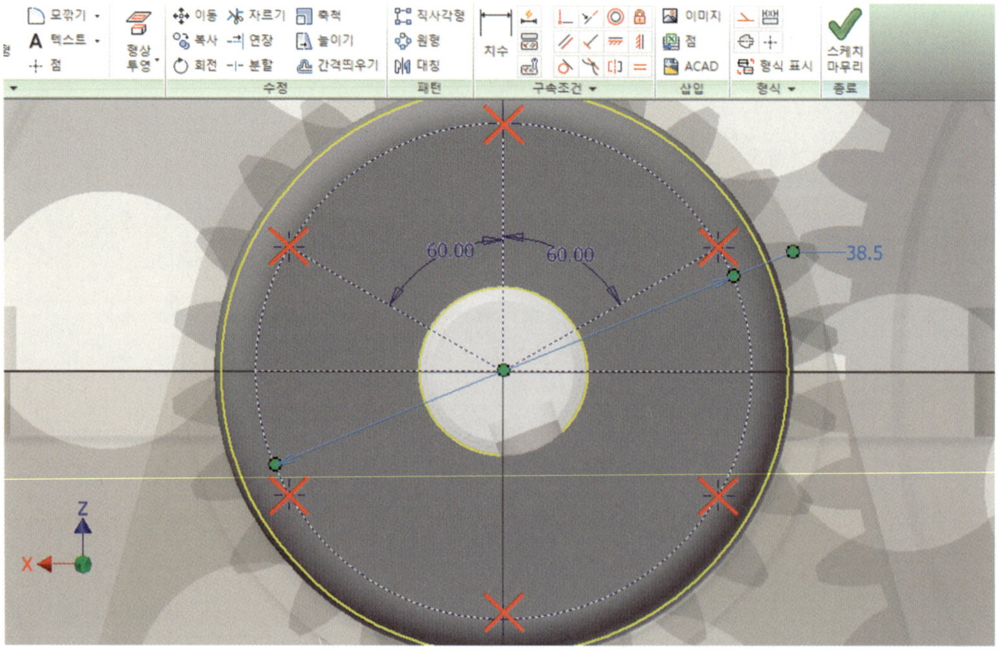


컨텐츠 센터를 이용해 다음과 같이 볼트 자리를 판다.

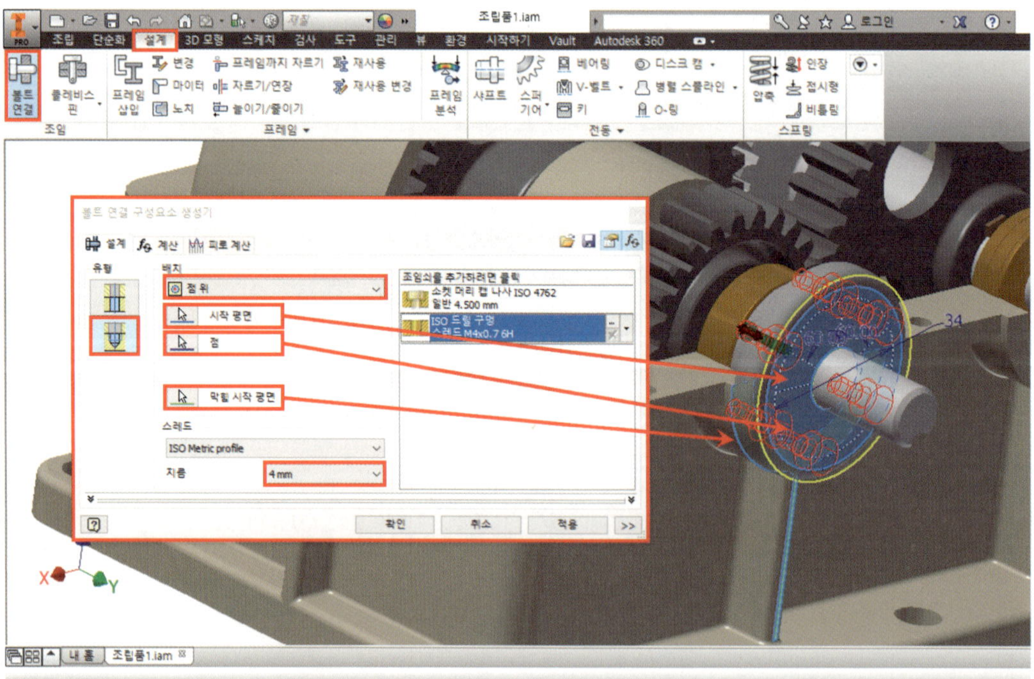

본체의 스레드까지 한꺼번에 작업할 수 있다. 상단의 커버가 있었다면 동일하게 스레드가 작업 되었을 것이다.

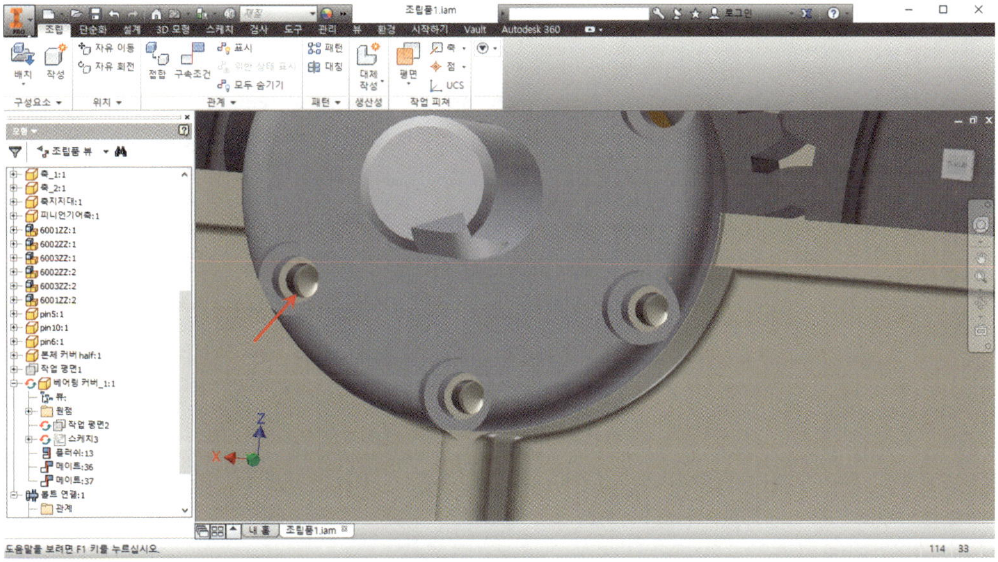

베어링 커버가 완성되었다.

동일한 방법으로 반대쪽 베어링 커버도 모델링한다.

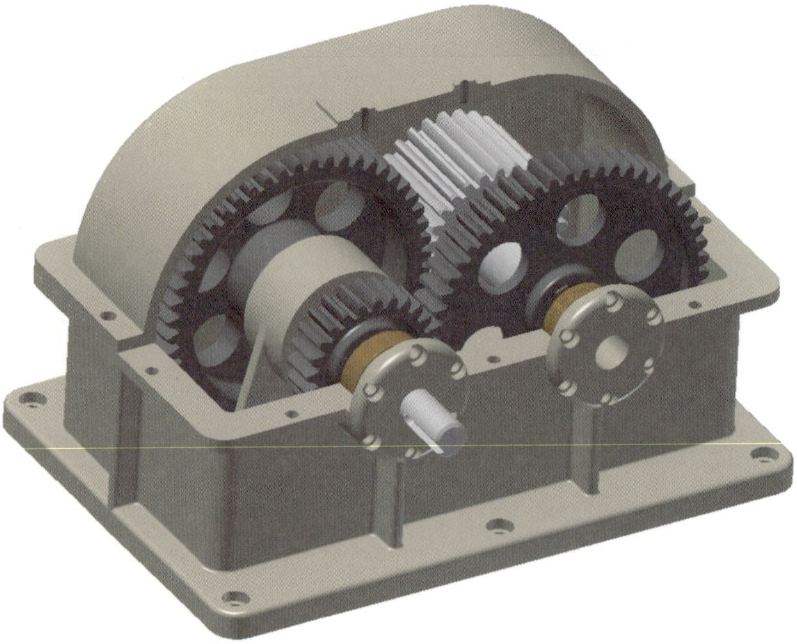

기어박스 어셈블리가 완료되었다.

PART 5.

# 3D 프린팅

# Chapter 12. 3D 프린터 기본

## 12.1 4차 상업혁명과 3D 프린터

4차 산업혁명이 도래하면서 제조업에서도 급격한 변화가 진행 중이다. 대량생산이 주류를 이루었던 제조업 환경에서 맞춤형 제작 시장이 급속도로 커지면서 소량생산의 체제로 제조업이 변화하고 있다.

기존의 소품종 대량생산의 제조업 방식은 제품 제작 시 금형을 위한 틀을 제작해야 하는데, 이 금형 제작에 많게는 수 천만원의 비용이 소요된다. 이미 검증이 끝난 제품의 금형 틀을 제작하는 것은 문제가 없지만, 아직 설계 검증이 안된 시제품을 제작할 때는 약간의 설계 변경으로도 다시 금형을 제작해야 하므로 많은 비용이 든다. 이렇게 소요되는 불필요한 시간과 자금이 줄일 수 있다는 점에서 3D 프린터는 새로운 대안으로 각광 받고 있다.

3D 프린터는 원하는 모양의 금형을 만들기 전에 제품을 테스트 해볼 수 있으며, 오류가 확인되면 수정 후 바로 출력하여 설계 검증을 실시간으로 진행할 수 있다. 또한, 고객의 입장에서도 실제 시제품을 보고 판단할 수 있기 때문에 제품에 대한 만족도가 높아지게 된다.

1980년경 부터 RP(Rapid Prototyping)머신이라고 불리던 3D프린터는 처음 플라스틱 소재로만 사용되었으나 현재는 금속을 비롯한 다양한 소재들이 사용되고 있다. 또한, 3D 프린터는 현재의 가공 방법보다 더 쉽게 형상을 제작할 수 있는 방법으로 가공으로 제작이 쉽지 않았던 디자인도 실물 출력이 가능해졌다.

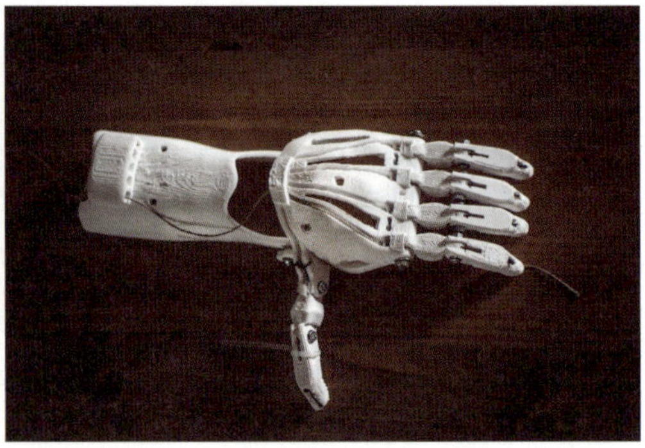

최근에는 바이오 분야에서 3D 프린터의 사용이 활발해 지면서 인공 뼈, 인공장기를 비롯하여 인공 피부까지 3D 프린팅을 이용한 맞춤형 생산에 대한 연구가 활발히 진행되고 있다.

## 12.2 3D 프린터 종류

3D 프린터는 재료나 공정에 따라 여러 가지 종류가 있으며 각각의 3D 프린터는 고유의 특징을 가지고 있다. 여기서는 가장 대중화되어있는 4가지 종류의 3D 프린터에 대해서 간략하게 소개하겠다.

### 12.2.1 FDM(Feed Deposition Modeling), FFF(Fused Filament Fabrication)

가열을 통해 부드러워진 소재를 노즐이라는 작은 구멍으로 압출하여 적층하는 방식이다. 일반적으로 FDM방식은 PLA와 ABS소재를 사용하는데 ABS, PLA 모두 열가소성 소재다.

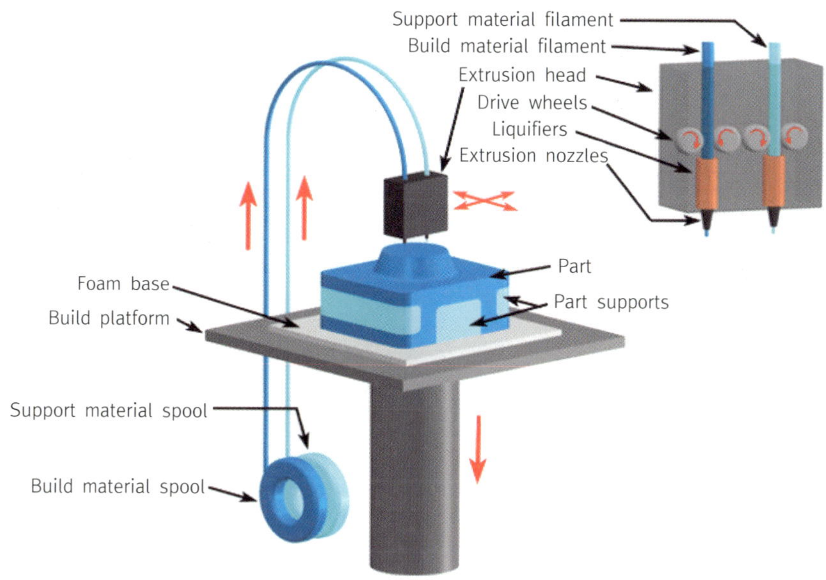


| | PLA | ABS |
|---|---|---|
| 장점 | • 폐기 시 미생물에 의해 생분해 (옥수수 전분 원료)<br>• 대형제품 출력 불가가능 | • 점착성 우수<br>• 녹는점이 균일하여 기포 발생 적음 |
| 단점 | • 열에 의한 변형(고온처리 불가)<br>• 균열 및 깨짐이 있음<br>• 흡습성 높음<br>• 후가공 과정 | • 냄새로 인한 환기 필요<br>• 출력물의 크기, 모양 챔버의 온도 등에 따라 휨 현상 발생<br>• 대형제품 출력 불가 |
| 특징 | • 친환경 소재<br>• 출력온도 180~230℃ | • 석유화학 소재<br>• 출력온도 210~250℃ |

PLA와 ABS 소재는 저렴한 가격으로 인해 접근성이 좋으나 각 소재의 특징을 잘 알고 사용해야 한다. ABS 소재는 엔지니어링 플라스틱으로 PLA보다 충격과 열에 강하다. 반면, PLA 소재는 ABS 소재보다 온도변화에 덜 민감하므로 변형률이 작아 상대적으로 대형제품을 출력하는데 ABS 소재보다 적합하다.

FDM방식은 구동원리가 간단하고 많은 정보가 오픈 소스화 되어 가장 보편적이나 출력물의 품질이 떨어진다는 단점을 가지고 있다. 매끄러운 표면의 제품을 위해서는 반드시 후가공 공정을 거쳐야 하며, 형상에 따라 서포터를 제거해야 할 수도 있다.

### 12.2.2 SLA(Stereo Lithography Apparatus)

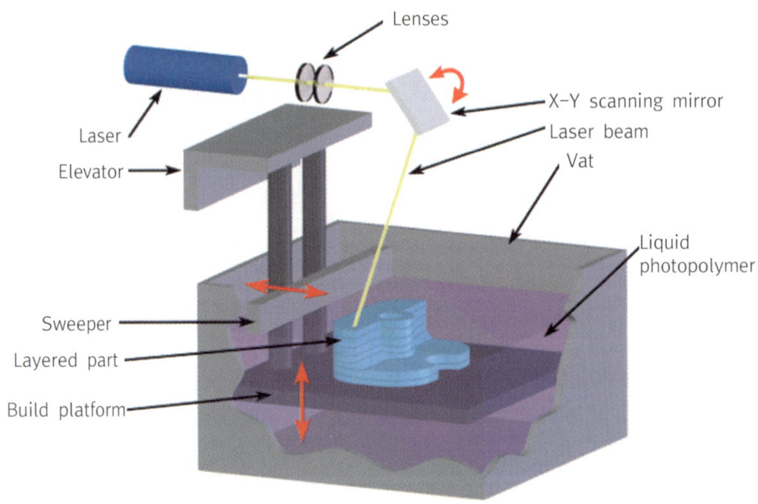


액체 상태의 광경화성 소재를 레이저를 이용하여 고체로 굳히는 방법으로 적층하는 방식이다. 레이저 광원은 UV 파장대의 에너지를 이용하며, 레이저 포인트 크기와 반사거울의 구동회로 정밀도에 따라 출력물의 해상도가 달라질 수 있다.

작은 움직임의 차이로 해상도가 결정되기 때문에 장비 취급 시 주의가 필요하다. 반사거울에 의해 반사된 레이저가 지나간 자리는 고체가 되며 지나가지 않은 자리는 변화가 없어 제품을 만들게 된다.

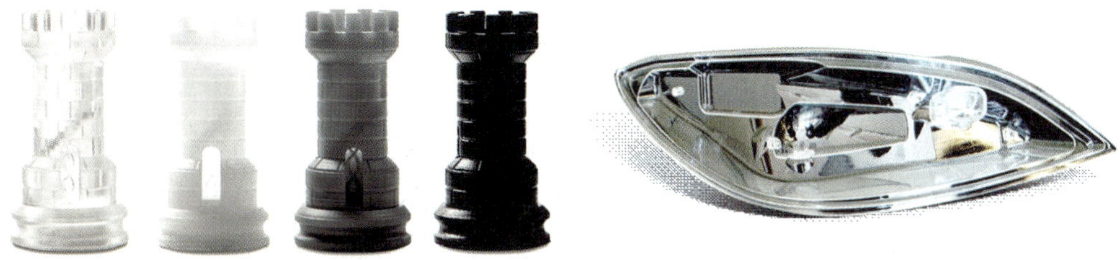

SLA 방식은 제작 비용이 저렴하고 실사와 같은 색상의 출력이 가능하다는 장점이 있다. 또한, FDM 방식과 다르게 수축이 적고 잔여물이 붙지 않으므로 제품의 품질이 우수하다. 반면, 광경화성 소재의 한계로 제품의 내구성이 약하다는 단점이 있다.

### 12.2.3 DLP(Digital Lighting Processing)

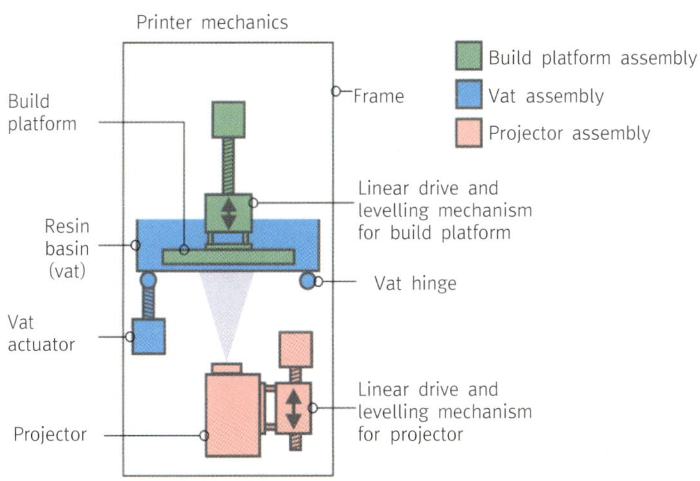


DLP 방식의 3D 프린터는 SLA 방식의 3D 프린터와 원리는 같다. 다만, 소재를 조형하는 방식에 차이가 있는데, 메탈 램프나 UV-LED 광원을 DLP기술을 이용하여 컨트롤 한다는 점이 다르다.

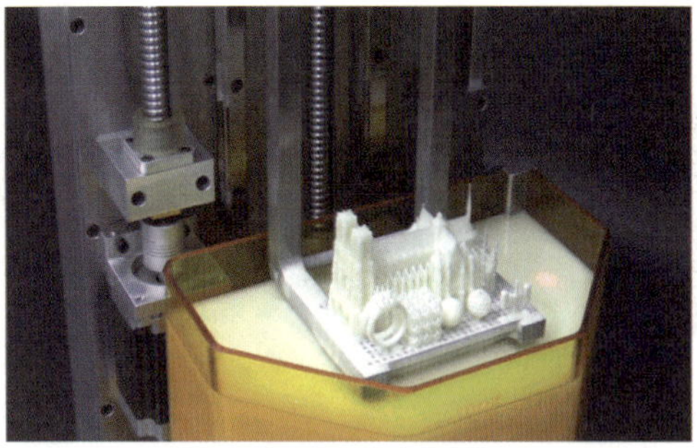

BOTTOM-UP 방식

TOP-DOWN 방식

SLA 방식과 DLP 방식은 광원이 조사하는 방향에 따라 TOP-DOWN 방식과 BOTTOM-UP 방식으로 나누어진다. 초기의 광경화성 소재를 사용하는 3D 프린터는 대부분 TOP-DOWN 방식이었으나 수조에 레진이 가득 담겨 있어야하는 재료 낭비로 인해 현재는 적은양의 레진으로도 제품을 출력할 수 있는 BOTTOM-UP 방식 3D 프린터를 주로 사용한다.

### 12.2.4 SLS(Selective Laser Sintering)

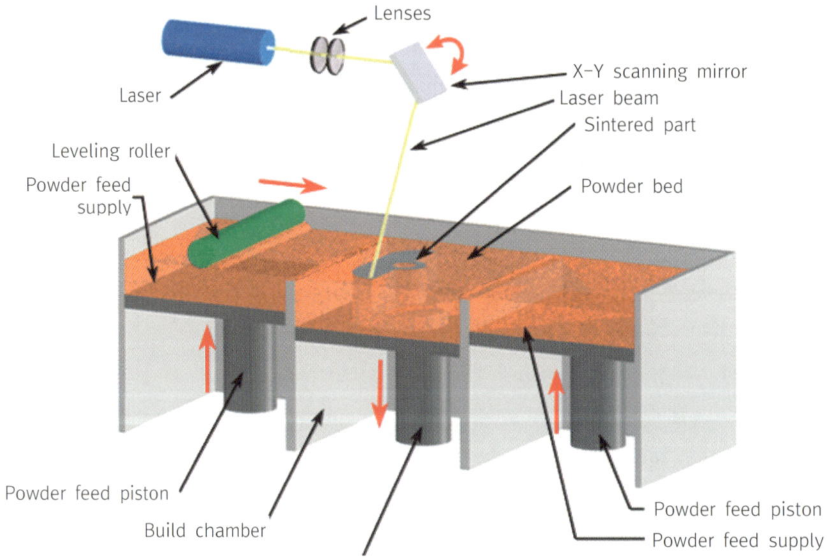


SLS 방식은 SLA 방식과 유사한 원리로 출력된다. 다만, SLA 방식에서 사용하는 레이저보다 훨씬 넓은 에너지를 갖는 CO2 급 레이저를 사용하여 원하는 위치의 분말을 선택적 소결하여 적층한다.

분말재료를 활용한 3D 프린터는 세라믹, 금속 등 다양한 소재로 출력이 가능하다. 또한 대부분의 경우에 서포터가 필요 없기 때문에 소재의 낭비가 적다는 장점이 있다. 미세 분말로 가공할 수 있는 거의 모든 재료로 출력할 수 있으므로 다양한 색상과 특성을 가진 제품이 출력 가능하다.

SLS 방식은 분말을 털어내고 표면접착을 시행하는 후가공 공정이 반드시 필요하다는 단점이 있다. 이 때 발생하는 분진은 호흡기와 피부에 영향을 줄 수 있어 분진 마스크와 방진복 착용이 필요하다.

| 구 분 | 방 식 | 내 용 |
|---|---|---|
| 고체 | FDM | 필라멘트 형태의 열가소성 재료를 열을 가해 녹인 후 노즐을 거쳐 압출되는 재료와 적층 |
| | LOM | 금속박, 플라스틱 등 시트나 필름 형태의 재료를 접착하면서 칼을 사용해 절단 후 적층 |
| | SLS | 분말형태의 재료를 레이저를 사용해 소결 또는 융해 하여 제작 |
| | 3DP | 분말을 바인더라 불리는 접착제를 이용하여 단면 조형 후 적층 |
| 액체 | SLA | 레이저 광원 고그로 액체 광경화성 수지를 굳혀가며 적층 |
| | DLP | DLP를 이용하여 액체 광 경화성 수지를 굳혀가면서 적층 |
| | Polyjet | 노즐을 통해 액체 광경화성 수지를 분사시키고 그 위에 자외선을 비추어 경화시켜 적층 |

# Chapter 13. G코드 생성

## 13.1 3DWOX 시작

### 13.1.1 G코드 생성

3DWOX를 설치한 후 바탕화면의 아이콘을 더블클릭한다.

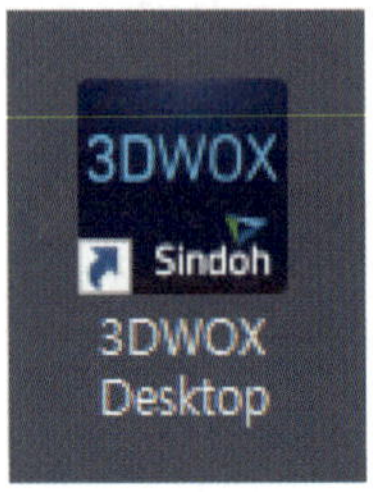


3DWOX가 실행된다. 3D 모델링 뷰어 환경을 선택한다.

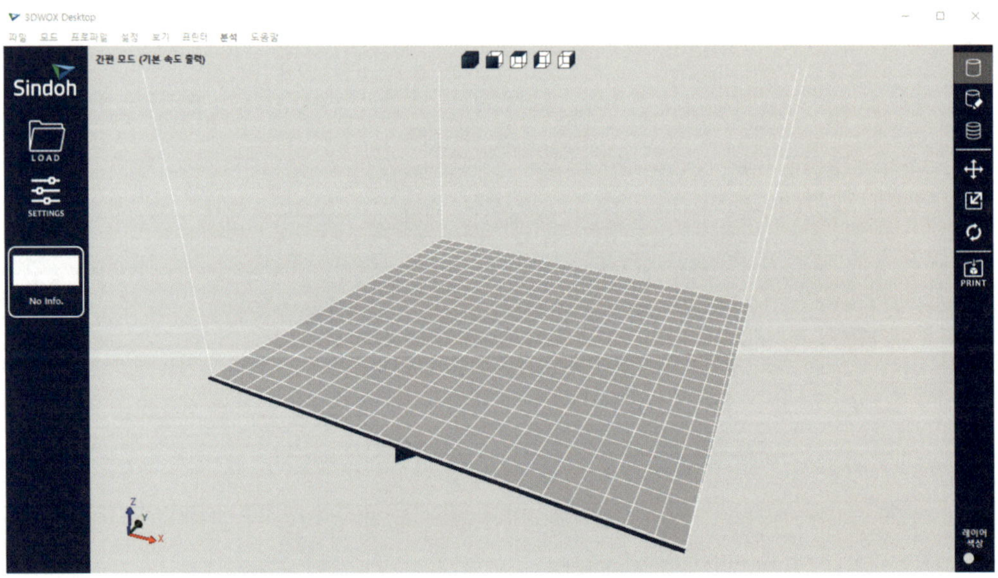

배드의 크기를 미리 정해주기 위해 프린터 설정한다.

프린터 설정 창이 열리면 보유한 3D 프린터의 모델을 선택한다.

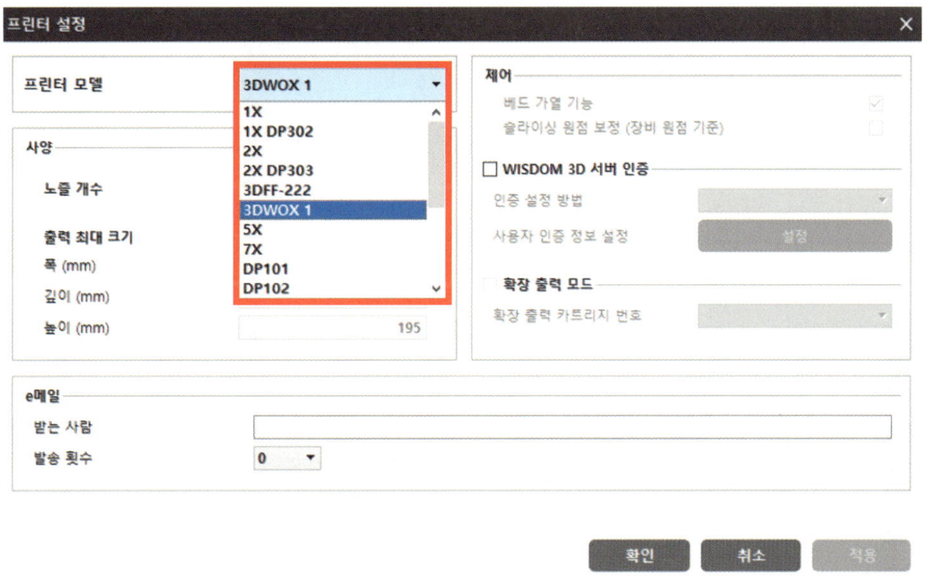

STL파일을 드래그해서 출력할 부품을 배드 위로 올려준다.

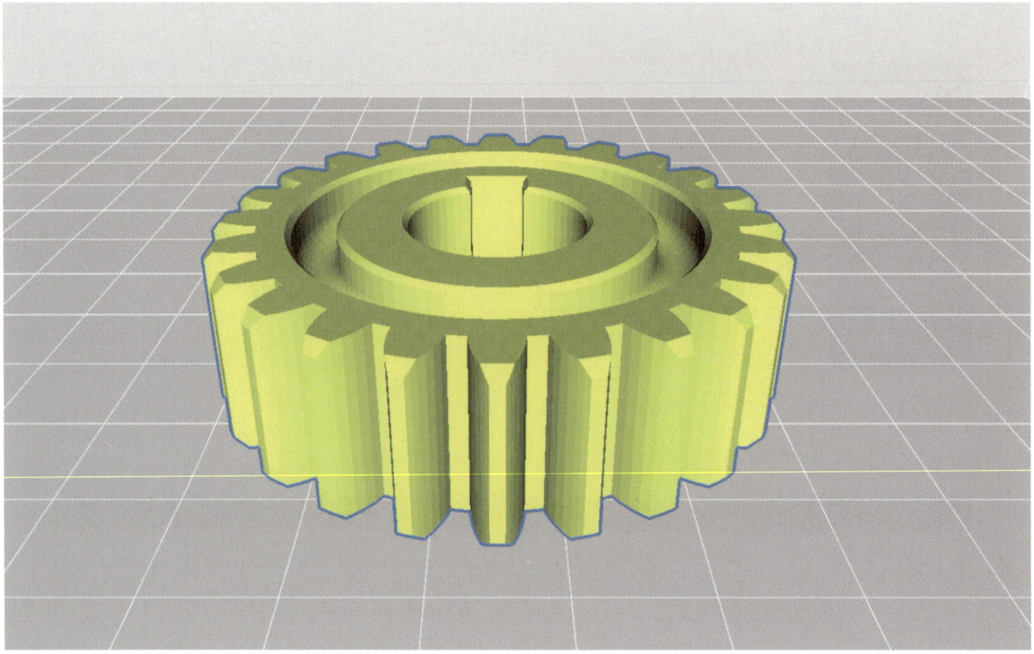

좌측 메뉴바에서 SETTING 아이콘을 선택하고 필라멘트의 재질과 출력 속도를 설정해준다.

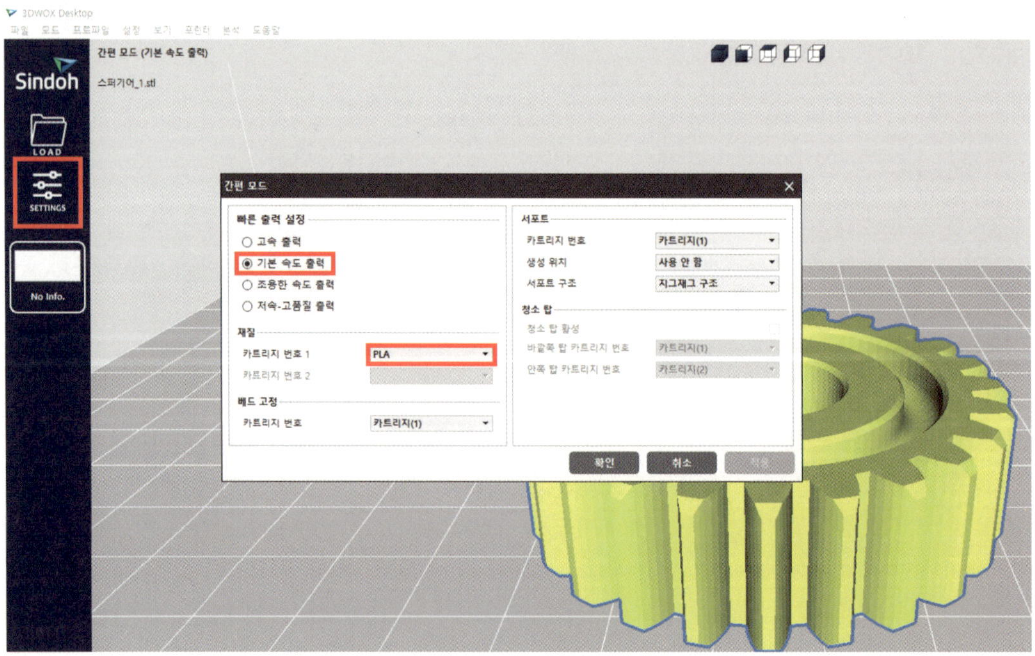

### ◇ 인벤터에서 STL 확장자로 저장하기

3D 프린팅을 하기 전에 모델링 된 파일을 3D 프린팅 표준 포맷 중 하나인 STL 확장자로 저장해야한다.

[다른 이름으로 저장] - [다른 이름으로 사본 저장]을 선택한다.

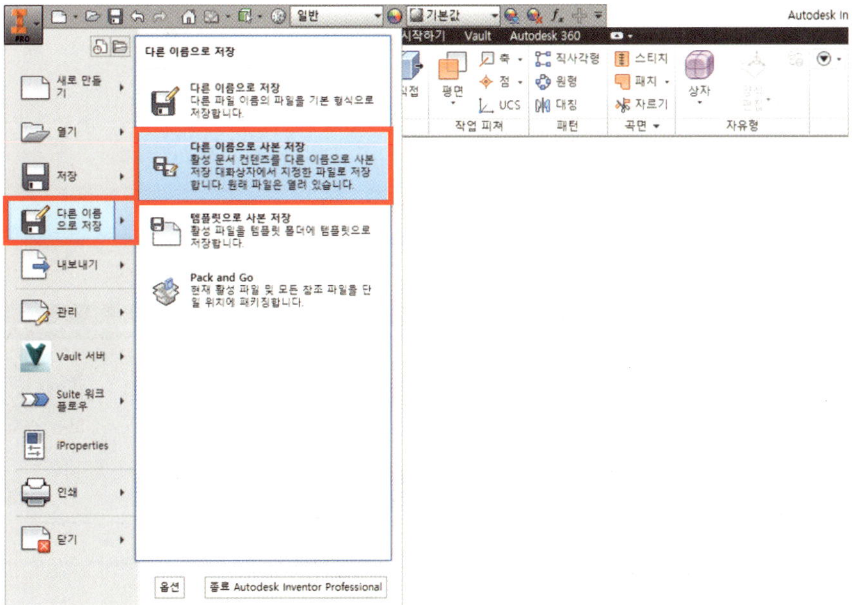


파일 형식을 STL 파일(*.stl) 로 저장한다.

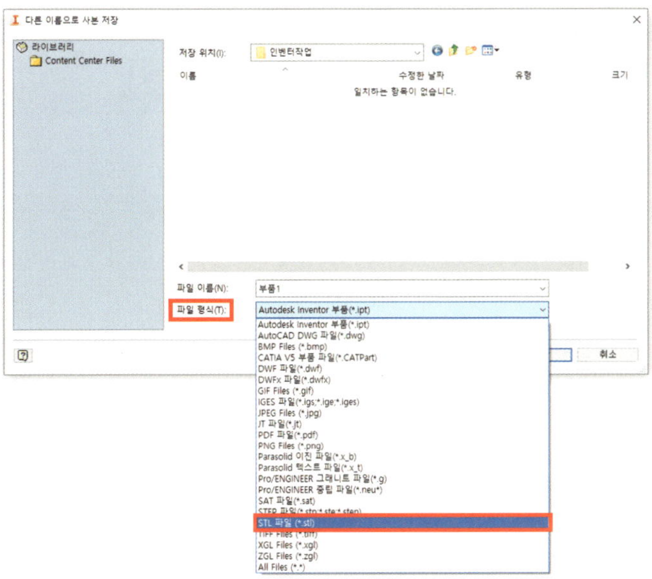

출력방향을 정해주기 위해 분석 탭에서 최적출력방향을 선택한다.

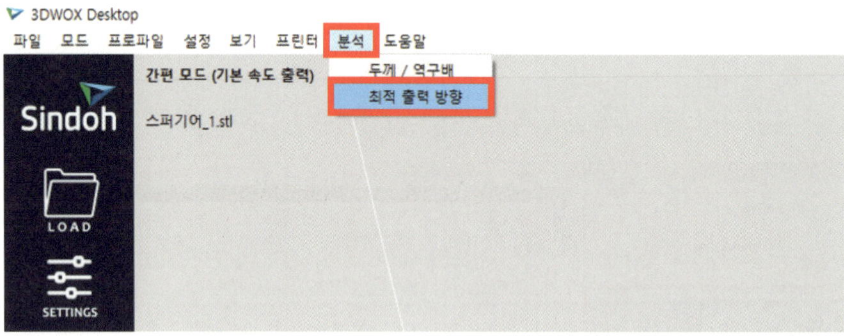


분석 버튼을 누르고 추천 순위에 따라 선택한다.

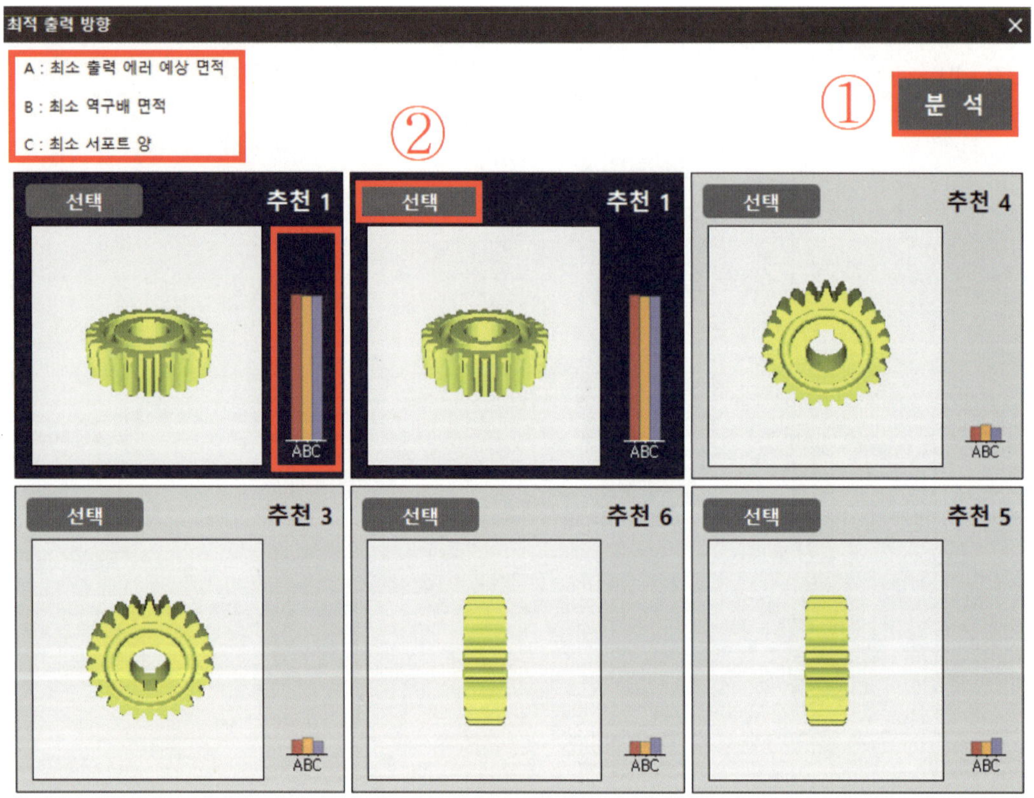

모델링 부품을 선택하고 우클릭하여 배드에 붙이기를 선택한다.

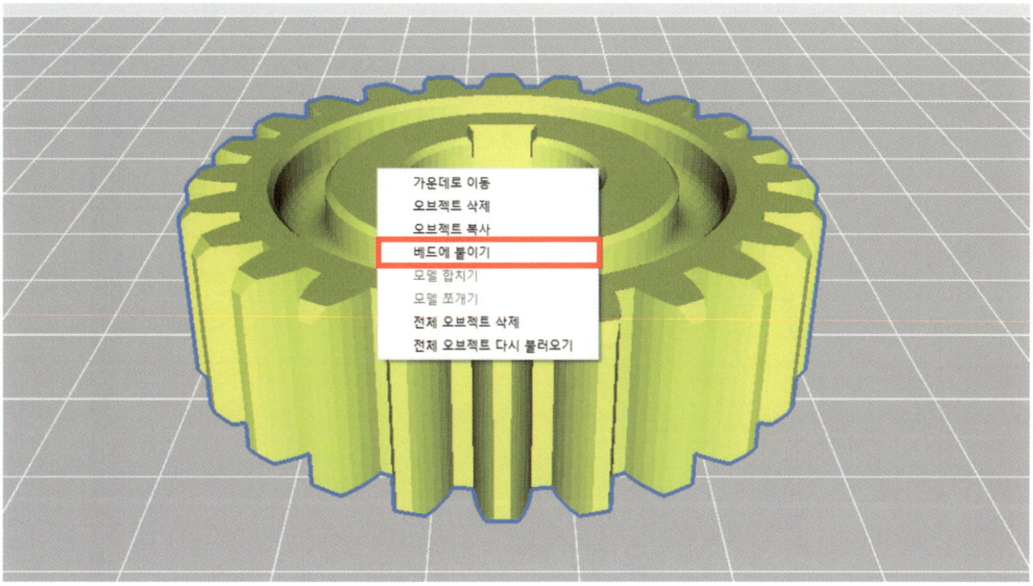


우측 중단의 메뉴에서 부품을 이동, 확대/축소, 회전할 수 있다.

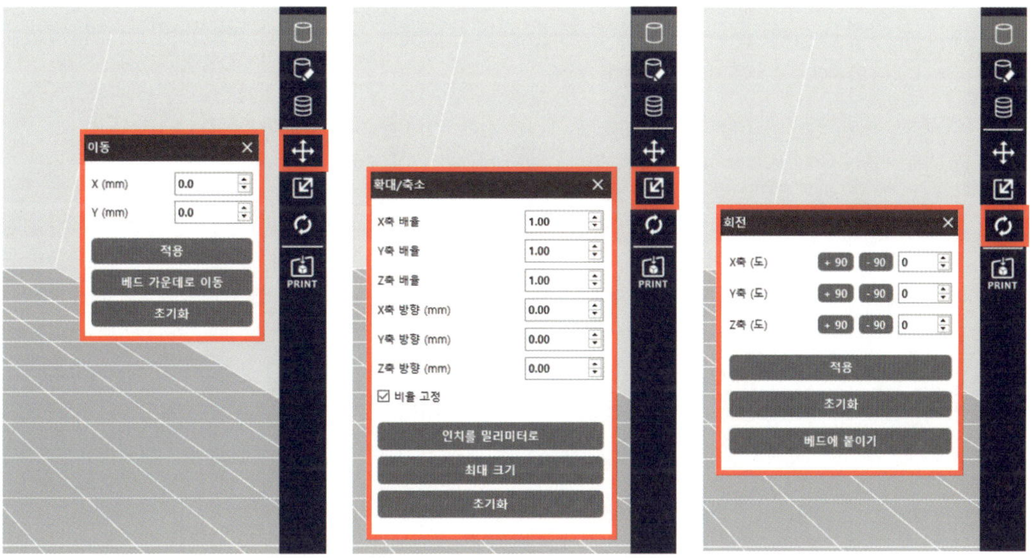

역구배 형상을 바르게 출력하기 위해 서포트 편집 환경을 선택하고 우측 하단의 레이어 층을 가장 가장 밑으로 내린다.

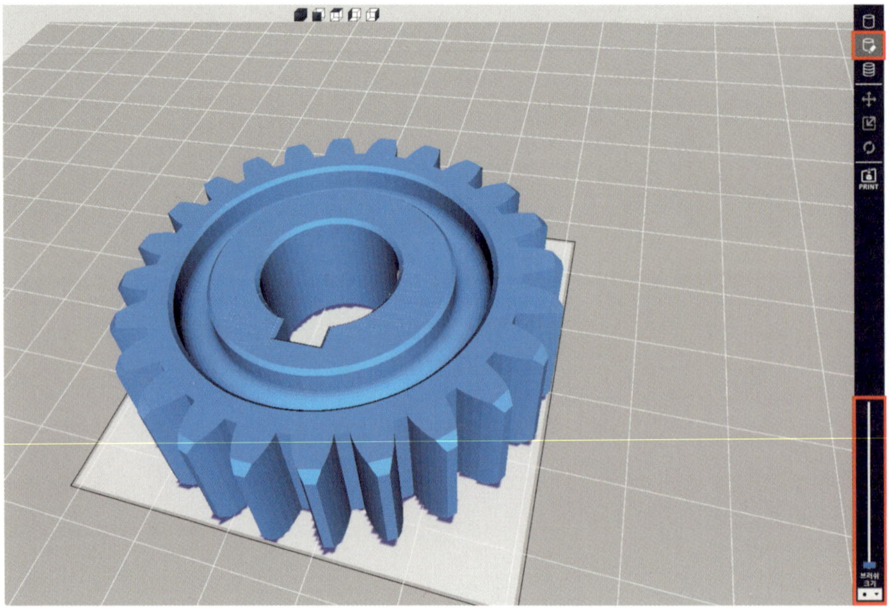

배드와 맞닿은 아랫면을 보기 위해 화면을 회전(우클릭 후 마우스 이동) 한다. 마우스를 이동하여 서포터가 필요한 부분을 선택해준다.

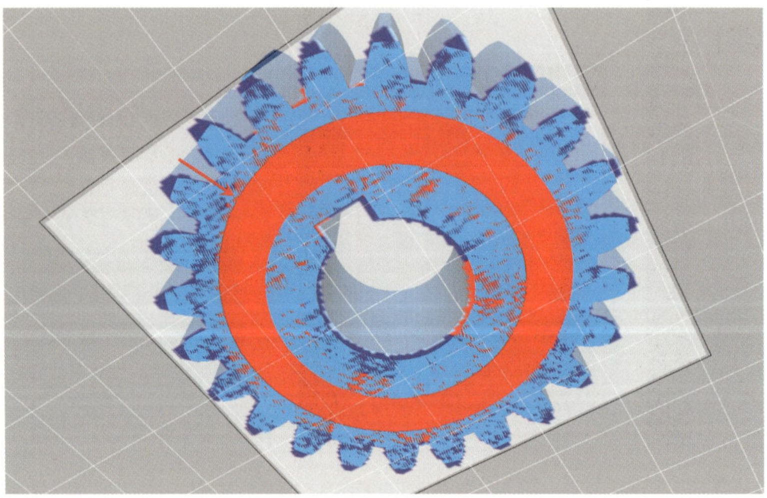

레이어 뷰어 환경 아이콘을 선택하고 우측 하단의 스크롤은 움직여 레이어 층을 확인한다.

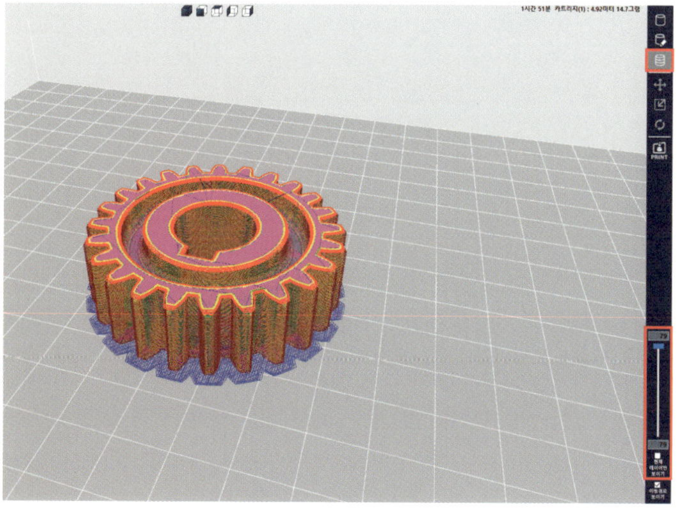

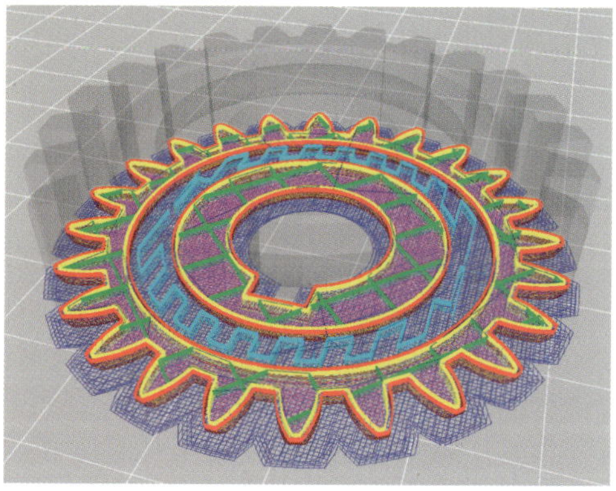

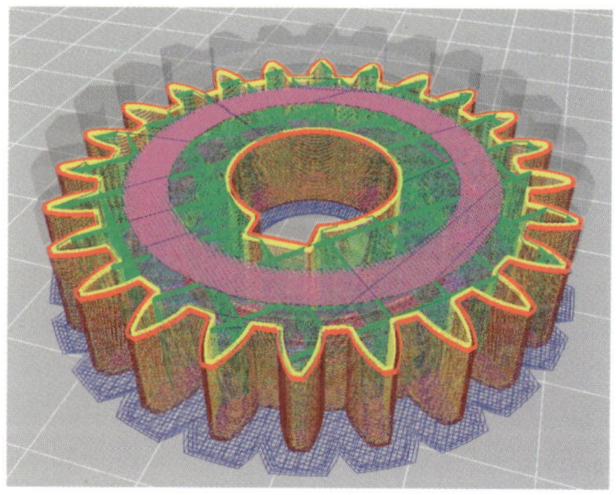

파일 탭에서 G-code 저장하기를 누르고 UBS드라이버에 저장한다.

# Chapter 14. 3D 프린팅 팁

## 14.1 제품의 방향

제품을 출력할 방향을 결정할 때 고려해야할 사항들에 대해 정리해 보겠다. 각각의 항목들은 제품의 사용 목적에 따라 신중하게 고려해야하는 사항이다.

### (1) 출력 속도

제품의 방향은 출력에 소요되는 시간에 영향을 미칠 수 있다. 일반적으로 Z 축의 부품이 짧을수록 출력 시간이 짧아진다. 아래 그림의 왼쪽 제품은 오른쪽에 제품과 비교했을 때 시간이 더 많이 걸린다.

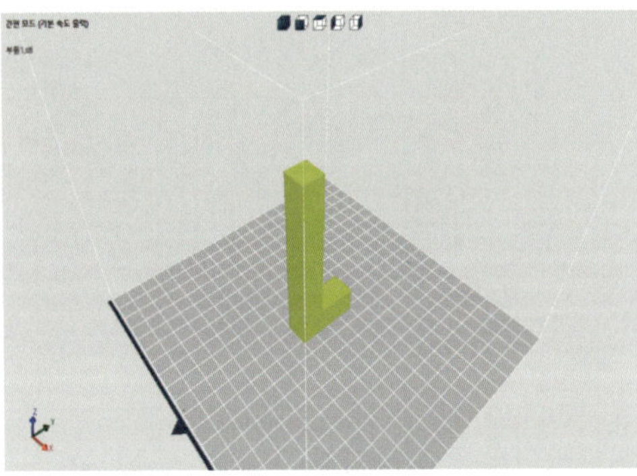

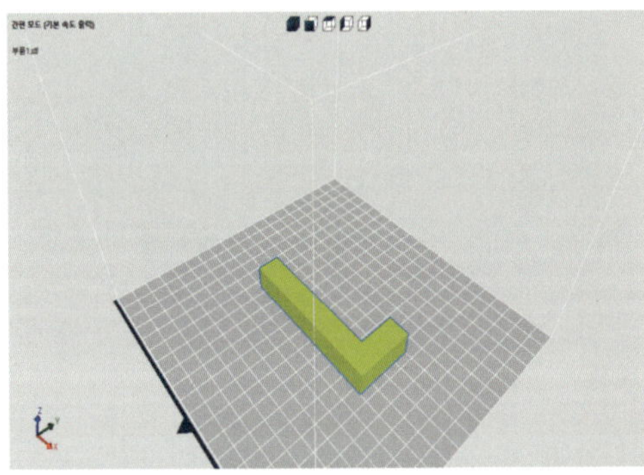

### (2) 서포트 사용

부품 방향에 따라 서포트를 적절하게 사용해야 한다. 제품에 방향은 최대한 서포트를 사용하지 않는 방향으로 설정하되, 반드시 필요한 돌출부에는 반드시 서포트로 지지해 주어야 한다.

① 왼쪽 상단 제품의 돌출부는 서포트의 지지가 필요하다. 반면, 오른쪽 상단 제품에는 서포트가 필요하지 않다.

② 왼쪽 하단 제품의 구멍은 서포트가 필요하고 후가공을 통해 제거해주어야한다. 반면, 오른쪽 하단의 제품은 서포트가 필요없기 때문에 후가공이 필요하지 않다. 서포트 범위가 적으면 출력 시간도 단축된다.

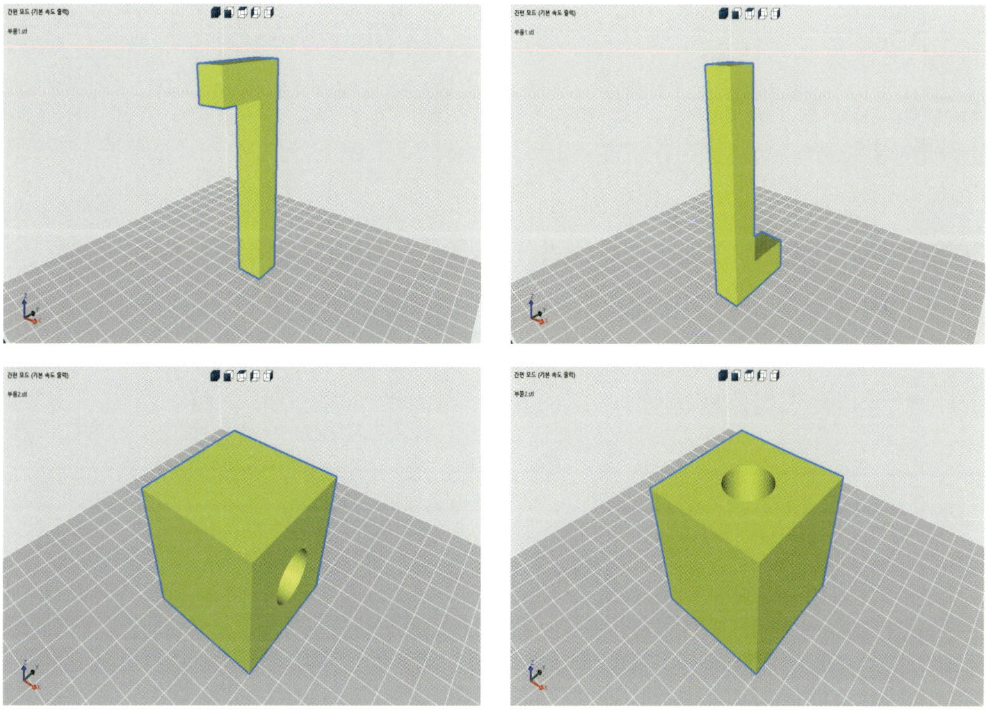

### (3) 표면 거칠기

제품에 곡면이 있는 경우 표면은 필라멘트가 적층된 모양이 드러나 계단식으로 나타난다. 굽은 표면이 있는 제품을 Z 축으로 배치하면 표면이 훨씬 부드럽게 나타난다.

왼쪽 제품은 곡면이 계단 모양으로 나타나지만, 오른쪽 제품은 곡면이 계단 모양이 나타나지 않아 완성된 모양은 훨씬 더 낫다.

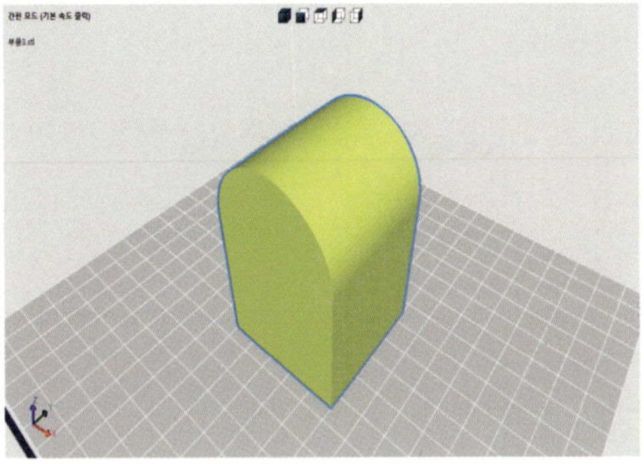

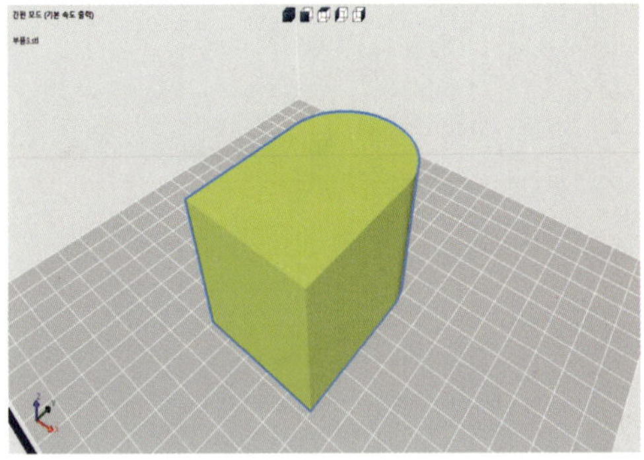

### (4) 부품 강도

제품 방향은 강도에 큰 영향을 미친다. 제품이 기능 모델로 사용되는 경우 왼쪽의 제품이 오른쪽에 있는 제품보다 강도가 훨씬 약하다. 나무를 쪼갤 때를 생각하면 된다. 결대로 쪼개는 것은 쉽지만, 결의 반대 방향은 매우 딱딱하다.

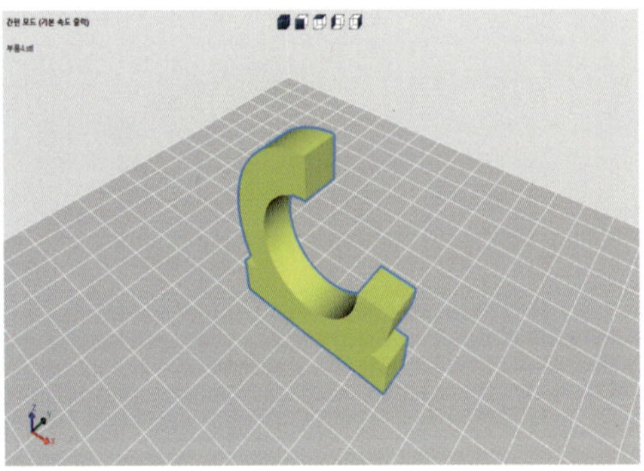

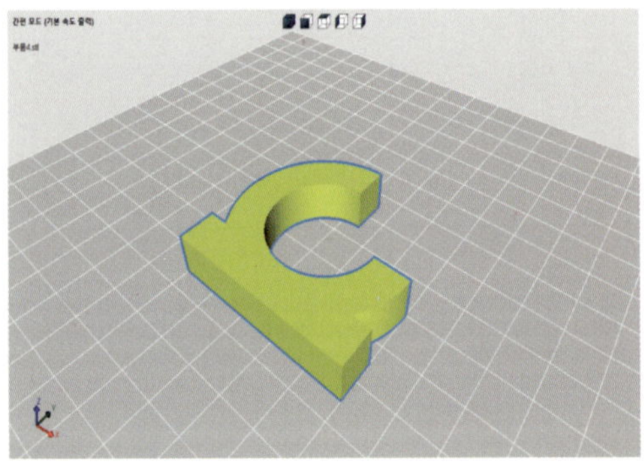

## 14.2 3D 프린터 옵션

3D 프린터에 따라 제품 출력에 영향을 줄 수 있는 옵션 값에 차이가 있다. 여기서는 대부분의 3D 프린터에서 조정할 수 있는 옵션 값에 대한 설명을 하겠다.

### (1) 내부 채우기

제품을 출력할 때 내부를 어떤 형상으로 채울지 선택할 수 있다. 선택하는 스타일은 제품의 용도에 따라 적절하게 결정한다.

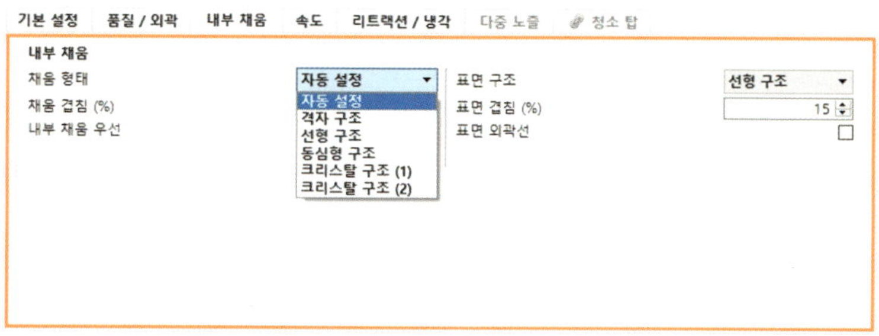


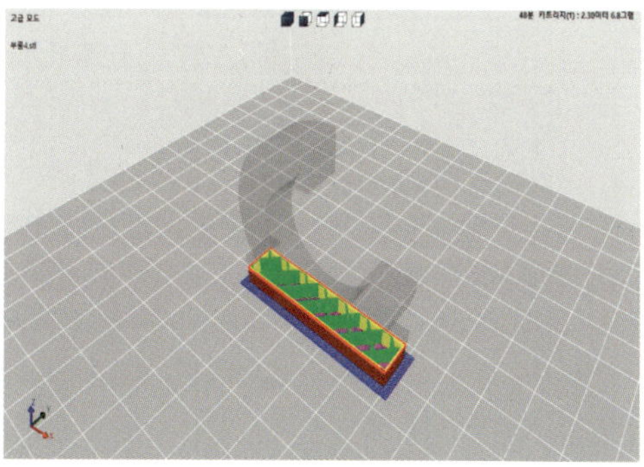
격자 구조

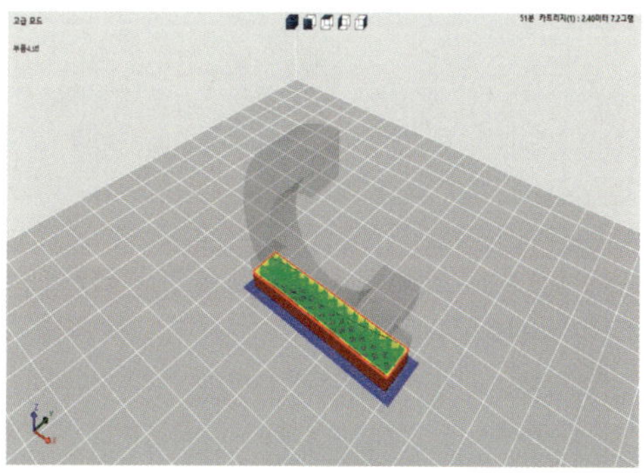
선형 구조

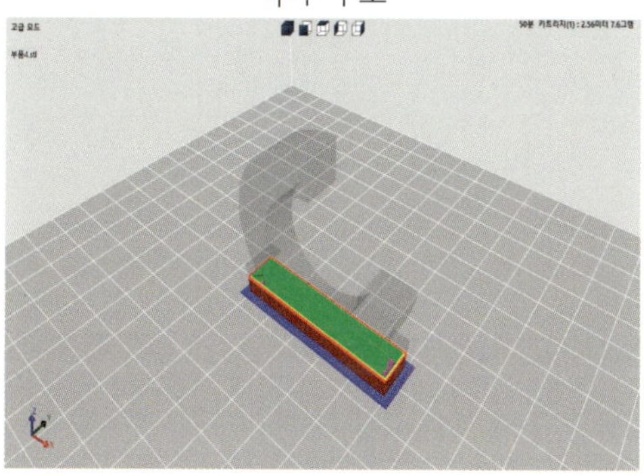
동심형 구조

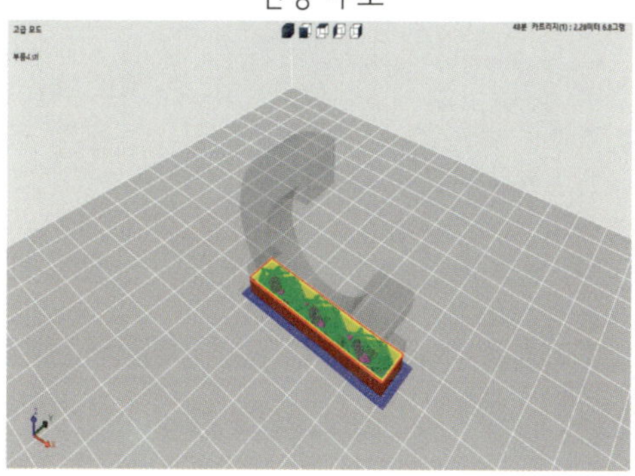
크리스탈 구조

### (2) 서포터 모양

서포트는 돌출부를 지지하기 위해 생성한다. 출력 중에 제품이 붕괴되지 않도록 한다. 서포트의 형상에 따라 각 특정 용도가 있다.

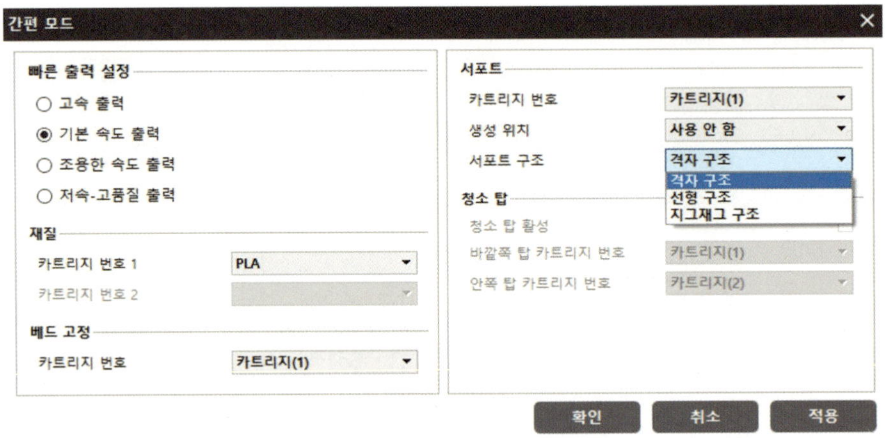


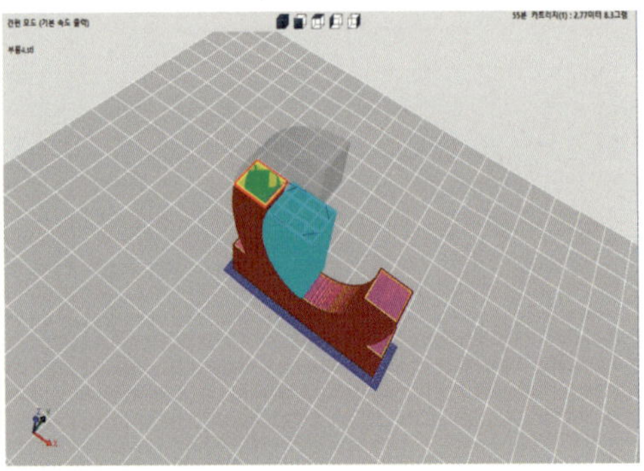

격자 구조

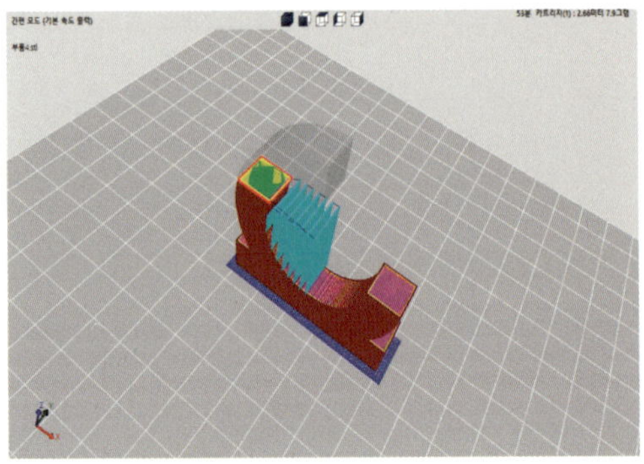

선형 구조

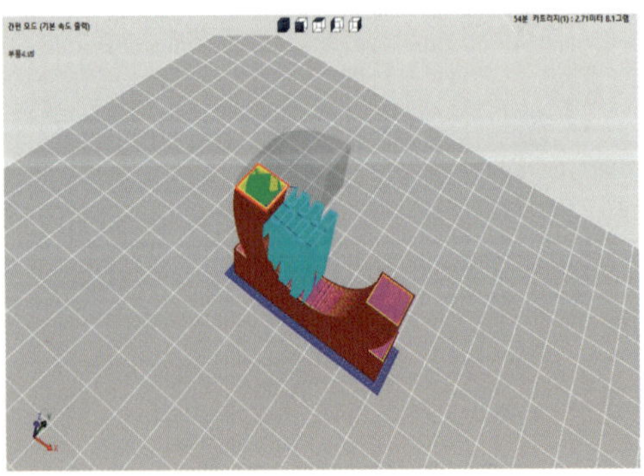

지그재그 구조

## 14.3 FDM 출력 시 주의점

① 행오버에 주의한다. 바닥에 근접하지 않은 부분에 서포트가 제대로 생성되지 않을 수 있다. 모델링 파트에서 주의해서 관리한다.

② 서포트는 45° 룰을 적용하여 배치한다.

③ 뾰족한 부분이 없도록 모서리 부분에 R값을 부여한다.

④ 매쉬 형태의 출력물은 피합니다. 필라멘트가 계속해서 나올 수 있는 단층면이 많으면 출력물의 퀄리티가 높아진다.

⑤ 모델링 파트에서는 내부의 밀도에 대해서는 고려하지 않는다. 호스트 프로그램을 이용할 때 내부 밀도를 설정한다.

인벤터를 활용한

# 창의공학 프로젝트 실무

– 기어박스 제작 A to z


2020년 6월 10일 초판 인쇄

2020년 6월 15일 인쇄 발행

저 자 권현중, 황승국, 최수진

발 행 인 송기수

발 행 처 도서출판 GS인터비전

편 집 처 도서출판 GS인터비전

편 집 인 공예서

표지디자인 디자인붐

인 쇄 처 더블비

등록번호 제 25100-2016-000050호

I S B N 979-11-5576-331-5 (94550)
979-11-5576-330-8 (세트)



주 소 서울 은평구 증산로 15길 69 2층

전 화 02-976-7898, 02-3272-7898.

팩 스 02-6468-7898

홈페이지 gsintervision.co.kr

E-Mail gsinter7@gmail.com



정 가 26,000원